解开性格密码·揭示命运真相

性格决定命运

文德◎编著

中国华侨出版社
北京

图书在版编目 (CIP) 数据

性格决定命运 / 文德编著 . —北京：中国华侨出版社，2014.11（2019.6 重印）

ISBN 978-7-5113-4998-9

Ⅰ.①性… Ⅱ.①文… Ⅲ.①性格—通俗读物 Ⅳ.① B848.6-49

中国版本图书馆 CIP 数据核字（2014）第 260265 号

性格决定命运

编　　著：	文　德
责任编辑：	文　兮
封面设计：	李艾红
文字编辑：	胡宝林
美术编辑：	李丹丹
经　　销：	新华书店
开　　本：	720mm×1020mm　1/16　印张：20　字数：360 千字
印　　刷：	北京市松源印刷有限公司
版　　次：	2015 年 1 月第 1 版　2019 年 6 月第 5 次印刷
书　　号：	ISBN 978-7-5113-4998-9
定　　价：	68.00 元

中国华侨出版社　北京市朝阳区静安里 26 号通成达大厦 3 层　邮编：100028

法律顾问：陈鹰律师事务所

发 行 部：（010）58815874　　　传　　真：（010）58815857

网　　址：www.oveaschin.com　　E-mail：oveaschin@sina.com

如果发现印装质量问题，影响阅读，请与印刷厂联系调换。

前言

命运可谓是一个古老而又神秘的话题，不管是中国的《易经》，还是古埃及的塔罗牌，抑或古巴比伦的占星术，无不试图洞穿命运的秘密，希望寻找到命运背后的那位神秘的主宰者。然而，科学发展到今天，从神秘主义到心理学，又从荣格到弗洛伊德，命运的最终决定者——性格终于逐渐浮出水面。也许这样的一个答案会让一些人大失所望，怎么偏偏是与我们朝夕相伴、我们如此熟悉的性格呢？

然而，当我们翻开那沉甸甸的历史，在无数的人层叠起来的历史的缝隙里，不难找到性格所留下的痕迹。正是因为项羽的刚愎，才在乌江边上演了一幕经典的"霸王别姬"；正是因为成吉思汗的强悍和勇猛，才有了中国历史新篇章的诞生；正是因为李白的狂放和飘逸，才有了不朽佳作的流传。到底是偶然，还是必然呢？再来看一看我们身边的人，性格这位隐藏的命运之神也无时无刻不在左右着我们每一个人的命运。如同这个世界上没有完全相同的两片叶子一样，我们每个人都可谓非常之独特。不同性格的人在面对同一件事情的时候往往会有不同的反应和行动，同时也导致了不同的结果和不同的命运。因此，性格决定命运就成为一个不可改变的事实。

性格对命运的奇妙作用，在古往今来的故事及我们周围的人，甚至包括我们自己在内都得到了最有力的见证，而且这样的例子已经是屡见不鲜了。就我们个人而言，要想取得成功和完美人生的第一步，就要先了解你自己。早在几千年前，古希腊哲学家苏格拉底就曾说过："人啊，认识你自己！"而认识自己在很大程度上就是认识到自己的性格，进而对自身的性格进行取长补短，不断地完善自我，让良好的性格在人生的道路上助自己一臂之力，帮助自己取得成功。

什么是性格？概括来说，性格就是人在处理事情的态度和行为方式上表现出来的心理特点，如理智、沉稳、坚韧、执着、含蓄、坦率等。性格不仅影响一个人的生活状况、婚姻家庭，也影响一个人的人际交往、职业升迁、商务活动、事业发展、经营理财等，性格决定一个人的成败得失以及一个人的前途命运。优良性格让人不管是在顺境还是在逆境中，都能坦然积极地面对，并且不懈努力，取得成功；不良性格会让人走尽弯路，受尽挫折，甚至在关键时刻毁掉一个人的一生，造成悲剧性的结局。

对于每一个人来说，良好的性格能够促使其事业成功，能够给他的生活带来幸福和快乐；而不良的性格则会阻碍人的成功。事实上，个人成功除与财富有关以外，与名誉、社会地位和声望等亦息息相关。尤为重要的是，积极的心态、高贵的品格、快乐的心情，更是金钱所无法衡量的。然而，任何人都没有完美无缺的性格。每个人的性格都有长处与短处。人天生就有某一类性格，其性格决定了一个人适宜在这个方面做事，而不适合在那个领域发展。"江山易改，本性难移"，不要为自己的性格而烦恼。性格本身没有正确与错误之分。一味地弥补性格缺点的人，只能将自己变得平庸；而发挥性格优势的人，才可以将自己变得出类拔萃。关键在于如何发挥自己性格的优势。性格的奇妙作用，在古往今来的名人故事以及我们的亲身体验中早已屡见不鲜。然而，多数人总是浅尝辄止，读之有趣，行之艰难。究竟什么是性格？怎样的性格对人有益？什么样的性格害人不浅？博大精深的性格学问，无不令我们诧异、惊奇、叹服、思考。究竟其中有何种玄妙因素，竟使性格超越了智商、外貌等先天因素，以强大的力量牵引着我们的成败。

　　成也性格、败也性格，这不得不让我们真正重视起来，重新审视自身的性格。也许此时的你内心充满了困惑，也许你要追问：自己是什么样性格的人？自己的性格会给自己带来什么样的命运？性格是天生注定还是后天的产物？性格可以在后天得到改变吗？如果你想知道这些问题的答案，请看这本书吧。本书从性格定义、性格特征、性格类型、影响性格的因素、性格对人的前途命运的影响等多个角度，对性格内涵做了深入挖掘，从理论和实践两方面，全面而深入地阐述性格对命运的决定关系，不仅在理论的层面对性格决定命运进行了科学的论证，而且对每种性格都做了较为透彻的分析，并着重于对性格的优势和缺陷的剖析，以期对读者了解性格的方方面面有所帮助。本书还从性格理论出发，从众多的性格类型中，列举了如中庸、狭隘、懦弱、懒惰、残暴、认真、自满、自负、大度、勤奋、诚信、正直、豪放、多疑、孤僻、乐观、自卑、进取、顽强、创新、敏感、逃避、自恋、自闭等性格特征来进行分析、阐述，不仅有正面的性格还有负面的性格，同时选取具有典型性格的历史人物，采取历史和事件相结合的方式，通过具体历史事件对性格进行解释分析。

　　本书紧紧围绕性格决定命运这一主题，通过性格自我测试及典型性格代表案例来帮助读者认识并掌握自己的性格，从而扬长避短，最大限度地发挥自己的潜能，有利于高效开展工作、事业，经营生活、婚姻、家庭，彻底改变自己的命运，创造和谐圆满的人生，并获得成功和幸福。

目录

第一章　揭开性格密码

第一节　何为性格　//2
性格是人最本质的象征　//2
性格的表现形式　//4
性格的源起及发展　//6
中国历来对性格的认识　//8
西方国家对性格的理解　//9

第二节　性格的形成过程　//11
早期的心灵意识　//11
心灵意识的发展过程　//12
性格的成熟　//13

第三节　性格的本质特征　//15
性格的态度特征　//15
性格的理智特征　//16
性格的意志特征　//16
性格的情绪特征　//17

第四节　影响性格的四大因素　//19
遗传——与生俱来的性格　//19
家庭——为性格打上最初的烙印　//20
教育——重塑你的性格　//22

环境——"时势造英雄" //23

第五节　性格分类　//26

性格的两种基本分类：内向型和外向型　//26

四种典型性格分类　//30

MSCP性格分类　//31

红、蓝、黄、绿四色性格分类　//35

九点图性格分类　//45

荣格性格分类　//47

第六节　为什么要认识自己的性格　//54

上帝只创造了唯一的你　//54

认识性格才能完善性格　//55

学会优化自己的性格　//56

第七节　如何认识自己的性格　//58

菲尔测试及性格分析　//58

MSCP测试及性格分析　//61

荣格性格测试及分析　//66

第二章　性格决定命运

第一节　性格决定命运　//76

怎样的性格决定怎样的命运　//76

性格是可以改变的　//78

命运掌握在自己手里　//79

改变命运需要付出艰辛的努力　//81

用性格来改变你的人生　//82

第二节　良好的性格成就辉煌人生　//84

良好的性格是人生一笔巨大的财富　//84

博大性格：兼容并包的意境　//85

顽强性格：在逆境中崛起　//87

自信性格：发动成功的引擎　//89

勇敢性格：无所畏惧地挺进　//91

诚信性格：生来一诺比千金　//93

谦虚性格：虚怀若谷的境界　//95

乐观性格：笑览众山小　//97

刚毅性格：不屈的动力　//99

精细性格：赢在细节　//101

第三节　别让不良性格毁了你　//104

缺陷性格使你的人生充满缺陷　//104

狭隘性格：中了恶魔的诅咒　//105

刚愎性格：众叛亲离终败北　//107

自负性格：膨胀出来的败局　//109

多疑性格：聪明反被聪明误　//111

孤僻性格：一把关闭心灵的锈锁　//113

贪婪性格：永远填不满的欲望之沟　//115

叛逆性格：引火焚身的悲剧　//117

懦弱性格：畏缩在阴暗的角落　//119

第三章　性格决定人生

第一节　"男怕入错行"——性格与职业选择　//122

为什么你不成功　//122

选对职业，每种性格都能成功　//123

寻找合适的职业　//125

性格相反才是工作的最佳组合　//127

刚毅型性格的职业选择　//128

温顺型性格的职业选择　//129

固执型性格的职业选择　//130

理智型性格的职业选择　//131

谨慎型性格的职业选择　//133

果敢型性格的职业选择　//134

任性型性格的职业选择　//135

沉静型性格的职业选择　//137

狂放型性格的职业选择　//138

耿直型性格的职业选择　//138

第二节　"女怕嫁错郎"——性格影响婚姻　//140

性格左右爱情　//140

性格决定你的爱情模式　//142

不同夫妻类型的不同婚姻测试　//144

不同性格夫妻的和美相处之道　//148

如何做个丈夫眼里完美的妻子　//150

如何做个妻子眼里完美的丈夫　//152

第三节　身心健康才是真正的健康
　　　　——性格拉动健康的纤绳　//155

性格与健康密切相关　//155

心理影响生理　//157

沮丧会影响你的心脏　//158

失眠的困扰　//159

紧张性头痛　//160

学会做自己的心理医生　//161

走出心理牢笼 //163

身心健康的"营养素" //164

第四节　从性格去发现你的财富密码
——性格决定你所拥有的财富 //166

没有人是天生的富翁 //166

顽强与坚韧造就财富的卓越 //167

诚信是一种无价的资本 //168

成功者的字典里没有"失败" //170

节约是种美德 //171

敢于冒险才能抓住更多的财富 //172

理性的人拥有金钱的嗅觉 //173

和气生财 //174

第五节　良好性格打造成功人际关系
——性格左右你的人际交往 //176

建立良好的人际关系 //176

切莫清高孤傲 //177

学会赞美他人 //178

算来算去算自己 //181

与人交往保持适度的弹性 //182

吃亏是福 //183

见什么样的人，说什么样的话 //184

难得糊涂 //186

内方外圆的处世之道 //187

逆耳忠言与善意谎言 //189

像士兵一样服从 //190

喜怒不形于色 //191

改变在人际交往方面的消极态度 //192

第四章　塑造良好性格，成就辉煌人生

第一节　成功必备的15种优良性格　//196

自信是开启人生成功之门的金钥匙　//196

乐观的性格让你笑对人生风云　//199

宽容的性格是滋补心灵的鸡汤　//201

谦逊的空杯才能盛更多的水　//204

诚信为成功打造金字招牌　//205

坚忍的人才能站得比别人更高　//207

勇敢为你的成功之路铺开康庄大道　//209

理智是导向成功的指南针　//211

果断是解决问题的关键　//214

自制是你的人生走向成功的保险单　//216

热忱是点燃你生命力的火焰　//219

独立的性格撑起人生的天空　//221

进取让你从一个阶梯到更高的阶梯　//223

谨慎是人生避风的港湾　//226

稳重是一种成熟的象征　//228

第二节　急需克服的15种缺陷性格　//230

别让狭隘禁锢你的心灵　//230

远离让你永远也站不起来的自卑　//232

懒惰是成功路上的拦路虎　//235

悲观是人生最黑暗的深渊　//236

别让自负提前注定了你的失败　//238

多疑是躲在人性背后的阴影　//240

依赖只能把你变为别人的附属　//242

别再重演叛逆的悲剧　//243

贪婪是你永远无法填满的无底洞　//245

自私的人没有朋友的同时也丢失了自己 //247
走出自闭的牢笼，寻求真正的自由 //249
暴躁的性格是发生不幸的导火索 //250
冲动是魔鬼 //253
抑郁是灵魂在疼痛 //254
偏执的结果只会是此路不通 //257

第三节　培养和锻造 12 种成功的性格 //260
自我充实，不断进取——培养学习型性格 //260
三思后行，灵光乍现——培养善思型性格 //261
改变命运，不靠他人——培养独立型性格 //263
勇往直前，敢于冒险——培养冒险型性格 //264
心胸坦荡，豪爽率真——培养豪爽型性格 //266
风摧不垮，雨打不折——培养坚韧型性格 //267
刚强气质，强者风范——培养刚毅型性格 //269
把握时机，雷厉风行——培养行动型性格 //270
左右逢源，人脉畅通——培养社交型性格 //273
心平气和，宠辱不惊——培养沉静型性格 //274
以柔克刚，威力无穷——培养温顺型性格 //275
积极乐观，快乐无忧——培养快乐型性格 //277

第五章　了解别人的性格，把握自己的命运

第一节　从外貌判断他人性格 //280
从脸型来看性格 //280
眼睛泄露性格的秘密 //281
头发与人的性格 //283
如何从站姿来判断人 //284

如何从坐姿来判断人 //285

如何从走姿来判断人 //287

第二节　从言谈快速识别他人性格 //289

闻其声而辨其人 //289

从语速看心理秘密 //291

由笑识人 //292

口头禅背后的真实内心世界 //293

从言谈方式捕捉对方心理 //294

第三节　从举止看人的性格 //296

透过笔迹看性格 //296

从握手看人 //298

从头部动作看人 //299

从腿部动作看人 //300

嗜好反映性格 //302

从下意识的小动作观察对方心理 //303

第一章
揭开性格密码

第一节
何为性格

　　大千世界，芸芸众生，如同世界上没有两片相同的叶子，我们每个人都是孤立的个体。在面对同一件事情，每个人的反应都不同：同样是大敌当前，为什么岳飞宁死不屈，而秦桧却卖国求荣？同样是楚汉相争，为什么刘邦能一统天下，而项羽却乌江自刎？同样是才华横溢，为什么毕加索能一举成名，而凡·高却郁郁而终？同样是遭遇厄运，为什么贝多芬能扼住命运的咽喉，而许多与成功仅一步之遥的人却在关键时刻选择了放弃？太多的为什么让我们不得不联想到性格，正是因为性格的不同而导致了选择的不同、行为的不同，进而导致命运的不同。而性格本身又是复杂而多样的，这体现在每一个个体上更是纷繁复杂、变化万千。这也是为什么我们周围的人有的开朗活泼、有的沉稳冷静、有的热情大方、有的冷若冰霜、有的潇洒大方、有的郁郁寡欢、有的细心谨慎、有的粗枝大叶……归根结底都是性格所决定的。那么，究竟什么是性格？

性格是人最本质的象征

　　心理学家认为：性格是一个人典型性的行为方式。也就是说，一个较成熟的人在各种行为中，总贯穿着某一种典型的方式，这是经常的，而不是偶然的。这就是性格。

　　例如，王某不论在众人聚会的场合，还是在工作中，都是开朗大方、活力四射的。这样，我们说他的性格是活泼的。如果某一日，他有点心事，因而变得沉默寡言，但这只是很偶然的情形，我们就不能说他的性格是沉默寡言的。性格是人的心理的个别差异的重要方面，人的个性差异首先表现在性格上。恩格斯说："刻画一个人物不仅应表现他做什么，而且应表现他怎样做。""做什么"，说明一个人追求什么、拒绝什么，反映了人的活动动机或对现实的态度；"怎样做"，说明一个人如何去追求要得到的东西，如何去拒绝要避免的东西，反映了人的活动方式。如果一个人对现实的一种态度，在类似的情境下不断地出现，逐渐地得到巩固,并且使相应的行为方式习惯化,那么这种较稳固的对现实的态度和习惯化了的行为方式所表现出的心理特征就是性格。例如,一个人在为人处世中总是表现出高度的原则性、热情奔放、豪爽无拘、坚毅果断、深谋远虑、见义勇为,那么我们说这些特征就组成了这个人的性格。构成一个人的性格的态度和行为方式,总是比较稳固的,在类似的甚至不同的情境中都会表现出来。当我们对一个人的性格有了比较深切的了解,我们就可以预测到这个人在一定的情境中将会做什么和怎样做。

而性格差异是普遍存在的,这就使得每个个体都拥有自己独特的个性。事实上我们生来就具有自己的优点和缺点,只有意识到自己的独一无二,才能理解为什么大家在学同一课程,在同样的时间里由同一位老师讲课,却往往会获得不同的成绩。尽管性格的差异是普遍存在的,但是不能否认人们的性格也存在着共同性,性格是在人的社会化过程中形成的,因此,作为个体总要受到一定社会环境的影响。人是生活在群体之中的,相同的环境条件与实践活动会使人们的性格带有群体的共性特点,像直爽、热情、好客就是东北人的共性。可以说共性是相对存在的,而性格的差异是绝对的。具体地说,性格的特征大致包含了整体性、稳定性、独特性和社会性,以及可变性、复杂性。

1. 整体性

性格是一个统一的整体结构,是人的整个心理面貌。每个人的性格倾向性和性格心理特征并不是各自孤立的,它们相互联系、相互制约,构成一个统一的整体。一个固执的人同时也可能是坚强果断的,而一个温柔的人也可能同时是宽容的。因此,分析自己的性格,应当从自身全面地去看,既要看到自己性格的优势,也要看到劣势,只有这样,才能真正认识自己的性格。

2. 稳定性

性格是指一个人比较稳定的心理倾向和心理特征的总和,它表现为对人对事所采取的一定的态度和行为方式。一种性格特征一旦形成,就比较稳固,不论在何时、何地,于何种情境下,人总是以他惯用的态度和行为方式行事。"江山易改,本性难移"形象地说明了性格的稳定性。

3. 独特性

每个人的性格都是由独特的性格倾向性和性格心理特征组成的,即使是双胞胎,他们在遗传方面可能是完全相同的,但性格品质也会有所差异。因为每个人在后天的实践环境中,条件不可能绝对相同;而且即使是生活在同一家庭中的兄弟姐妹,宏观环境相同,个人的微观环境也是有差异的。因此,每个人的性格都反映了自身独特的、与他人有所区别的心理状态。如《水浒传》中的108条好汉,便是个个性格迥异。

4. 社会性

人不仅具有自然属性，同时也具有社会属性。一个人如果离开了人群，离开了社会，正常的心理发育将无法完成，更谈不上性格的发展。生物因素只给人的性格发展提供了可能性，而社会因素则使这种可能性转化为现实。性格作为一个整体，是由社会生活条件所决定的。中国古代"孟母三迁"的故事就充分地反映了人的性格的社会性。

5. 可变性

整个人类的心理素质都处在不断进化的过程之中，作为人的心理素质之一的性格，当然也在不断进化。性格也会因为年龄的增长、环境的变化而发生改变，总体来说是趋向成熟的。一个人，当发现自己的性格特征是好的，对他自身的发展有利，他便会通过自我意识来巩固、加强和完善这一性格特点；而当他发现自己的性格特点是不好的、有缺陷的，严重地阻碍了他的发展，他便通过自我意识有目的地节制和消除。人便是通过这个方式改变不好的性格和培养好的性格，不断完善自己，塑造优良而完美的性格。

6. 复杂性

人的性格的复杂性，来源于现实社会生活中人的复杂性和矛盾性。人是社会属性和自然属性的统一体，从社会属性来说，人是各种社会关系的总和。由于社会生活的复杂，人的思想、行为不可避免地要受到来自各方面的影响。因此，人的行为的动机、欲望、需求是相当复杂的，甚至是互相矛盾的。人的性格也往往表现出这种矛盾性。有的人平时温文尔雅、态度谦和，但在面对恶势力时也能疾恶如仇、敢爱敢恨。所以，一个人的性格实际上充满了矛盾性和复杂性，很难用一个简单的词来描绘一个人的性格。因此只有深刻地剖析自己的内心世界，剖析自己的各种欲念和思想动机，并且把这些和自己性格方面的各种表现联系起来加以考察，才能从本质上把握住自己的性格。性格的概念是如此的广泛，因此，我们只有准确地了解和把握性格决定行为的规律、不断地认识和了解自己和他人的性格，同时进一步改造和完善自己的性格，才能在真正意义上把握和掌握好自己的命运，成就美好的人生。

性格的表现形式

1. 活动凸现出性格

人的心理和活动是密切联系的。性格在活动中形成，也在活动中表现。因此，应在游戏、学习、劳动和交往等各种具体活动中研究人的性格。

儿童的性格在游戏中会表现出来。例如，让儿童在各种各样的游戏之间选择一个他最喜欢的游戏，从而由这个游戏的类型来判定儿童的性格，例如，有的游戏是需要团队协作的，有的是由个人独立进行的；有的游戏是运动型的，有的则是安静型的。一般来说，愿做运动型游戏的儿童的性格是比较活泼好动的；愿做安静型游戏的儿童的性格是内向的；而愿做个人游戏的儿童表现出其性格孤僻的一面的同时，也表现出其特立独行的一面；喜欢参加团队协作的儿童的性格，既有善于交往的一面，也有依赖他人的一面。

学生的性格则会在学习活动中表现出来，如学习的责任心和坚持性。作业是否认真、细致，上课时的精神状态和表现，也能反映其性格上的特点。

人的性格还会在工作中表现出来，例如，可以从一个人对工作的态度，如何处理工作中的人际关系及如何完成任务等方面观察到他的性格特征。

2. 语言体现出性格

俗话说："言为心声。"我们观察一个人怎样说话，对认识其性格具有重要的意义。如说话的内容、说话真诚与否、言语风格如何等，都可以表现出一个人的性格特点。

一个人表里不一，也可以从其言语中表现出来，如阳奉阴违，说一套做一套，这充分表现出虚伪的性格特征。一个正直的人在说话时不仅语气坚定、斩钉截铁，而且用语也非常讲究礼貌、准确，其内容更是由字里行间透出一股正气。而一个狡诈的人在编造谎言时语气往往是飘浮不定的，而且用语也给人一种不确定、不可靠的感觉，其内容更是漏洞百出。

当然，语言只是我们判断一个人性格的一方面，因此，为了更好、也更准确地判断一个人，我们必须把言语的不同方面与性格的其他表现联系起来。

3. 外貌表情反映出性格

其实一个人的面部表情、姿势、打扮、衣着等也在某种程度上反映出一个人的性格特点。一个热情开朗的人总是将他的开朗的性格写在笑脸上，而一个阴郁的人则总是一脸的惆怅表情。微笑本身也可以表现出不同的性格特征。托尔斯泰写道："有些人一双眼睛在笑，这是奸诈的人和利己主义者。有些人不用眼睛而是口中发笑，这是软弱、优柔寡断的人，而这两种笑都是不愉快的。"面部表情是多种多样的，会表现出不同的性格特性。

眼睛是心灵的窗口，人的眼睛在面貌的表现上起着重要的作用，它显示了人的性格和气质的某些特征。托尔斯泰就曾把人的眼神分为：狡猾的目光、炯炯有神的目光、明朗的目光、忧郁的目光、冷淡的目光、无情的目光等。

典型的姿势，如一个人是放开大步走还是迈着碎步走，是笔直地站着还是斜歪着，双手放在什么地方等，往往也反映出一个人的性格特征。

一个人的服饰也可表现出人的性格。比如，活泼型的姑娘一般喜爱色泽鲜艳、图案活泼多变的服装；温柔文静的姑娘则爱穿素净淡雅、饰物线条简单的服装。

性格的源起及发展

英文中的性格"Personality"一词的语源一般都认为它来自希腊文"Persona"。这个词的意思是指希腊人在演戏时戴上的面具,后指演员在戏中扮演的角色,并指扮演该角色的人,有时也指具有某种特征的人。这也就是说,"性格"是人类行为的特征,是经常性的行为表现,而不是那些仅偶尔发生的行为。因此,性格一词最初出现时,含有4种不同的意义:

①一个人在生活舞台上呈献给其他人的公开形象。
②别人由此知道这个人在社会生活中所扮演的角色。
③适合于这个生活角色的各种个人品质的总和。
④角色身份的特定性和异他性。

可见,人的性格既包括呈现在他人面前的外部的自我,也包括由于种种原因不能显示出来的内部的自我。

人类在古希腊时期就开始了对性格的关注和研究,亚里士多德的大弟子德奥佛斯特就在他的《人的种种》一书中对愚钝、小气、胆小、叛逆等常见的性格及典型行为做了深刻而幽默的描述:

愚钝的人就是——
"去找已经忙得焦头烂额的人,要求和他谈谈心。"
"女朋友正生病发高烧,却在她面前大唱情歌。"
"去喝喜酒,却在宴会上大肆批评新娘的不是。"
"看到长途旅行回来、累得全身无力的朋友,却邀他去运动。"
"对方手上有一件事情正做也不是、不做也不是,犹豫不决的时候,自己却自告奋勇地表示想接此工作。"

而他对"小气"的人的刻画更是到位,让人叹为观止:
"请人喝酒,却一直数对方喝了几杯。"
"请别人帮忙买东西,即使花费很低,但一看到账单,仍大皱眉头。"
"天天跑去看自己和邻居的土地界址是否被移动了。"
"请人吃烤肉,却切成小小的块,每次只端出一点点。"
"说要出去买食物,逛了半天却什么都没买回来。"

这可以说是目前世界上能找到的最古老的"性格论"著作了。他有关性格的各种描述在诙谐幽默中给人一种贴切、点到死穴的感觉。也正因为如此,读此书也成为当代有关心理学研究的基础。

随后卡雷努思根据希波克拉底的"液体病理学"提出所谓的"气质说"。活泼而有阳刚之气的人血液较多，也就是"多血质"；而性情稳重、沉着缓慢者则是由于黑胆汁过多，属于"黑胆质"；至于急躁没耐性的人则是由于黄胆汁过多，属于"黄胆质"。这种所谓"气血质"的学说可说是卡雷努思将希波克拉底以来古希腊医学综合整理、体系化的结果。

到了19世纪后半叶到20世纪初，德国医学和心理学家恩特将人的情绪反应以"强与弱""快与慢"等二元对应的方式，配合气质说，在前人的基础上将人的性格归于以下4类：

1. 多血质

这类人轻率、活泼、好事，喜欢与人交往，面对困难不会退缩，以及不会记恨；很容易答应别人的事情，也很容易忘了约定；有面对困难的勇气，但看事情不妙，也会开溜；能够调整自己的喜怒哀乐，随时保持心理平衡与往前冲刺的状态；一旦成功或受别人赞赏，就乐不可支。

2. 黏液质

这类人多安静、漫不经心、散漫、邋遢、好饮食。相对于黄胆质的人一受刺激就哇哇大叫，黏液质的人则反应非常迟钝或冷淡。虽然反应及行动缓慢，但这类人通常诚实且值得信任。由于个性平淡，这类人多工作缓慢，所以不太容易紧张，但反面，则有做事动作迟缓、不修边幅、喜好享乐等毛病。可以说，这类型的人多半有点利己主义倾向。

3. 黑胆质（抑郁质）

这类型的人比较趋向于稳重、沉郁，经常只看到人生的黑暗面。他们多半避免迎来送往的交际活动，也不喜欢和外向活泼的多血质人在一起，甚至看到别人欢天喜地乐不可支时，反而会不高兴。这类人一遇到困难常常心理失去平衡，一旦心情不高兴，便久久无法恢复正常。

4. 黄胆质（胆汁质）

对于情绪的刺激非常敏感，意志容易动摇、没有耐心、情绪忽冷忽热。这类人喜欢参加各种活动，但想法常常改变，只有3分钟的热度。这类型的人不喜欢被压抑，喜怒哀乐的表现非常明显。不过，他们不像黑胆质的人容易持续某种心情，不论悲伤或愤怒都来得快去得也快。一般而言，这类型既热心也有爱心，做事情很有爆发力。

到了20世纪，"四气质说"又被德国学者克雷兹曼及美国学者提出的各种理论代替，而这一期间的"性格"学说也得到了空前的发展，其中根据四型判断性格的方法被普遍应用。

中国历来对性格的认识

我国对性格的认识与研究最早可以追溯到商周时期的"性习论",而后到了春秋战国的百家争鸣的年代,各家各派又在"性习论"的基础上纷纷提出自己的观点,将对性格的探讨推到了一个新的高度。

首先是产生于商代的"性习论"。"习与性成"据说是商代早期伊尹告诫初继王位的太甲的一句话,意即一种"习"(习惯)形成的时候,一种"性"(性格)也就形成了。儒家的代表人物孔子,随后把"性习论"加以发展,提出"性相近,习相远",认为人的本性原先是"相近"的,只是由于后天的习练,而导致了人们"习相远",即差异很大的性格。

到了百家争鸣的春秋战国时期,以墨子为代表的墨家在以往学说的基础上也形成了自己的观点。提出了"性染说",认为人性如素丝,"染于苍则苍,染于黄则黄,所入者变,其色亦变",即人性完全是环境和教育的结果。

与此同时,儒家的另一位集大成者——孟子则一直坚持"性善论""人之初、性本善"。他认为人的性格天生都是善良的,并且举出"恻隐""羞恶""辞让""是非"为人性的"四端",而这"四端"是人皆有之的,只要推而广之,就可发展成为仁、义、礼、智、信等善良性格。

同属儒家的荀子则提出了与孟子的"性善论"恰恰相反的"性恶论"。他认为:"人之性恶,其善者伪也。"认为"情"和"欲"都是人的天性,"性者,天之就也;情者,性之质也;欲者,情之应也。"所以,"情不可免","欲不可去","情"和"欲"都是人们产生不良性格的基础。他主张用"礼乐"节制人们的"情"和"欲"。

到了汉代,集各家学说于一身的董仲舒为了迎合当时统治者的需要,便将性格与"天人感应"联系起来,提出一套较为完整的"天人感应论",认为"为人者天也"。因此,人的身体结构跟天的特点相吻合:"人有三百六十节,偶天之数也;形体骨肉,偶地之厚也;上有耳目聪明,日月之象也;体有空窍理脉,川谷之象也。"他认为,人的心理活动也与天的现象相对应:"人之好恶,化天之暖晴;人之喜怒,化天之寒暑。"从这种神秘的"天人感应观"出发,必然引出唯心主义心身观,对人性做出唯心主义的臆测。董仲舒明确把人的性格分为"圣人之性""中民之性"和"斗筲之性",这就是所谓"性三品"说。他认为"圣人之性"天生为善,不必教育;"斗筲之性"天生为恶,无法教育;"中民之性"则可善可恶,必须教育。

随后,"性恶""性善""性染"和"性品"的争论一直持续到了明清时期。

关于性格的分类,中国很早就有了自己的分类方法,我国古书《灵枢》中就对人的心理和生理上的差异进行分类，并归纳为五类：金、木、水、火、土。

金型人面呈方形，皮肤白色，肩、腹、足都小，脚跟坚实厚大，骨轻。禀性廉洁，性情急躁，行动刚猛，办事严肃认真、果断利索、坚定不移。

木型人肤色苍白，头小面长，肩阔背直，身体弱小，忧虑，勤劳。好用心机，体力不强，多动刚猛，多忧多劳。

水型人皮肤较黑，面部不光洁，头大，清瘦，肩膀狭小，好动，走路时身子摇晃。禀性无所畏惧，不够廉洁，善于欺诈，为人不惧不卑。

火型人皮肤发红，背部肌肉宽厚，脸形尖瘦，头小，手足小，步履稳重，走路时肩背摇晃，背部肌肉丰满。性格多虑，缺少信心，态度诚朴。性急，有气魄，轻财物，但少信用。

土型人皮肤呈黄色，头大面圆，肩背丰厚，腹大，腿部壮实，手足不大，肌肉丰满，身体匀称。内心安定，助人为乐，对人忠厚。行事稳重，取信于人，静而不躁，善与人相处。

根据这个理论，不同性格的人，寿命的长短也是不同的。一般认为火型人"不寿暴死"，土型人寿长病少，这一点已为现代医学所证实。

我国另一部伟大的医书《内经》还按阴阳强弱把人分为以下五类：太阴、少阴、太阳、少阳、阴阳平和。

用"阴阳五行说"对人进行分类，虽然缺少科学依据，但还是给人们提供了区分不同类型的人的参考工具，这在当时是有一定作用的。这种分法表明：人的本质是由内部阴阳矛盾的倾向性决定的。这和近代生理学研究的兴奋和抑制关系有相同之处。

西方国家对性格的理解

在西方国家，早在古希腊时期就对性格展开了各种各样的研究，并做出了种种解释。而这些最早的研究和论断也为后来性格科学的发展奠定了坚实的基础。最早提出性格分类学说的是古希腊哲学家赫拉克里特，他把人分成两类：一类人是以"逻各斯"（理智）为指南并能支配自己欲望和需要的人；另一类人则屈从于跟动物没有多少区别的愿望和需要的支配。柏拉图则用不同的灵魂占优势来解释人们的性格。在他的《理想国》中，他提到人应根据自己的性格做适合的事情，从而各司其职，例如，有智慧的人应该当学者，勇敢的人应该当军人，而情欲旺盛的人可以从事手工业、做手艺人。在西方，把性格理解为其本质是产生于社会的这种观念，起源于亚里士多德。他把人确定为政治的、社会的动物，认为人的性格产生于结合成群体的人们的社会情感和联系，以及由人际交往联系起来的集体生活方式。亚里士多德的这种思想，构成西方最早的性格社会心理学的核心。

一直到十八九世纪，随着人类医学的发展，产生了拉杰法尔的相面术和加尔的颅相学。这种学派认为，人的长相、脸型和性格、命运有联系。1811年，奥地利医生加尔研究了大脑皮质不同部位的功能定位，并且认为，脑的某一部分是否发达，能在颅骨的外形上显示出来。因此，可以根据颅骨的外形来确定一个人的性格特点和心理倾向。例如，前额骨突出，就被认为是"聪明""精干"；额骨扁平，则被认为是"笨拙"等。加尔的这个主观唯心主义的观点，被他的学生施浦泽姆加以发展，成为一门"骨相学"。根据这种学说，一个人是忠诚老实还是虚伪奸诈，是正直坦率还是阴险毒辣等，只要看一个人的头骨长相就能推测出来。但是，这些学说带有很浓的唯心主义色彩，缺乏必要的科学依据，随着科学的进步，它最终被新的学说所取代。

20世纪初，现代心理学的奠基人冯特明确提出了"个性精神源自整体精神之中"的观点，认为个人性格等个性心理特征是由一定的集体现象中派生出来的。

在冯特以后，又有人提出"遗传决定"的学说，认为个人的性格取决于遗传因素。美国心理学家桑代克说，人的个性"80%决定于基因，17%决定于训练，3%决定于偶然因素"。霍尔则鼓吹："一两的遗传胜过一吨的教育。"他们实际上都认为，个人性格之间的差异就是遗传因素的差异，这种差异是不可能被消除的。

而从18世纪法国启蒙思想家到德国唯物主义哲学家费尔巴哈，至19世纪俄国革命民主主义者，在个性形成问题上都看到了社会的作用，看到了人与人之间的联系对于性格的影响，提出了性格不是遗传的结果，而是环境和教育影响的结果的原理。俄国革命民主主义者更是将社会对性格的影响大大地推进了一步，他们强调人的活动本身在改变环境中的作用，即不但环境能改变人，人也能改变环境。

到了20世纪40年代，关于遗传和环境对性格、心理的作用，曾引起国际心理学界一场激烈的论战，其结果是不了了之。这场论战中止20多年后，又由于詹森在1969年发表关于种族的智力差异观察、强调遗传决定而重新引发。究竟是遗传决定，还是环境决定，至今仍然没有一个定论。但是性格与人的行为之间存在的相互关系则是一个不争的事实。一方面，性格对人的行为具有支配性，另一方面，人也可以支配自己的性格，人的性格是接受自我意识的控制和调节的。一个人，当发现自己的性格特征是好的，他便会通过自我意识来巩固、加强和完善这一性格特点；反之，当他发现自己的性格特点是不好的，有缺陷的，他便通过自我意识有目的地节制和消除它。人便是通过这两个渠道改变不好的性格和培养好的性格，来不断完善自己，进行优良而完美的性格的塑造。

第二节
性格的形成过程

　　荣格指出，对于婴幼儿来说，对他们最有影响的东西并不是来自父母的意识状态，而是来自他们本身的无意识的背景。也就是说，在婴儿刚出生时，他是意识不到作为父母的成人行为的，但在他的潜意识中，会流露出他的性格信息。当然，这种所谓的潜意识中存在的性格信息与遗传有一定的联系，但它并不完全由遗传来决定。

早期的心灵意识

　　人的心灵意识进化是一个继承与进步的过程，儿童先于自我意识阶段的精神，并非空洞无物。继承祖先的潜在意识处于朦胧状态，只是在得到外界物的刺激时才表现出来。当语言发展时，儿童的意识便随即出现。这种具有瞬时内涵和记忆的意识便自动检验先前的集体内涵。而事实也证明了在未获得自我意识的儿童身上确实自然拥有着这些内涵。这些梦有许多是非常神秘，而且寓意很深刻的，我们无法明白。如果我们事先不知道这是儿童做的梦，人们会理所当然觉得梦中的那些东西很成熟，是只有成年人才做的梦。这些梦都是祖先痕迹正在退化的集体精神的最后痕迹，这种通过儿童的梦来重现人类心灵中永恒的内涵的做法有点可笑。在这个阶段，因为这些退化必然产生出许多恐惧，以及各种朦胧的成熟的预感，这些预感会在以后的生活阶段中再出现，正如人们通常说的：只有小孩和傻子说实话。这种实话是一种人类心灵遗留下来的印证。

心灵意识的发展过程

当婴幼儿已经从无意识开始变为有意识时,弗洛伊德指出:如果母亲注意了喂奶的方式、断奶的态度以及关于大小便排泄的教养方法,孩子在成长后的性格,就会因母亲的教导方法的差异而有所不同。

首先是关于喂奶,如果得不到母亲的关注,只是定时由佣人喂养而成长的儿童,性格会变得孤僻,他们较为好哭、爱撒娇、自私和对别人猜疑,称为"口腔期不足"。弗洛伊德将人生的发展分为5个阶段,每一阶段各具明显的特征,并且认为每一阶段都潜伏着一种"危机"。

以下是弗洛伊德的"人生五阶段"概要:

1. 信任与怀疑

出生至1岁的婴儿阶段,称为"口唇期"。

弗洛伊德认为:这一时期人主要的需求是获取口唇的满足感,即婴儿通过吸吮母乳而获得满足。对于这一时期的口唇需要可以从婴儿的生理与精神需要两个方面来理解:刚出生的婴儿由于生理需要解决吃奶问题;而同时,没有任何行动能力的婴儿也需要与一个养育者建立起永久的亲密关系,并给婴儿提供一种全面的生存安全感。因此弗洛伊德认为:当环境满足了人的口欲需要,婴儿便与母亲建立起正常的母婴或亲子关系,获得安全感,才会在今后的成长过程中对社会产生信任感,从而形成良好的人格。但如果口欲需求受挫,表现为对人充满不安全感,影响成长,人将会出现自卑、自恋的性格缺陷。如果口欲需求过度满足,会出现"口腔性格"的依赖、嫉妒等性格特征。

2. 自主与羞怯

1岁至3岁的幼儿阶段,称为"肛门期"。

肛门期是指这一阶段的幼儿通过训练,能正常排便而满足舒适的欲望。两岁左右的儿童开始产生巨大的变化,他们的自主意识大为增强,出现"第一次逆反期"。由于这一时期练习适应社会的内容是以社会许可的方式排便,因此,如果父母给予儿童正确的训练,并在此过程中一直保持愉快的心理体验,这一阶段幼儿的心理成长需求就会得到满足,他们会继续保持与他人的亲密关系,表现出良好的自我控制能力,并能够在今后发展与同伴和他人的社会关系。放任不正确的训练,或施以过于强硬的压抑,都会使儿童发展欲望受挫,则会归结为"缺陷人格",或表现为某种迂腐、偏执的性格特征。

3. 进取与罪咎

4岁至5岁的儿童阶段,称为"性器期"。

这一时期儿童的兴趣会转向异性器官，爱恋异性父母，并由此学会与家庭建立起亲密的关系，从而具有对社会生活更广泛的适应性，开始真正向一个"人"转变。他们开始在家庭以外去寻找情感的寄托、生活的内容，于是，他们也开始了对"人"的深入而全面的了解。对"人"深入认识的表现是孩子发现父母亲两种性别之间的爱恋，表现为：男孩需要向父亲模仿，女孩需要向母亲模仿。如果家庭不能给予儿童相关的满足，一是会令"俄狄浦斯情节"压抑在人的潜意识，从而变成成年后神经症；另一是儿童会缺乏人际关系的正常学习，成年后表现为处理人际关系的无能感。

4. 勤奋与自卑

6岁至11岁的儿童阶段，称为"潜伏期"。

一个相对平静的阶段(冬眠)，儿童的兴趣投向外界，与同伴的社会关系发展迅速，并奠定了社交关系的基础。

5. 自认与迷乱

12岁至20岁的青少年，称为"青春期"。

这一时期儿童进入躯体成熟，并且完成对家庭以外的亲密客体关系的建立过程，使自己的观念同化及适应，达到人格的形成。

性格的成熟

荣格认为：性格的发展、形成及变化，一直到成熟，都和人的遗传、环境等因素有着密切的关系。

一般理论都倾向于认为：遗传因素通过气质和智力影响人的性格。在遗传因素的作用下形成的气质，按照自己的活动方式，使性格具有独特的色彩。例如，同样是助人为乐的性格特征，多血质的人在帮助人时动作敏捷、热情溢于言表，而黏液质的人则沉着冷静、情感蕴含在心。气质为人的高级神经活动类型所决定，所以，一开始气质就影响性格形成和发展速度。

不论儿童是由生身父母还是由收养或寄养家庭抚养，他们和生身父母之间在智商上总是有显著的相关。荣格把此归因于遗传对智力的影响。进而言之，智力和性格都受高级神经活动的特性和类型的影响，而智力对人性格形成是有作用的，这作用在人的发展过程中显示出来。人们运用自己的聪明才智，掌握相应的知识和技能，冷静地审时度势，使自己的行为符合客观规律，这样就会促使自己勇于克服困难，在艰难险阻中表现出自觉、大胆、果断和坚毅等良好的性格特征。因此，大凡政治家、发明家、作家、艺术家，虽然从事不同的职业，但他们都兼有高度发达的智力、创造力和优良的性格特征。

性格不但受遗传因素的影响，更为重要的是，环境是性格发展形成的一个决定性因素。环境的作用主要是通过家庭、学校、社会活动以及工作实践来发生效应的。

性格的成熟是相对的，绝对的成熟是不存在的。从人所处环境的变化来讲，性格也有一定变化，但是，除非较大刺激（比如失恋、对自己重要的人发生意外、重大失败或挫折等），一个人的性格一旦形成，就基本稳定了。

第三节
性格的本质特征

性格的构成非常复杂，它包含着各种侧面，并且每个侧面都具有不同的特征，而性格的特征就是指各个不同侧面的特征。归纳起来主要有：性格的态度特征、性格的理智特征、性格的意志特征和性格的情绪特征。

性格的态度特征

人对现实的态度是性格特征的重要组成部分，它直接体现了一个人所特有的、稳定的倾向，也是一个人本质属性和世界观的反映。人对客观现实的态度是多种多样的，主要表现为心理与各种社会关系方面的特征，即个人与社会的关系、个人与集体的关系、个人与他人的关系以及对待自己的态度等方面的性格特征。

①对社会、对集体、对他人的态度的性格特征主要表现有：公而忘私或假公济私，忠心耿耿或三心二意，热爱集体或自私自利，正直或虚伪，有同情心或冷酷无情等。

②对工作和学习的态度的性格特征主要表现有：认真或马虎，细致或粗心，勤劳或懒惰，节俭或浪费，勇于创新或墨守成规等。

③对自己的态度的性格特征主要表现有：谦虚或骄傲，自尊或自卑，严于律己或放任自由等。

④对生活的态度的性格特征主要表现有：抱怨生活的不公或懂得感恩，悲观或乐观，放弃或坚持等。

不难看出，以上这些态度之间，存在着内在的联系，其中一方面的态度可以影响或决定另一方面的态度。比如，一个社会责任感强烈的人，他对待事业常常是积极进取的，他对待同志常常是热诚相助的，他对待自己也常常是严格要求的。这也表明：一般说来，在个人的态度体系中，他对社会的态度常占据主导的地位。

人对某种事物的态度，是受他所持的相应的观点制约的。人对社会的态度如何，真实地反映着他的人生观、世界观。因此个人对现实的态度，带有明显的道德色彩。个人性格中对现实态度的那些特征，基本上也是人的精神面貌的道德特征。由此可知，当全面评价某人的性格特征时，人们总不能不带有某种伦理上的褒或贬。比如，当谈到某人性格中的大公无私、舍己为人等特征时，总同时伴有赞许或颂扬的评价；相反，当谈到某人一向自私自利、损人利己等特征时，同时也伴有否定的、鄙夷的评价。

性格的理智特征

人们借助感知、思维等认识过程来反映现实。这些认识过程在不同人身上表现出来的稳定的个体差异，构成了性格的理智特征。

1. 感知方面的性格特征

人在感知方面的个别差异可以区分为：主动观察型和被动感知型，逻辑型和概括型，记录型和解释型，快速型和精确型等。

2. 记忆方面的性格特征

人在记忆方面的个别差异可以区分为：主动记忆型和被动记忆型，直观形象记忆型和逻辑思维记忆型等。

3. 想象方面的性格特征

人在想象方面的个别差异可以区分为：主动想象型和被动想象型，敢于想象型和想象受阻型，反映独立型和反映依赖型等。

4. 思维方面的性格特征

人在思维方面的个别差异可以区分为：独立型和依赖型，分析型和综合型等。

性格的意志特征

一个人的行为方式往往能反映出性格的意志特征，它是人对自己行为的自觉调节能力，包括发动和制约两方面，对于人的独立性、主动性、自制力、坚韧性等方面具有促进强化或抑制削弱的作用。它在人的性格中具有十分重要的位置。

人的性格的意志特征可以从不同的侧面加以描述：

1. 行动目的的明确程度

意志行动不同于冲动性行动，它具有自觉的目的性，意志过程就是根据这个目的来调节行动实现目的的。然而在人的行动目的性上，有着个人差异。有的人遇事目的明确，独立性强；有的人为人处世则经常目的不明确，稀里糊涂过日子，缺乏独立性，容易随波逐流。

2. 行为自制力控制水平

人为了达到既定目标，有时需要抑制自己的某些内心冲动和外部行为，有时出于外部的社会约束也需要如此，于是表现出各人行为方式上的差异：有人自制力强，善于"令行禁止"，表现出较好的纪律性和自我约束能力；有的人则自制力差，表现出行为的冲动性、任意性和散漫性。

3. 行为解决问题的果敢性

这是在人遇到危难局面时表现出的意志特征。身处惊险环境，有的人表现得勇敢、顽强、镇定自若，有的人则胆怯、懦弱、恐慌万状；面临困难的抉择，有的人表现得果敢决断，有的人则优柔寡断。

4. 行为持续的坚韧性

在达到长期目标的过程中，显示出个人在行为方式上的主要不同，就是坚韧程度。有的人富有恒心，处事百折不挠，锲而不舍；有的人见异思迁，难以持久，甚至遇难则退，半途而废。

性格的情绪特征

性格的情绪特征又被称为性情，一个人经常表现出的情绪活动的强度、稳定性、持久性和主导心境方面的特征就是性格的情感特征，它直接控制、影响人的自我状态。

1. 情绪强度的性格特征

经受同样的刺激，个人经常出现的情绪强度可以不同。有的人多愁善感或易于大喜大悲；有的人则不易动情或惯于产生微欢淡愁；有的人情绪难受约束，动辄喜形于色；有的人情绪则常受理智和意志的抑制，表现甚为平和。

2. 情绪稳定性的性格特征

一种情绪产生了，其持续的长短因人而异；两种性质对立情绪转换的难易，也存在差异。这就造成个人间情绪稳定性的区别。有的人喜怒无常,瞬息万变;有的人则相反,一旦沉入某种情绪体验,就不易摆脱。

3. 主导心境的性格特征

主要指不同的主导心境在一个人身上表现的程度,例如,有的人受主导心境支配的时间长,有的人受主导心境支配的时间短;有的人愉快,有的人忧伤等。

总而言之,性格的各种特征并不是孤立的,而是相互联系的。它们在个体身上结合为独特的统一体,从而形成一个人不同于他人的、独有的性格。

由性格的特征可见性格的本质特点,而性格的本质特点取决于一个人对现实事物的稳定的态度体系和行为方式,这一部分构成性格的内核。性格的这一部分,是个体在后天的活动中逐渐形成的。客观现实的不同反映,不断地渗透到个体的生活经历之中,影响个体的生活活动。这些客观事物的影响,通过认识、情感和意志活动,在个体的反映机构里保存下来、固定下来,构成一定的态度体系,并以一定的形式表现在个体的行为之中,它构成每个个体所特有的行为方式,构成人的性格的突出的、典型的方面。例如,有的人乐观,有的人悲观,有的人真诚,有的人虚伪;有的人正直,有的人狡猾;有的人谦虚,有的人骄傲;而这些人对待现实的态度和相关的行为很明显地体现了性格的本质特点。因此,我们在认识自身性格的同时,更应该注重去改进和完善自我的性格。

第四节
影响性格的四大因素

性格对人的一生有着决定性的影响,因为每一个人的性格都是独一无二的,而性格又在有意或无意中支配人的行为,进而形成不同的结局。而性格的形成又受到了先天因素和后天因素的双重影响,使得每一个人的性格都能在成长的过程中随着环境、教育等改造,从而使一个人的内在本质发生质的改变,进而走向性格的完善与成熟。

遗传——与生俱来的性格

人类似乎很早就对性格的形成的遗传因素有了一定的认识,我国的很多俗语就有这一方面的十分生动和形象的体现,如"种瓜得瓜,种豆得豆","上梁不正下梁歪","老鼠的儿子会打洞"等。

从科学的角度来看,性格的形成与发展确实有着极其深厚的生物学根源,遗传素质作为性格形成的自然基础,也为性格的形成和发展提供了必不可少的前提条件。

下面我们着重从四个方面来分析遗传对性格的影响:

第一,一个人的相貌、身高、体重等生理特征,会因社会文化的评价与自我意识的作用,影响到自信心、自尊感等性格特征的形成。

如在一个崇尚以瘦、高、小脸为美的国家里,如果一个人的外表刚好符合这个国家的大众审美标准,那么他/她将成为众人认可、肯定的对象,其自信心和自尊感也会得到大幅度的提升;但如果相反,他/她胖、矮且相貌并不那么出众,他/她就会在一种大众无形的否定中感到自尊心受挫,并产生自卑的情绪。

第二,生理成熟的早晚也会影响性格的形成。一般来说,早熟的孩子爱社交,责任感强,较遵守学校的规章制度,容易给人良好的印象;晚熟的孩子往往凭借自我态度和感情行事,责任感较差,不太遵守校规,很少考虑社会准则。如果任其自由发展,在孩子以后的成长过程中很有可能会出现这样或者那样的问题，甚至引发严重的后果。

第三，某些神经系统的遗传特性也会影响特定性格的形成。这种影响表现为或起加速作用或起延缓作用。这从气质与性格的相互作用中可以印证：开朗型的人比抑郁型的人更容易形成热情大方、积极乐观的性格。

在不利的客观情况下，抑郁型的人比开朗型的人更容易形成胆怯和懦弱的性格特征；而在顺利的条件下，开朗型的人比抑郁型的人更容易成为强者。

第四，性别差异对人类性格的影响也有明显的作用。一般认为，男性比女性在性格上更具有独立性、自主性、攻击性、支配性，并有强烈的竞争意识，敢于冒险；而女性则比男性更具依赖性，较易被说服，做事有分寸，具有较强的忍耐性。这种由性别差异而导致的性格差异在社会的职业角度就有很好的体现，例如，需要细心与耐心的护士、幼教、秘书等工作的从业者一般以女性居多，而需要耐力、独立性、支配性的工作，如工程师、警察等则以男性居多。

遗传固然是性格形成的重要因素之一，但我们不能无限夸大遗传的影响。因为一个人性格的形成，无论是讨人喜欢的性格还是讨人厌烦的性格，除去遗传因素的影响，更多的是后天的家庭、教育及环境的影响，了解了这一点，也就使我们能够更好地培养并完善自己的性格。

家庭——为性格打上最初的烙印

当我们降生在这个世界上时，就归属了一个家庭，而且家庭作为每一个人出生后接触到的最初的教育场所，父母双方的性格，父母的教育方式、观念，在家庭中所处的地位及所承担的角色等都对人的性格的最终形成有非常重要的影响。从这个意义上讲，家庭是制造性格的工厂。

1. 父母性格的影响

父母个性的相映成趣对孩子个性的形成、发展和丰富具有积极的促进作用。比如父母中有一位是黄胆质气质，另一位是黑胆质或黏液质气质，这样两种个性刚好形成互补，这样的父母一唱一和，松弛有致，孩子就能从父母的言行举止中感受到家庭的魅力、生活的乐趣、人生的幽默感。生活在这类家庭中的孩子往往会形成乐观、开朗的个性。相反，若是父母的气质类型相同(多血质还好点)，要发脾气，两人大动干戈，要温柔起来，两人情意绵绵，家庭环境也形成夏日型环境：一会儿狂风暴雨，一会儿晴空万里。这样的个性组合对孩子个性的形成往往具有消极影响。他们往往对父母的行为感到不知所措,再开朗、乐观的孩子也会变成一副坏脾气,沉默、抑郁、苦恼、少年老成。

此外,父母对孩子个性的影响还表现在父母本身的个性影响力上。一般说来,多血质和黄胆质气质的父母比较能吸引孩子的注意力,这两种"外向型"的气质,极大地影响了孩子的说话方式和行为方式,从而使他们很容易形成类似父母的个性。如果父母性格比较沉郁,孩子在沉寂的家庭环境找不到多少快乐就会把目光投向外界,从周围的环境中寻找欢乐,从而丰富自己的个性内涵,使孩子在未来形成与父母相差甚远的个性。

2. 父母的教育方式、观念及态度的影响

在孩子性格的形成过程中,与爱一起发挥重要作用的,那就是教育。教育是一个权威和服从的问题,即父母怎样发挥权威和发挥什么样的权威,以及孩子怎样服从父母的权威。

父母亲的权威,在各个家庭中的表现是各不相同的。有的父母对待孩子比较专制,硬让孩子接受自己的观点,孩子如果不接受,那就非打即骂。与此相反,有的父母一切听从孩子的,孩子要什么就给什么,想怎样就怎样,片面强调孩子应该有自己的自由。有的父母对待孩子态度多变,一会儿大耍威风,一会儿又百依百顺。

不过,研究发现:家长教育观念的正确与否,决定家长对儿童采取何种教育态度与方式,而家长的教育态度与方式又直接影响着儿童的发展,特别是性格的形成与发展。有许多心理学家对父母的教养态度与方式对子女性格的影响进行了研究,其结果表明在父母不同的教育态度与方式下成长的儿童,其性格特点有明显的差异,现概括为下表:

	父母的教育方式及态度与子女所形成的性格示意表	
	父母的态度与方式	相应形成的子女的性格
1	支配性的(命令式)	依赖性,服从,消极,缺乏独立性
2	溺爱的(百依百顺)	任性,骄傲,利己主义,缺乏独立精神,情绪不稳定
3	过于保护的	缺乏社会性,任性,依赖,被动,胆怯,深思,沉默的,亲切的
4	过于严厉的(经常打骂)	顽固,冷酷,残忍,独立的;或怯懦的,缺乏自信心、自尊心,盲从,不诚实
5	民主的	独立的,协作的,社交的,亲切的,天真的,有毅力和创造精神,直爽,大胆,机灵
6	忽视的	妒忌,情绪不安,创造力差,甚至有厌世轻生的情绪
7	父母意见分歧的	易生气的,警惕性高的;或两面讨好,好说谎,投机取巧

3. 在家庭中的地位及角色的影响

孩子在家庭中所处的地位及扮演的角色，也会影响其性格的形成与发展。如父母对子女不公平时，受偏爱的一方可能有洋洋自得、高傲的表现，受冷落的一方则容易嫉妒、自卑。

艾森伯格研究认为，长子或独生子比中间的孩子或最小的孩子具有更多的优越感。孩子在家庭中越受重视，其性格发展越倾向自信、独立、优越感强。如果其地位发生变化，原有的性格特征往往会随之产生不同程度的变化。例如，在一个家庭中，由于从童年起姐姐就担当保护和照顾妹妹的责任，那么，姐姐就会处事果断、主动勇敢，而妹妹则较为顺从、被动。再如，一个家庭将儿子当作女儿来对待和教育，那么，这个男孩往往会形成温顺、细腻、柔和的女性化性格。

孩子作为家庭的一分子，在家庭中的地位及角色又会直接或间接地反映到家庭氛围中来。一般来说，在气氛很好的家庭，即父母和子女相互信赖、相互爱护，相处得如同朋友一般的家庭中长大的青年，大多数人的性格表现出沉着稳定，善于适应和独立性强的倾向。而在那些乱七八糟、纷争频频的家庭中长大的青年，则大多数适应性很差，经常会捅出各种娄子来。

由以上三方面，我们不难看出家庭对于一个孩子性格的形成具有多么重大的意义。所谓"成功的父母是孩子的明天"，这样的例子在我国历史上并不少见，古代杰出的土木建筑大师鲁班的母亲也是一位出色的木匠，鲁班受其母亲的影响，从小对斧头、锯子等感兴趣。成了大建筑师后，母亲仍是其重要的帮手。每次鲁班用墨斗放线时，母亲就拉着墨线的一端。有一次墨线突然卡在了木缝里，母亲突然得到了启示：如果有一个钩固定在一端将墨线钩住，不就可以腾出手来干别的活了嘛。母亲将想法告诉了鲁班，鲁班很快做好了这种钩，人们为纪念发明家的母亲，就将这个钩称为"班母"。鲁班在其母亲的言传身教下，又相继发明了许多木工工具，这其中有其母亲不小的功劳。

在人生的过程中，家庭是子女最早接触的教育环境，父母是子女最早接触的教师，因此父母的性格对子女最具潜移默化的影响。

教育——重塑你的性格

随着孩子年龄的增长，除了早期的家庭为主的教育方式以外，学校作为一种被普遍认同的社会教育方式，将在儿童性格的形成阶段起主导作用。学校将根据某些具体的教育目的对学生施加有目的、有系统、有计划的影响，让学生在日常的学习、生活及其他活动中受到影响。

1. 班集体的影响

学校的基本组织是班集体，优秀的班集体会以它正确而又明确的目的、对班集体成员严格而又合理的要求、自身强大的吸引力感染着集体成员，充分调动所有成员的主动性、自觉性，从而促进学生良好性格的形成。与此同时，通过同学之间的交往，增强了责任感、义务感、集体主义感，学会了互相帮助、团结友爱、尊重他人、遵守纪律，也培养了乐观、坚强、勇敢、向上等优秀品质。优秀的班集体还可以使学生的一些不良性格得以改变。日本心理学家岛真夫曾挑选出在班集体里的 8 名学生担任班级干部，并指导他们工作。一学期后，发现他们表现得自尊、有责任心，整个班级的风气也有所改变。

一个好的班集体固然能为孩子形成一个良好的性格提供一个良好的氛围，但对于作为教育的主导——教师来说，他们更是对学生性格的形成起到了直接而关键的作用。

2. 教师的影响

教师是直接与学生进行接触的主体，其一言一行都可能对学生产生深远的影响。

放任型：表现为不控制学生的行为，不指导学生学习。学生则表现为无集体意识、无团体目标、纪律性差、不合作。这样的学生往往容易形成散漫、懒惰的性格，若任其发展，最终可能会导致极其不良的放纵性格。

专制型：表现为包办学生的一切学习活动，全凭个人的好恶对学生进行赞誉、贬损。学生则表现为情绪紧张、冷漠、具有攻击性、自制力差。这样的学生往往容易形成依赖、压抑的性格，也很有可能会形成另一反面——叛逆的性格，甚至会存有报复心。

民主型：表现为尊重学生的自尊心和人格。学生则表现为情绪稳定、态度积极友好、开朗坦诚、有领导能力。这样培养出来的学生往往具有良好的心态，易形成积极乐观、豁达宽容、坚韧友善的性格，为未来的成功打下基础。

因此，学校的教育对于每一个人的一生来说都是极其重要的，因为人的性格的形成时期恰好是我们在学校接受教育的时期。一个好的学校、好的老师、好的教育体系与教育制度都将对孩子性格的形成产生重大的影响。

环境——"时势造英雄"

人生来就不是孤立的，人总是生存在这样或那样的环境中，这个环境就包括自然环境和社会环境，尤以社会环境为主。自然环境对人的性格的形成的影响主要体现在地域、民族两大方面，我们常常会对各地的人进行分析，不同地域的人有着不同的性格。而民族环境不同也会影响到个体性格的不同。而对人的性格起主要作用的社会大环境则更为复杂，想必大家都听过"孟母三迁"的故事，这其中就体现了社会环境对一个人的性格的影响。

孟子（公元前372年～前289年），名轲。战国时邹（今山东邹县）人。他主要活动于战国时期的梁惠王、齐宣王时代，是我国古代伟大的思想家、政治家和教育家。

孟子本为贵族后裔，到他父亲那一代，家境就已衰落了。孟子很小的时候，父亲就得病死了，他从小是母亲一手抚养大的。孟母是一个有知识、有教养、很能干的女人，一心想把孟子培养成人。

开始，孟子家距墓地很近，他常和邻居的孩子们一起到墓地里去看热闹，也许是看得太多了，他也和小朋友们一起玩起给死人送葬一类的游戏来。孟母知道以后，觉得这种地方不能让孩子来，对孩子的成长没有好处。于是，第二天孟母收拾好家里的东西就搬家了。

他们母子二人搬到一个闹市附近住下来。这个市场人来车往，每天从早到晚叫卖声、吵嚷声不绝于耳，时间一长，孟子又学起那些小商小贩的吆喝声来了。孟母觉得这种环境也不利于孩子成长，便再次搬家。

这回，他们搬到一个学堂附近住下来，那些来学堂读书的人个个斯文，讲礼貌，见面时或作揖或鞠躬。日子长了，孟子就照着那些读书人的样子拿书来读，和人见面时也仿照那些读书人行礼作揖，变得非常懂事有礼貌。孟母看在眼里，喜在心头，觉得这个地方对孟子的成长大有帮助，于是就一直住下。

后来，孟子一天天长大了，到了上学的年龄，孟母就把家中节约下来的钱给他交了学费，送他到学校读书。起初，孟子还很用心读书，可时间长了，就有些松懈了，有时孟子还偷偷逃学，后来被孟母知道了。有一天，天黑了，玩了一整天的孟子回到家里，一进门看到火炉也没有点着火。孟子感到情况有些不大对头，他慌忙低着头准备从母亲背后绕过去回到自己的小屋里。他刚走到屋门口，被母亲厉声叫住了。他见母亲站起身来，满脸气愤，又走到厨房拿出一把菜刀朝织布机上的布唰地一下砍了下去，将那块还没有织好的布一下子砍成两截。孟母用颤抖的手指着被砍断的布对孟子说道："你也太没出息了！一个人如果没有志气，做什么事总是半途而废，跟这没织好的布有什么区别呢？假若你再逃学，不求上进，我就不要你了。"孟母说得很伤心，并掉下泪来。孟子是个孝子，他最怕母亲伤心难过。他知道自己做错了，急忙认错并保证今后一定努力学习，不惹母亲生气。从此以后，孟子发奋苦读，博览群书，终于成为志向远大的学者，名扬四方。

试想，倘若孟母不注重环境对孩子性格的影响，不曾三次搬家，可能孟子今天就不会写在历史书上了，他也许充其量只不过是一个沿街叫卖的小商小贩，也就更不会有影响中国2000多年的思想精华。因此，一个良好的环境对一个人的性格的形成具有重大的作用，我们每一个人都应该注重环境的改造，使之能更加有利于造就和发展每一个人的良好性格。

生活中还有许多环境影响性格的例子：贫苦人家的孩子懂事早，比别的同龄孩子早成熟，这是由于"穷人的孩子早当家"；某些才能卓越的孩子是由于他们自小就生活在一个有助于他们发展特殊才能的家庭环境中。如天才的音乐家莫扎特，他出生在奥地利的一个富裕家庭，他的父亲就是一位音乐教师，并且从小就受到了来自家庭的良好的音乐熏陶，进而让他对音乐产生了浓厚的兴趣，并最终成为有名的音乐家。

生活中，我们可能还有这样的经验，那就是一个从小生活在优裕环境中的人，由于他从来不为一些日常小事发愁，所以很容易形成一种大度豁达的性格，不会斤斤计较，什么事都放得开，且有一种包容的气度。我国书法家启功先生就具有这样的性格。在书香门第中长大的孩子，举手投足之间都会透出一种温雅的气质，农村来的孩子其性格中的朴实与憨厚也是掩盖不住的。有良好家教的孩子待人接物有礼有节，对待老人尊敬有加；相反，从小娇生惯养的孩子则可能显得骄横跋扈，让人难以接近。这些都是环境对人的性格产生作用的有力实证。

因此，创建一个良好的生存环境对我们形成、改造、完善自身的性格是必要的，一个好的环境能影响一个人一生的性格。

第五节
性格分类

把性格分为外向型和内向型；是根据瑞士心理学家卡尔·古斯塔夫·荣格的学说来区分的。荣格在谈论人的性格时，认为每个人都有一种"精神的能量"。如果这种精神的能量所处的趋向是向外的，产生性格则为外向性；如果这种精神的能量趋向是向内的，产生性格则为内向性。这就形成了外向型和内向型性格。

性格的两种基本分类：内向型和外向型

这两种相反的倾向常常同时存在于一个人的性格中。哪一种是优势，则外在表现为哪一种。例如：有的人一向开朗活泼，社交广泛，善于言谈，总是人群中的核心人物，但偶尔在几个人的时候，他会很沉默。我们并不能因为他偶尔的沉默而否定他开朗的性格。

尽管在不同环境里可以表现出性格的不同侧面，它仍然不会背离一个人的主导性格。

性格是一个人内在特质和外在行动的综合表现，也是一个人区别于其他人的本质特征之所在。

一般来说，性格内向的人能够独立自主，对工作认真负责，能按照自己的想法去做事，不轻易以偏概全，不冲动行事；在与外界交往的过程中，注重事物的内在变化。但也有不足之处，他们对外在环境了解不多，常常掩饰自己，易被他人误会，不喜欢工作被打断。这类人适合做钢琴师、诗人、心理学家。性格外向的人善于利用外在环境资源，乐于与他人交往，个性较开放，属于行动派，易被他人所了解。其不足之处是，不够独立，喜欢变化，比较浮躁。这类人适合做导游、公关。

其实不管是外向型，还是内向型，都可以成为一个优秀的人。下面进行一项测试，看你是属于哪一类型的人。

以下是测试你是属于内向型性格还是外向型性格的试题，请根据自己的实际情况做出回答，符合的则在该问题后面的括号内画"√"，难以回答的则画"△"，不符合的则画"×"。

1. 你与观点不同的人也能友好往来。（　）
2. 你读书较慢，力求完全看懂。（　）
3. 你做事较快，但较粗糙。（　）
4. 你不敢在众人面前发表演说。（　）
5. 你能够做好领导团体的工作。（　）
6. 你常会猜疑别人。（　）
7. 受到表扬后你会工作得更努力。（　）
8. 你希望过平静、轻松的生活。（　）
9. 你经常分析自己、研究自己。（　）
10. 生气时，你总是不加抑制地把怒气发泄出来。（　）
11. 在人多的时候和其他场合你总力求不引人注意。（　）
12. 你不喜欢记日记。（　）
13. 你待人总是很小心。（　）
14. 你是个不拘小节的人。（　）
15. 你从不考虑自己几年后的事情。（　）
16. 你常会一个人想入非非。（　）
17. 你喜欢经常变换工作。（　）
18. 你常回忆自己过去的生活。（　）
19. 你喜欢参加集体娱乐活动。（　）
20. 你总是三思而后行。（　）
21. 你肚里有话憋不住，总想对人说出来。（　）
22. 你常有自卑感。（　）
23. 你不大注意自己的服装是否整洁。（　）
24. 你很关心别人对你有什么看法。（　）
25. 和别人在一起时，你的话比别人多。（　）
26. 你喜欢独自一个人在房内休息。（　）
27. 你的情绪很容易波动。（　）
28. 你用金钱时从不精打细算。（　）
29. 对陌生人你从不轻易相信。（　）
30. 你几乎从不主动制订学习或工作计划。（　）
31. 你不善于结交朋友。（　）

32. 你的意见和观点常会发生变化。（   ）
33. 你很注意交通安全。（   ）
34. 看到房间里杂乱无章，你就静不下心来。（   ）
35. 旁边有说话声或广播声，你就无法安静下来学习。（   ）
36. 你讨厌工作时有人在旁边观看。（   ）
37. 你始终以乐观的态度对待人生。（   ）
38. 你总是独立思考问题。（   ）
39. 你不怕应付麻烦的事情。（   ）
40. 你的口头表达能力还不错。（   ）
41. 你是个沉默寡言的人。（   ）
42. 在一个新的环境里你很快就能适应了。（   ）
43. 要你同陌生人打交道，常感到为难。（   ）
44. 你常会过高地估计自己的能力。（   ）
45. 遭到失败后你总是忘不了。（   ）
46. 你很注意同伴们的工作或学习成绩。（   ）
47. 比起读小说和看电影来，你更喜欢郊游与跳舞。（   ）
48. 买东西时，你常常犹豫不决。（   ）
49. 你喜欢和小动物在一起胜过与人在一起。（   ）
50. 你很容易去原谅别人。（   ）

计分方法：

题号为奇数的题目（如1，3，5，7……），答案为"√"各计2分，答案为"△"各计1分，答案为"×"各计0分；题号为偶数的题目（如2，4，6，8……），答案为"√"各计0分，答案为"△"各计1分，答案为"×"各计2分。最后把各题分数相加，再查评分表，你就可以了解你的性格属于哪种类型了。

计分结果：

1. 0～19分，性格内向型。
2. 20～39分，性格偏内向型。
3. 40～59分，性格中间型。
4. 60～79分，性格偏外向型。
5. 80～100分，性格外向型。

一般而言，内向型的人通常比较自恋、感情丰富、第六感发达，为人处世多半会先想到自己，用自己的想法解释外界事物。有时因不善与人沟通协调，不愿意对别人让步，其结果会使得他们与众人形成对立。只有少数几个知心的人能够理解他们。

当然，这种类型的人在适应现实社会上，会有许多困难，他们多半不喜欢社交，朋友很少，甚至有逃避社会的倾向，对他们而言，外在的人群社会总是使他们无法接受或感到不安的。这种类型的人只能在自己熟悉的环境下才能过得舒服愉快。因此，他们交往的范围非常狭窄，只局限于少数亲近的人。

总体上而言，内向型的性格一般都具有一些共同的特征，例如：重视主体性与自我、在乎自己的习惯与想法、不喜欢追随别人的想法、喜欢自我反省、欠缺果断、经常犹豫不决、需有较多的时间才能适应新环境、经常钻牛角尖地思考、放不开、不习惯与陌生人接触、对周围环境的变化观察敏锐、与人交往时倾向于采取被动的姿态、不容易结交新朋友、交友范围狭窄、亲密的朋友则深交、不希望参加社交活动、只有在很亲近的朋友面前才能放得开。

而所谓"外向"，是指思考总是开放式的，喜欢与人交往。因此，外向型的人多半会关心周围的人和事物，并尝试着去掌握环境与事物的变化，是属于掌握外在且比较有行动力的类型。

对于这种类型的人而言，最重视的无非是别人怎么看待自己，以及自己如何表现才符合别人的愿望与期待。

但由于全身心只放在别人与外界上，自己内心的想法与需求便被有意无意地忽略或压抑下来，久而久之，甚至不了解自己有什么欲望或心理需求。这让他们往往没有主见，容易随波逐流。这类型的人比较易受外界条件的制约。

外向型的人由于总是把眼睛放在别人身上，因此能迅速注意并了解外界变化，采取相应措施，因此，人与人之间大多能协调，很少发生冲突或不安。不仅如此，他们能关心别人，积极地参与团队与组织活动，而且很容易被别人接受并享受群体生活的成就感。

能够适应别人、参与团队是这类人的特长。但有时太重视与别人的协调，也会有迷失自己的危险。这也正是性格外向型的人需要引起注意的地方。

外向型性格的人特征如下：能随不同场合调整自己的态度与行动方式、能经常保持对周围事物变化的注意、遇到谈得来的人就开诚布公地交往、容易接纳别人、自己一个人独处容易不安、行动快速但思考不深、很容易仓促地做决定、能迅速适应新环境、常未经评估就采取行动、喜欢积极地表达对别人的关怀、与人交往没有棱角、容易接受、社交范围广、朋友众多但容易流于酒肉之交、在众人之中不会感到不安或陌生、喜欢参加社交活动。

人的性格没有好坏、优劣之分，正如外向型性格和内向型性格都各有各的优势和劣势。如外向型的人不断以各种方式充实自己；内向型的人则习惯于保持自己的能量，有抵御外界要求的倾向。

但总体来说，外向型的人比内向型具有较强的优越感；内向型的人比外向型的人自卑，内心有种被压抑的感觉。但性格有发生改变的可能性，因此，对于我们而言，不管我们是内向型性格还是外向型性格，只要我们发挥自身的性格优势，改正和弥补性格劣势，就一定能打造出完善的性格，从而使我们的人生更加顺利。

四种典型性格分类

19世纪后半叶到20世纪初期，开始出现了以气质为标准来对性格进行分类的学说。被认为是近代心理学之父的恩特将人的情绪反应以"强与弱""快与慢"等二元对立的方式，配合四种气质说，道出如下的模式：情绪反应弱而快是"阳刚的多血质"；情绪反应弱而慢的是"平淡的黏液质"；情绪反应强而慢的是"忧郁的黑胆质"；情绪反应强而快的是"急躁的黄胆质"。这四种气质的特征如下：

1. 多血质

轻率、活泼、好事、喜欢与人交往、面对困难不会退缩，以及不会记恨。很容易答应别人的事情，也很容易忘了约定。有面对困难的勇气，但看事情不妙，也会开溜。能够调整自己的喜怒哀乐，随时保持心理平衡与往前冲刺的状态。一旦成功或受别人赞赏，就乐不可支……

多血质人大多是活跃的积极分子，在人际交往中，他们气质上率直坦诚的特征总是直接地表现，这可能会伤害一些人，但更能赢得许多朋友。而且他们在激烈竞争的社会中，在瞬息万变的情况下，能够施展出自己的才干。他们是充满自信的人，他们有活动能力，而且会越来越强。所以从一定意义上说，多血质人对所有的职业都具有适应性。重大局、不贪小利、不感情用事等，这都是多血质人在气质方面的长处，他们具有较突出的外向性格，适应社交性强的工作，如政治家、外交家、商人、律师等。

2. 黏液质

安静、漫不经心、散漫、邋遢、好饮食等。相对于黄胆质的人一受刺激就哇哇大叫，黏液质的人则反应非常迟钝或冷淡。不过，虽然反应及行动缓慢，这类人通常诚实且值得信任。由于个性平淡，工作缓慢，所以不太容易紧张。

黏液质的人是具有一定领袖气质的人。他们的直觉敏锐，善于处理错综复杂的人事关系，是一个不容忽视、深孚众望的、具有强烈个人魅力的人。他们大多数能很好地利用协调性、积极性、社会性及感情稳定性表现自己的才能，发挥出卓越的能力，而且不论地位高低，都能在各自的行业中占有重要位置。因此，在实际工作岗位上，黏液质的人多数表现为精明强干。如出色的公务员、有才气的作家、头脑明晰的银行家等。但是，黏液质的人的职业选择范围不广，可以说很窄。尽管如此，他们却活跃在广泛的领域里。与多血质一样，他们对工作岗位的适应性也很强，最适合于他们的工作岗位是策划及一般事务一类。

3. 黑胆质

这类型的人比较趋向于稳重、沉郁，经常只看到人生的黑暗面。他们多半避免送往迎来的交际活动，也不喜欢和外向活泼的多血质人在一起。甚至看到别人欢天喜地乐不可支时，反而会不高兴。这类人一遇到困难常常心理失去平衡，一旦心情不高兴，便久久无法恢复正常。

黑胆质的人不擅长与人交际，不擅长与陌生人交谈。但是面对熟悉的、亲密的人，面对知己，他们会出人意料地展现他们内心真实的一面。而另一方面，抑郁质的人积极认真，努力向上，毫不懈怠，懂得埋头苦干，无论对什么职业都能一丝不苟。

因此，黑胆质的人在学者、教育家、研究人员、技术人员、医师等比较内向的职业领域里，有较强的适应性。

4. 黄胆质（胆汁质）

对于情绪的刺激非常敏感，意志力衰弱，易动摇，没有耐心，情绪忽冷忽热。他们做什么事都是三分钟热度，这类型的人不喜欢被压抑，喜怒哀乐表现得非常明显。不过，他们不论悲伤或愤怒都来得快、去得也快。一般而言，这类型既热心也有爱心，做事情很有爆发力。

胆汁质的人开朗、热情，他们一般都是自来熟，但他们一般不愿在陌生人面前出现，他们只愿和相互了解的人往来，并保持真诚相待。

他们最大的气质特征是外向性、行动性和直觉性。因此，在政治家、外交家、商业家、作家、记者、设计师、实业家、护士等比较外向的职业领域里，胆汁质的人有适应性。另外，在体育界，胆汁质的人也比较活跃。

MSCP 性格分类

1. 活泼型性格（S）——外向、多言、乐观

活泼型性格的优点很多，具备这种性格的人通常待人热情、性情奔放、豪迈、幽默、真诚而能言善辩。同时，他们富于浪漫情怀，天生喜欢乐趣，喜欢和人在一起。他们天生

具有表演的天才，能把所有人的目光像吸铁石一样吸引过来，不管什么场合，他们永远都是人们瞩目的焦点。他们也很情绪化，感情外露；对任何东西都有着强烈的好奇心，这样就使得他们经常略显孩子气，即使年龄偏大也依然童心未泯，但这并不表示他们对工作没有热情。

活泼型性格的人在工作上也有很高的热情，工作态度很主动，好奇的性格特征使得他们在工作上富有创造性，充满干劲，同时他们热情的性格又会使他们在工作中与同事和谐相处。他们永远精力充沛、活力四射，总是自告奋勇地去做每一件事情，他们从不吝啬赞扬别人，永远学不会记恨；与人发生不愉快时，他们很快就会主动向别人示好，所以他们容易交上很多朋友。活泼型性格的父母在与孩子相处中更是如鱼得水，他们把自己的孩子看作是自己的朋友，这也让孩子们感到轻松，从而愿意与父母一起分享他们的小秘密。

活泼型性格的人总会用他们的热情和幽默带给我们欢乐；当我们心力交瘁时，他们会带给我们轻松。活泼型性格的人永远是最受欢迎的人。

但是，活泼型性格的人也有其本身所固有的缺点，他们虽然健谈，但通常也会总是叽叽喳喳地说个不停。而且，他们在描述一件事情的时候，总是喜欢"添油加醋"，似乎不说得夸张点就表达不出事情的真相。虽然他们喜欢表现自我、展示自我，但也容易以自我为中心，往往把自我放在第一位，对自己的故事津津乐道的同时常常忽视别人的感受。而且这种活泼型性格的人因其活泼好动、没有耐性的本性而养成了记忆力不好的坏毛病。他们对数字毫无概念，所以他们通常都记不住别人的电话号码和别人的名字。

活泼型的人由于性格开朗，喜欢结交朋友，因而他的朋友是很多的。但也正因为如此，活泼型的人交朋友大多随兴而至，朋友虽多，但真正称得上知心的朋友却很少。

而且，活泼型的人做事情总是很有激情地开始，但往往以没有结束而告终，这是阻碍活泼型性格的人成功的最大敌人。

2. 完美型性格（M）——内向、思考、悲观

完美型性格的人与活泼型性格的人可以说是两个不同的极端。完美型性格的人在情感方面很冷静，他们不会像活泼型的人一样情感外露，相反，他们深思熟虑、善于分析。但这并不是说他们不喜欢与人相处，只是他们对任何事情都有自己的一套标准，而且对任何事都严肃认真；他们要求事情做得有条不紊，喜欢清单、表格、数据，追求准确，有很强的责任心。

完美型性格的人在工作上喜欢预先作详细的计划，一旦开始工作就完全投入，有条理、有目标地完成，善始善终，永远不会中途放弃。而且他们很懂得善用资源，勤俭节约，讲求经济效益，用最合理的方法解决问题。他们对自己和别人都要求很高，他们注重生活细节，对生活环境很讲究，十分爱卫生、干净，将事情安排得井井有条。

在交友上，完美型性格的人和活泼型性格的人可以说是截然相反。完美型性格的人选择朋友很谨慎，他们的朋友不会很多，但只要是他们的朋友，一般都是十分知心的，可能真诚相对、相互关心。而且他们善于聆听抱怨，积极帮助朋友解决问题。在选择配偶的问题上，他们也追求完美，有着近乎苛刻的标准。完美型性格的父母对孩子有着很高的要求，他们不会像活泼型性格的父母那样把孩子看作自己的朋友，他们希望自己的孩子很出色，因此，他们一般对待孩子都较严厉。

由于完美型性格的人善于分析、勤于思考，并且制定相关的计划，目标明确，善始善终，并且高标准、严要求，因此，从某种角度来说，完美型性格的人是离成功最近的人。这也正如亚里士多德说："所有天才都有完美型的特点。"

当然，任何性格都不是完美的，完美型的性格也存在自身的不足，由于他们不想让自己太激动，很难让人看出是喜是悲。他们总是显得很阴沉，没有活力，使身边的人也觉得很沉闷。由于他们过分地注重细节，并且非常敏感，在现实生活中，他们极易受到伤害。与此同时他们又具有悲观主义的人生观，对自己和他人及一切事物的要求非常之高，这往往带给他们身边的人巨大的压力，从而他们对自己也过分苛刻。正因为他们的完美主义倾向，他们总是得不到满足，内心十分痛苦，并且缺乏安全感。

3. 力量型性格（C）——外向、行动、乐观

具有力量型性格的人天生就具有领导者的气质，在工作上他们总是显得精力充沛，充满自信；他们意志坚决、果断，一旦认准目标就绝不放弃；他们不易气馁，总是信心百倍地将事情继续下去，并且不允许有任何的差错；他们是天生的工作狂，有很强的行动力，设定目标后，就迅速地将全部身心投入到工作中。同时，力量型性格的人善于管理，能综观全局，知人善任，合理地委派工作，寻求最实际、最合适的解决问题的方法。

在交友方面，由于这种性格的人总是自信满满，而且特立独行，再加上他们天生的领导才能，所以他们往往不大需要朋友；另外，由于他们自信的本性，他们往往有点自以为是，听不进别人的意见，所以不大容易交上朋友，因为没人能容忍他们自大的秉性。力量型性格的父母在家庭里可以说是个独裁者，他们说一不二，设定目标，督促全家人行动，像一个领导者一样有条不紊地管理着整个家庭的日常事务。

力量型性格的人永远充满动力，他们会充满理想，勇于攀登高不可攀的顶峰。这些性格特质往往使他们在自己所选择的职业中达到顶峰。

力量型性格的人正因为力量太强，所以总想控制别人，这会造成许多人的反感。而且，他们永远高高在上，俯视别人的生活，爱指使别人，认为不用他们的方法看待事物的人都是错误的，别人若是犯一点点的错误，他们便不能接受。所以他们希望身边的每个人都听他们的指示，受他们的支配。最让人忍受不了的是：他们从来都不主动道歉，即使他们错了，他

们也由于过分自信而拒不道歉，在他们眼中，错误是不可能发生在自己身上的。

4. 和平型性格（P）——内向、旁观、悲观

和平型性格的人在情感方面显得很低调，总是一副很平和、镇静、坦然自若的样子，对任何事情都很有耐心，对任何情况都能适应。他们性情善良，总是善于隐藏自己内心的情绪，总能平静地接受命运的安排；他们很细心，做任何事情都很周到，绝对不会让别人受到冷落；他们有着一成不变的生活模式，在工作上他们也喜欢从事自己很熟悉或者很熟练的工作，不会轻易变换工作；由于与他们相处没有任何压力，因此，他们具有很强的亲和力；他们善于调节问题，有一定的行政能力，不是雷厉风行的领导者，但绝对是平和、给人亲切感觉的、可信任的上司。

在交友方面，由于他们是很好的倾听者，对朋友有爱心，所以他们有很多的朋友。但与活泼型性格的人不同的是，和平型性格的人永远是付出较多的一方，他们喜欢静静地站在一旁给处于劣境中的朋友中肯的建议；这让其他性格的人都愿意找和平型性格的人做朋友。和平型性格的父母可以说绝对是好父母，他们对待孩子不急不躁，很有耐心，他们不容易生气，对于孩子的错误他们也很宽容。

但是，和平型性格的人最大的缺点是没有主见。他们往往因为害怕对事情负责而拒绝做决定，而且他们对任何事情总是显得没有魄力和热情，因为他们害怕变化的结果可能会更糟而宁愿保持现状。也正是因为他们一成不变，因此，他们往往缺乏创新，对自己承诺的事也不会特意花时间去做。

由于他们的性格让他们不愿去伤害别人，因此，他们总是会去做他们并不喜欢的事情，在别人眼里永远是一个"老好人"。但事实上，他也将违背自己的意愿。

可以说，活泼型、完美型、力量型和和平型这四种性格无好坏优劣之分，各有各的优点和缺点。而且，这四种性格之间相互补充，都能积极发挥各自性格的长处，用别的性格的长处来弥补自身性格的短处则会产生意想不到的良好效果。相信大家都很熟悉我国四大名著之一的《西游记》吧！其中的四个主角——猪八戒、唐僧、孙悟空、沙僧的不同性格演绎出来的不同形象一定给你留下了深刻的印象吧！唐僧师徒四人之所以能历尽千辛万苦取回真经，在很大程度上源于这支取经队伍成员性格的黄金组合，即：猪八戒的活泼型＋唐僧的完美型＋孙悟空的力量型＋沙僧的和平型。在这样的组合之中，这四个人物各自发挥自身性格的优势，同时相互之间互补性格的劣势，这便使得整个队伍中的性格劣势在互补的作用下降到最低，而性格优势则在不断的联合下大大加强。这样几乎接近完美的性格组合的团队不取得胜利才怪呢！

红、蓝、黄、绿四色性格分类

随着性格研究的不断深入，在 MSCP 四种性格分类后，又出现了与此相关的用色彩来对性格进行分类的方式，但这并不是近代人的发明创造，而是根据卡尔·古斯塔夫·荣格的研究进行升华的结果。做以下 30 道测试题，你将知道你是哪种色彩的性格。请在符合你的选项上打"√"，均为单选，每题计 1 分。

1. 你如何看待你的人生：

   A. 希望能够有尽量多的人生体验，所以会有多元化的想法。

   B. 在小心合理的基础上谨慎确定目标，一旦确定就会坚定不移地去做。

   C. 取得一切有可能的成就。

   D. 宁愿剔除风险而享受平静或现状。

2. 你会如何选择下山路线：

   A. 好玩有趣的新路线。

   B. 安全第一，原路返回。

   C. 有挑战性的新路线。

   D. 怕麻烦，原路返回。

3. 通常在表达一件事情上，你更看重：

   A. 说话给对方留下的强烈印象。

   B. 说话表述的准确程度。

   C. 说话所能达到的最终目标。

   D. 说话后周围的人是否觉得舒服。

4. 你的内心更倾向于：

   A. 刺激。

   B. 安全。

   C. 挑战。

   D. 稳定。

5. 你觉得你的情感更倾向于：

   A. 情绪多变，经常波动。

   B. 表面上自我控制能力强，但内心感情起伏极大，一旦挫伤便难以平复。

   C. 感情不拖泥带水，较为直接，只是一旦不稳定，容易激动和发怒。

D. 很难有情绪的波动。

6. 你认为你的控制欲：

   A. 没有控制欲，只有感染带动他人的欲望，且自控力不强。

   B. 用规则来保持你对自己的控制和对他人的要求。

   C. 内心有较强控制欲和希望别人服从你的欲望。

   D. 不会有任何兴趣去影响别人，也不愿意别人来管控你。

7. 你在与情人交往时更注重：

   A. 兴趣上的相容，一起做喜欢的事情。

   B. 思想上的相容，体贴入微，对他的需求很敏感。

   C. 智慧上的相容，沟通重要的想法，客观地讨论、辩论事情。

   D. 和谐上的相容，包容理解另一半的不同观点。

8. 在人际交往时，你：

   A. 可以快速建立起友谊和人际关系。

   B. 非常审慎缓慢地进入，一旦认为是朋友，便长久地维持。

   C. 希望在人际关系中占据主导地位。

   D. 顺其自然，相对被动。

9. 你觉得你是一个怎样的人：

   A. 感情丰富的人。

   B. 思路清晰的人。

   C. 办事麻利的人。

   D. 心态平静的人。

10. 通常你完成任务的方式是：

    A. 赶在最后期限前突击完成。

    B. 自己认真地做，不主动寻求别人的帮助。

    C. 很早就快速完成。

    D. 使用传统的方法，需要时从他人处得到帮忙。

11. 当别人惹恼你时：

    A. 虽然受伤，但最终很多时候还是会原谅对方。

    B. 感到愤怒，不会轻易忘记，同时以后完全避开那个家伙。

    C. 会火冒三丈，并且内心期望有机会狠狠地报复。

    D. 表面上似乎什么也没有发生，内心将他踢出朋友的名单。

12. 你最在意下列哪项：

　　A. 得到他人的赞美和欢迎。

　　B. 得到他人的理解和欣赏。

　　C. 得到他人的感激和尊敬。

　　D. 得到他人的尊重和接纳。

13. 你在工作中会是个怎样的人：

　　A. 充满热忱，有很多的想法和创意。

　　B. 心思细腻，完美精确，认真可靠。

　　C. 坚强而直截了当。

　　D. 有耐心，适应性强而且善于协调。

14. 你过往的老师最有可能对你的评价是：

　　A. 情绪起伏大，善于表达和抒发情感。

　　B. 特立独行，有时会显得孤独或是不合群。

　　C. 动作敏捷又独立，喜欢独立做事情。

　　D. 看起来安稳轻松，性情随和。

15. 朋友对你的评价最有可能的是：

　　A. 喜欢对朋友述说事情，有较强的说服力。

　　B. 总是提出很多问题，而且需要许多有说服力的解释。

　　C. 直言表达想法，有时会直率而犀利地谈论讨厌的人、事、物。

　　D. 通常是多听少说。

16. 你怎样去帮助他人：

　　A. 有求必应。

　　B. 值得帮助的人才帮助。

　　C. 不轻易承诺，一旦承诺则遵守不移。

　　D. 往往是心有余而力不足。

17. 你面对别人的赞美会：

　　A. 有没有都无所谓，特别欣喜也不至于。

　　B. 不喜欢那些无关痛痒的赞美，宁可他们欣赏你的能力。

　　C. 有点怀疑对方是否真诚或者立即保持低调。

　　D. 来者不拒。

18. 你如何看待你的现状：

　　A. 你觉得自己这样还不错。

B. 这个世界不进则退,所以你需要不停地前进。

C. 在所有的问题未发生之前,就应该尽量想好所有的可能性。

D. 快乐最重要。

19. 你如何看待规则:

A. 不愿违反规则,但可能因为松散而无法达到规则的要求。

B. 打破规则,希望由自己来制定规则。

C. 严格遵守规则,并且竭尽全力做到规则内的最好。

D. 不喜欢被规则束缚。

20. 你认为自己在行为上的基本特点是:

A. 慢条斯理,办事按部就班,能与周围的人协调一致。

B. 目标明确,集中精力为实现目标而努力,善于抓住重点。

C. 慎重小心,为做好预防及善后,会不惜一切而尽心操劳。

D. 丰富跃动,不喜欢制度和约束,反应迅速。

21. 你如何面对压力:

A. 化解压力。

B. 压力越大,动力越大。

C. 将压力藏在内心慢慢融化。

D. 本能地回避压力,回避不掉就用各种方法来宣泄出去。

22. 当结束一段刻骨铭心的感情时,你会:

A. 刚开始非常难受,但时间会冲淡一切的。

B. 虽然觉得受伤,但一下定决心,就会努力把过去的影子甩掉。

C. 深陷在悲伤的情绪中,在相当长的时期里难以自拔。

D. 痛不欲生,找渠道发泄。

23. 你如何面对他人的倾诉:

A. 认同并理解对方感受。

B. 做出一些定论或判断。

C. 给予一些分析或推理。

D. 发表一些评论或意见。

24. 你在以下哪个群体中较感满足:

A. 心平气和最终大家达成一致结论的。

B. 彼此展开充分激烈辩论的。

C. 详细讨论事情的好坏和影响的。

D. 随意无拘束地自由散漫的。

25. 你如何看待你的工作：

A. 希望没有压力，追求持久的工作。

B. 应该以最快的速度完成，且争取去完成更多的任务。

C. 要么不做，要做就做到最好。

D. 只想做喜欢的事。

26. 如果你是领导，你内心更希望在部属心目中，你是：

A. 亲近的和善于为他们着想的。

B. 有很强的能力和富有领导力的。

C. 公平公正且足以信赖的。

D. 被他们喜欢并且觉得富有感召力的。

27. 你希望别人怎样认同你：

A. 无所谓别人是否认同。

B. 精英群体认同最重要。

C. 只要我认同的人或者我在乎的人认同就可以了。

D. 希望得到所有大众的认同。

28. 当你还是个孩子的时候，你：

A. 不太会积极尝试新事物，通常比较喜欢旧有的和熟悉的。

B. 是孩子王，大家经常听我的决定。

C. 害怕见生人，有意识地回避。

D. 调皮可爱，在大部分的情况下是乐观而又热心的。

29. 你觉得你会是个怎样的父母：

A. 不干涉子女或者容易被说动的。

B. 严厉的或者直接对孩子加以管理的。

C. 用行动代替语言来表示关爱或者高要求的。

D. 愿意陪伴孩子一起玩的。

30. 你最认可下列哪组格言：

A. 最深刻的真理是最简单和最平凡的。要在人世间取得成功必须大智若愚。好脾气是一个人在社交中所能穿着的最佳服饰。知足是人生在世界上最大的幸福。

B. 走自己的路，让人家去说吧。虽然世界充满了苦难，但是苦难总是能战胜的。有所成就是人生唯一的真正的乐趣。对我而言，解决一个问题和享受一个假期一样好。

C. 一个不注意小事情的人，永远不会成就大事业。理性是灵魂中最高贵的因素。

切忌浮夸铺张，与其说得过分，不如说得不全。谨慎比大胆要有力量得多。

D. 与其在死的时候握着一大把钱，还不如活时活得丰富多彩。任何时候都要最真实地对待你自己，这比什么都重要。使生活变成幻想，再把幻想化为现实。

将你所打"√"的选项分别计分，然后按照下列提示进行计分：

前 1 ~ 15 题合计数	后 16 ~ 30 题合计数
A 的数量（　）	A 的数量（　）
B 的数量（　）	B 的数量（　）
C 的数量（　）	C 的数量（　）
D 的数量（　）	D 的数量（　）
共计：15	共计：15

然后将两边的数目按下列方式进行相加，这样便得出你的性格色彩得分：

红色：前 A+ 后 D 的总数（　）
蓝色：前 B+ 后 C 的总数（　）
黄色：前 C+ 后 B 的总数（　）
绿色：前 D+ 后 A 的总数（　）
总计：30

在整个测试中，总分中数目最大的字母代表你的核心性格，其他字母的分数则代表你整个性格中组合的整体比例，哪个字母的得分越高，表示你的性格组合中该性格的主导性越强。

1. 红色性格

可以说红色类型的人是四种性格中最有魅力的一种性格，他们总是以一种活泼外向的面貌示人，并且开朗、乐观、热情，喜欢成为公众的中心。他们往往有很多新奇的设想和主意，热衷于与别人交谈，特别是谈他们自己。其特点是好奇心重、天真、风趣滑稽、喜欢开玩笑，甚至是恶作剧、不拘小节，丢三落四，"务虚"长于"务实"，处事短于为人。

红色类型的人能说会道且乐此不疲，但通常就是纯粹聊天。他们是自然流露的乐天派，开朗豪爽、喋喋不休，但很少直截了当和咄咄逼人。

他们是一些讲故事的行家，在四种类型中，他们的声音是花样最多的，而且在他们表白个人的感情时，音调会有相当复杂的变化。他们说话可能总有一点演话剧的味道，语速快，而且常常是声音很大。"看看我！我是多么与众不同"，是你经常能从他的话里听到的潜台词。

这种性格的人很讨人喜欢，他们总是能给人带来快乐，只要有他们在的地方，就会有欢声笑语。

理查德·费曼就是一个这样的人。

理查德·费曼是美国加州理工学院物理系教授，任教约40年。20世纪30年代在普林斯顿大学毕业后，随即被征召加入制造原子弹的曼哈顿计划。费曼生性好奇，在严密的保安系统监控之下，他以破解安全锁自娱。取得机密资料以后，留下字条告诫政府小心安全。

费曼被戴森（《全方位的无限》及《宇宙波澜》的作者）评为20世纪最聪明的科学家，他的一生多姿多彩，从没闲着。他在理论物理上有巨大的贡献，以量子电动力学上的开拓性理论获诺贝尔物理学奖，在物理界享有传奇性的声誉，他的轶事也被传诵一时。他爱坐在酒吧内做科学研究，当那酒吧被控告妨碍风化而遭到取缔时，他上法庭为酒吧老板作证辩护。

物理学家拉比曾说："物理学家是人类中的小飞侠，他们从不长大，永葆赤子之心。"理查德·费曼永不停止的创造力、好奇心使他成为天才中的小飞侠。

《别闹了，费曼先生》这本书是理查德·费曼的一本自传。书中的共同著作人拉夫·雷顿也这样评价费曼：

在长达7年的时间里，我跟费曼经常在一起打鼓，共度了许多美好时光，本书所搜集的故事，就是这样断断续续地从费曼口中听来的。

我觉得这些故事都各有其趣，合起来的整体效果却很惊人：在一个人的一生中居然会发生这么多神奇疯狂的妙事，简直有点令人难以置信，而这么多纯真、顽皮的恶作剧全都由一人引发，实在令人莞尔、深思，也给我们带来无限启发和灵感！

事实上，《别闹了，费曼先生》整本书就是描写一个红色性格的"成年顽童"所做的所有好玩的事！让我们来看看费曼念书的时候有多顽皮：

我们也常常为邻近的小孩表演魔术——利用化学原理的魔术。我这朋友很会表演，我也觉得那样很好玩。我们在一张小桌上表演，桌子两端各有一个本生灯，上面放了盛着碘的小玻璃碟子——表演时，它们冒出阵阵美丽的紫烟，棒极了！

我们玩了很多花样，像把酒变成水，又利用化学颜色变化等来表演。压轴是我们自己发明的一套戏法。我先偷偷地把手放在水里，再浸入苯里面，然后"不小心"地扫过其中一个本生灯，一只手便烧起来。我赶忙用另一只手去拍打已着火的手，两只手便都烧起来了（手是不会痛的，因为苯烧得很快，而皮肤上的水又有冷却作用）。于是我挥舞双手，边跑边叫："起火啦！起火啦！"所有人都很紧张，全部跑出房间，而当天的表演就那样结束了！

总之，红色性格的人就是这样：让你欢喜让你忧，让你爱也让你恨。

遇到麻烦时带来欢笑，身心疲惫时让你轻松。

聪明的主意令你卸下重负，幽默的话语使你心情舒畅。

希望之星驱散愁云，热情和精力无穷无尽。

创意和魅力为平凡涂上色彩，童贞帮你摆脱困境。

2. 黄色性格

黄色类型的人个性固执而刚毅，自我感觉良好，充满自信，勇于挑战，遇事善做决断，果敢而不畏风险，然而他们最缺乏耐心，心有所动则溢于言表。那些常常喜欢坐在桌子上发号施令的人，很可能就是黄色类型的人。

"她的衣着充满着强烈的色彩……言语中流露出不可阻挡的说服力，出类拔萃、坚定、果断、强硬、挑战、强烈抗议……"这是美国《时代周刊》的一篇文章，描写的是美国前国务卿奥尔布赖特。也许我们还没亲眼见过这位女国务卿，可是从这篇文章的描述来看，我们已经可以基本确定，奥尔布赖特在公众前的大部分表现可能属于黄色特征。

不仅奥尔布赖特是黄色的性格，世界上很多的成功人士，他们的性格大部分都是黄色性格，像无论是在影界好莱坞还是政坛都很出色、并且连续荣获7届"奥林匹克先生"头衔的阿诺德·施瓦辛格也是典型的黄色性格。

1997年3月1日，国际健美联合会主席把"国际健美联合会金质勋章"授予了阿诺德·施瓦辛格，表彰他为"20世纪最优秀的健美运动员"，代表健美运动史上最优秀的人。施瓦辛格是20世纪唯一获此殊荣的人。

谁能想到，出生在奥地利的施瓦辛格，幼年竟然是个体弱多病的孩子。不过幸运的是，他从小就喜爱运动，当他发现自己真正喜爱的项目是举重后，潜心苦练长达3年，铸就了一副强壮的身板。当时，施瓦辛格的父母怕他锻炼过量，限制他去健身房的次数，但他一确定了目标就不肯再轻易更改，他说："我不能在镜子里看到自己肌肉松弛的样子，不能违反自己制定的计划。"于是，固执的施瓦辛格把家里一间没有暖气的房间改为健身房继续锻炼。坚持不懈的努力，终于使他在18岁时就获得了"欧洲先生"的称号，20岁那年，施瓦辛格更是荣获了"环球先生"。自此之后，他几乎包揽过所有世界级比赛的健美冠军，共集13个世界冠军头衔于一身，这在世界健美界是绝无仅有的。

其后他又开始了演艺生涯，一度成为美国历史上最有票房号召力的明星。现在，大名鼎鼎的施瓦辛格又成了美国加州州长，很多人说他还可能会成为美国历史上第一个非美国本土出生的总统……谁知道呢？在他的身上，什么都有可能发生。

虽然有幸运的成分，但施瓦辛格更多的是靠自己的勤奋走向成功。他有明确的目标，并且甘愿为梦想付出一切。从健美冠军到电影明星，再到加州州长，施瓦辛格用自己的传奇人生提示着人们："只要不放弃自己的追求，梦想总有实现的一天。"

然而，正如施瓦辛格的坚定一样，他的黄色性格中的固执也在他的身上体现得淋漓尽致。

在他担任加州州长后，不仅在政府事务上比较固执，在子女教育上，他也表现出了力量型父母的最主要的特点——用强硬手段来支配子女，命令他们什么该干而什么不能。

施瓦辛格管教自己的四个儿女时，就像是他扮演的"终结者"一样，常让一家人感到心惊胆寒。

总之，黄色性格在四种性格中是最容易成功的一种性格，这与他们坚定执着、刚毅强硬等性格特征相关。总体来说，黄色性格也可用以下一段话来加以概括：

当别人失去控制正在迷惘时，他会有着坚强的控制力和决断力。在充满疑虑的前景下，他仍然愿意去把握每一个机会。

面对嘲笑，他会满怀信心地坚持真理；面对批评，他会仍然坚守自己的立场。

当我们误入迷途时，他会指明生活的航向。面对困难，他必定顽强对抗，不胜不休。

3. 蓝色性格

蓝色类型的人总是给人以矜持和沉稳的感觉，他们对自己本身也是团队的一部分这点没有太多的表现，而且总是回避风险，不管需要付出什么代价。他们是特立独行的人，他们可能比绿色类型的人更想把事情办好，但是会用比黄色类型的人更为低调一点的方式。

蓝色类型的人说话的时候措辞谨慎、语调平缓，似乎不带感情色彩，通常他们只有在自己认为必要的时候才发言。他们的声音也不会告诉你他们在想什么，你有时可能会感觉他们比较冷淡。

蓝色类型的人最突出的特征就是他们绝对是个不折不扣的完美主义者和理想主义者，他们追求完美，为人小心谨慎，擅长思考，酷爱理性分析，在乎细节，敏感但喜怒不形于色。他们做事有条不紊，讲求章法，遇事总遵循原则，但有时也会显得过于死板。

但也正是由于蓝色类型的人追求完美，有完美主义倾向，因此，他们也是四种性格类型中最接近艺术本质的性格，完美而细腻，深邃而独特。因此，蓝色性格往往是最容易造就艺术家的一个性格，在世界著名的艺术家中，不少人都是蓝色性格。

蓝色性格的人似乎天生就有一种高雅而脱俗的艺术家气质，他们总是在沉默中爆发出令人惊叹的力量。那么，就让我们用下面这一段话来概括所有蓝色性格的人，这是对他们最好的评价：

洞悉人类心灵世界的敏锐目光，欣赏世界之美善的艺术品位。所有的天才都具有优势，创作前无古人之惊世作品的才华。工作忙乱时入微的观察，缜密的思维，始终如一的处世目标。任何事都做得有条不紊，具有圆满成功的理想和决心。

4. 绿色性格

绿色性格的人就像绿色一样，给人一种平和而宁静的印象，就像是平静的湖面，很难激起波澜。他们一般都平和低调，无异议，少主见；慢性子，不慌不忙，极有耐心，擅长聆听而非表达；诙谐幽默；喜欢平稳的生活而不是冒险，最看重的是与他人关系的亲疏远近。他们很有人缘，注重合作，不喜欢冲突，总希望面面俱到；有时过于保守，对变革从来都不积极，乐于担当旁观者。

他们又是那种与人为善、敏感细腻的人，可能有一点缺乏主见甚至是温良恭顺。他们喜欢询问别人的观点，很少会把自己的观念强加于别人，他们喜欢稳定和被人接受。与表达相比，他们更擅长聆听。说话的时候，他们通常会用比较沉稳和平和的语调，他们的声音中不乏温情和真诚。

我们似乎总能在社会公益活动中见到绿色性格的人，他们似乎永远都是那样的平和与耐心，也许他们没有红色性格的人那么多的梦想，也没有黄色性格的人那么多的目标，但是，他们是最踏实的人，他们总能在平凡的岗位和事情中做出不平凡的成绩。特蕾莎修女便是这样一位伟大的绿色性格女性，一位伟大的"绿色天使"。

特蕾莎修女是阿尔巴尼亚人，1910年她出生在马其顿首都斯科普里城，但她一生都在印度的加尔各答为穷人服务，并且成为印度公民。

特蕾莎修女是1979年诺贝尔和平奖的获得者，她是继阿尔伯特·史怀泽博士1952年获得诺贝尔和平奖以来，最没有争议的一个得奖者，也是20世纪80年代美国青少年最崇拜的人物之一。她活着时是世界上获奖最多的人，但她从未在自己身上花过哪怕一分钱的奖金。她认为她只是穷人的手臂，她是代替世界上所有的穷人去领奖的。

特蕾莎修女除了被誉为"穷人的圣母"外，还被誉为"慈悲天使""贫民窟的守护者""行动的爱者""贫民窟的圣人""带光行走的人"等。她创建的仁爱传教修女会在她1997年去世时拥有4亿多美金的资产，世界上最有钱的公司都乐意无偿地捐钱给她；她的组织有7000多名正式成员，组织外还有数不清的追随者和义工；她与众多的总统、国王、传媒巨头和企业巨子关系友善，并受到他们的敬仰和爱戴……

但是，她住的地方，除了电灯外，唯一的电器是一部电话；她没有秘书，所有信件她都亲笔回复；她没有会客室，她在教堂外的走廊里接待所有来访者；她穿的衣服，一共只有3套，而且自己换洗；她只穿凉鞋，不穿袜子。当她去世时，人们看到她所拥有的全部个人财产，就是1张耶稣受难像，1双凉鞋和3件滚着蓝边的白色粗布纱丽——1件穿在身上，1件待洗，1件已经破损，需要缝补。

特蕾莎修女的思想核心只有4个字：爱无界限。特蕾莎修女曾经在不同的场合反复表明她的观点，她不关心政治，更不关心阶级，她只关心人，每一个具体的人，不管那是一个什么样的人。因此她对人的爱，是没有界限的——不只是超越了种族、国家，更重要的是，超越了宗教。她自己是一名虔诚的天主教修女，但她耗尽一生为之付出的人，绝大多数，却都是其他宗教的信徒，或没有宗教信仰的人。她的平和宁静总能慰藉那些受伤的心灵，她的耐心足以平息人内心的仇恨，她的爱足以融化所有人心里的冰山。

可以说，将绿色性格的人称为"和平主义者"是绝对的名副其实，他们的一言一行也正体现了他们的性格，正如下面一段话所言：

稳定地保持原则，忍受惹是生非者的耐心。

当别人说话时，你会聆听；天赋的协调能力，会把相反的力量融合。

富有安慰受伤者的同情心，为达到和平而不惜任何代价。

头脑冷静，有时连你的敌人都找不到你的把柄。

九点图性格分类

"九点图"（enneagrams）一词由希腊文"九"（ennea）和"图"（gram）组合而成，意为"由九个点构成的图"。如下图所示，九点图以一个圆和圆内的九个点，以及连接这九个点的线构成。在这看似简单的构图中，蕴藏着表现人们内心世界的地图。

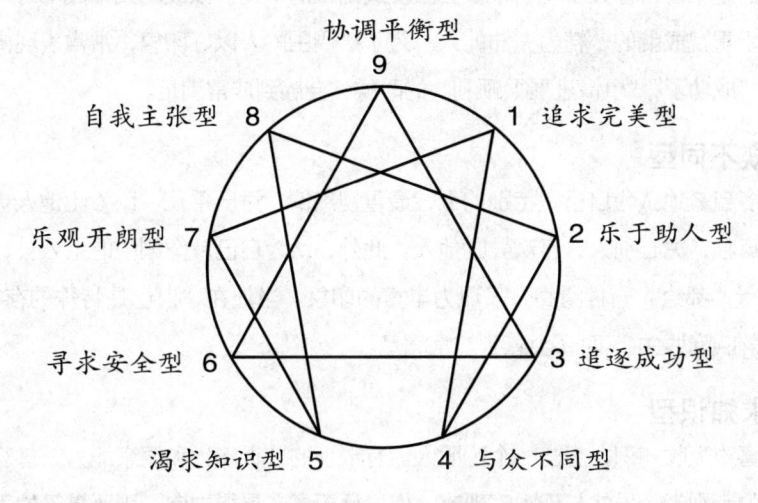

协调平衡型 9
自我主张型 8　　1 追求完美型
乐观开朗型 7　　2 乐于助人型
寻求安全型 6　　3 追逐成功型
渴求知识型 5　　4 与众不同型

九点图的基本理论是：人从本质上可以归纳为9种不同的类型，每个人在降临人世时都具备了其中的某一种。正如男女出生的性别比例几乎相等一样，在世界任何地区，九种人所占的比例也相等。对那些不喜欢简单分类的人来说，这种分法或许缺乏科学根据。

然而，九点图的目的并不是进行简单的分类，而是试图使决定你行动的能量达到理想的平衡状态。九点图认为，每个人都拥有自己没有发现的卓越的能力。必须找到"真正的自我"，然后以此为前提，去除那些阻挠你发挥潜力的桎梏、怀疑、恐惧、自大等因素，恢复你的真正潜能，并使之达到平衡状态。分类只是更好地掌握九点图智慧的起点。

接下来，我们来对这九种性格进行具体地分类分析：

1. 追求完美型

这种人做任何事都力求完美，以积极的态度追求自己的理想，不惜付出任何努力。经常关心公正和正义，为人正直，值得信赖，坚信自己的伦理观是正确的。给人以"井井有条"的印象，经常注意保持克制，常把"应该怎么"挂在嘴边。如果"做得对""理解得正确"，会感到非常满足。

2. 乐于助人型

这类人充满关心，向遇到困难的人伸出援助之手，随时准备帮助周围的人。一方面拼命满足他人的要求，另一方面并没意识到自己也需要他人的帮助。直觉敏锐，能够与周围的人和睦相处，对环境的适应能力很强。另外，擅长交际，具有与不同的人打交道的本事。在"帮助他人""忘我地照顾他人"的时候，会感到非常满足。

3. 追逐成功型

这类人总是在意效率，为了成功，即使牺牲自己的个人生活，也在所不惜。期待他人也能朝着自己所定下的目标大步向前，很会激发周围人的干劲。以成功或不成功为尺度衡量人生价值，属于重视成就的、精力充沛的人。为了给周围的人以好印象，常常表现出很有自信的样子。当"成功了""事情进展很顺利"的时候，会感到非常满足。

4. 与众不同型

这类人多自豪地认为自己是特别的人，最重视感情，讨厌平凡。认为比他人更能深深地体会悲伤和孤独，关心别人，喜欢鼓励他人。此外，认为自己就像剧中的主人公，从言谈举止到时尚流行，都给人一种清高、表现力丰富的印象。当处在"自己是特殊的存在""独一无二""沉浸在感动之中"时，会感到非常满足。

5. 渴求知识型

这类人喜欢吸收知识，想当一个聪明人。有很强的分析能力和洞察能力，喜欢自始至终当一个客观的旁观者，虽然长于观察现实，但说话不多，显得内向，厌恶愚笨的表现。在开始工作或陈述意见前，会细致地收集信息，试图把握所有的一切。此外，喜欢独处，很珍惜自己的时间。如果成为"有智慧""聪明""无所不知"的人，会感到极大的满足。

6. 寻求安全型

寻求安全的类型的人有两面性，一方面是寻求强有力的保护人，对于这个保护人忠心耿耿，尽责尽力；另一方面，反抗不能接受的权力，倾听弱者的意见，即使没有胜算，也敢于进行挑战。能从对方的一言一行里洞悉对方的真实意图,只要能建立信任关系,就会表现出深情温柔的一面。对被人誉为"忠实""诚实"会感到满足同时,对于被称为"率直""不服从社会规范""勇于面对危险"也会感到满足。

7. 乐观开朗型

这类人凡事皆持乐观态度,为人开朗,善于从身边寻找快乐。周围有很多自己喜欢的人,本人也试图显示魅力。制定一个又一个快乐的计划,提出新的构想,好奇心强,富于想象力。当觉得"很快乐""愉快极了""有很多计划"的时候,会感到非常满足。

8. 自我主张型

这类人只要认定自己是正确的,就会倾全力而战。有勇气、有力量,一眼就能识别错误、怠惰和虚荣心等,并且勇于向它们挑战,善于把握权力结构,善于保住发挥"长处"的位置。不拿架子,为人诚实,勇于保护弱者。当被人誉为"有本事""做得到""精力充沛"时,会感到非常满足。

9. 协调平衡型

这类人是个规避矛盾和紧张的和平主义者,不喜欢自己的内心被外界扰乱。附和他人,很容易受到周围人的影响。如果环境好的话,会心胸开阔,不为外物所动,很有耐心,没有偏见,能够体谅他人的心情,善于与人沟通和交流。他们能很好地周旋于众人之间并且起到协助和调节的作用。当被称赞为"和平""善解人意""通情达理"时会有一种强烈的满足感。

荣格性格分类

著名心理学家荣格通过对内向型性格、外向型性格及性格的思维、直觉、情感、感觉四种功能进行全面的分析和研究后,将一些特殊的性格表现同心理类型结合起来,最终得出了八种性格,即外向思维型、外向直觉型、外向情感型、外向感觉型、内向思维型、内向直觉型、内向情感型、内向感觉型。

1. 外向思维型

这种类型的人,努力使自己生活在一般社会普遍承认的规范中。这些人不以自己随意的独断作为判断的基础标准,他们的判断具有客观性。他们能出色地把握各种客观的事实和条件,在深思熟虑后作出结论,并使自己的行动理性化。

这种类型的人，不仅对自己，而且在与周围人的关系方面，不论视为善恶，还是视为美丑，一切都以被赋予理性的原则作为最高标准。这种类型的人在顺应时代的潮流方面极为敏锐和出色。但是，因为过于跟随潮流，他们也给人一种极其新潮的印象。如果生活态度僵硬化，就会给人一种缺乏自由豁达的感觉。因为这种类型的人大多数位于极端之中。

这种类型的人因为思考占优势，所以，属于感情的东西被压抑，美的活动、兴趣、艺术鉴赏、交朋友等方面被阻碍和排挤。如果感情过于压抑，在无意识中的感情就会反抗，那么也许会产生连本人都不知道缘由的结果。

由于这一类型的人的理性很强，由理性来主导行动，而且看待和对待事物较为客观，因此，这一类型主要是男性，因为思维作为决定性的功能多数是男性。通常情况下，当思维在女性身上占据优势时，它来源于心灵中直觉的活动占优势地位。

通俗地讲，此类人属于行动型，在社会中容易获得成功。他们头脑灵活，适合从事政治、经济、顾问、医生等工作，也能成为官僚家。但是，他们在行恶的场所也容易犯罪。这种人想尽力摆脱主观对行动的影响。

2. 内向思维型

内向思维型的人与外向型思维的人相同，也追求理念，只是其方向相反，不是向外，而是向内。这种人善于在自己的内心构筑并发展理想的世界。总是富有积极性，不会因麻烦、危险、被视为异端或唯恐伤害别人感情等理由而停滞不前。

然而，这种人却不善于把其理想付诸于现实，很多人的实际能力不太出色。因为他们常常忽视客观存在，而是为理论而理论。其追求理想的方式是主观、固执，不接受他人的意见。

对待周围的人，只是消极地关心，甚至漠不关心。因此，别人感到自己像被讨厌者一样被他拒绝。这种人一般给周围人冷淡、任性和自以为是的印象。因为这种人对来自他人的妨碍感到不安，所以，这种人对周围的人也会表现出礼貌和亲切，其态度总让人感到生硬。

这种人容易引起周围人的误解，不擅长社交，也不知如何得到对方的好感。与他亲近的人会极其赞赏这种人的亲切态度和丰富的内心世界，但与他疏远的人，却认为这种人冷淡、难以取悦、难以接近及妄自尊大。但这种人并不是骄傲自大，在构筑内心理想方面有勇气，敢于大胆地冒险，只是在同外界现实接触时，就怯懦、不安、想法设防。不愿自我吹嘘是这种人的美德，因为他本来就不在意别人对自己的评价。但有时遇到非常理解的人，反而立即给予对方过高的评价。

一般来说，内向思维型的人的头脑非常聪明，但不是为了成就一番事业，而是为了满足内心的需要，所以在社会上并没有成功，是典型的孤芳自赏型。德国哲学家康德就属于这一类型。同外向思维的典范——达尔文相比，前者注重主观因素，后者依据的是客观事实。康德把自己限定在对知识的评论上，而达尔文善于对极为丰富的客观现实进行探讨。在内向思维型的人看来，金钱、地位、名利不是最重要的，最重要的是自己内心的问题。这类人在数学、物理等领域能取得很大的成就。从某个角度看，这类人可能成为极富情感的人。

3. 外向情感型

外向情感型的人，女性占绝对多数，选择任随自己情感的生活方式。其情感比较顺应周围的状况，她们的价值判断也同样。例如，随他人对人或事物作出是"好"是"坏"的评价，自己一般不做出评价。所以，这种人较随和，在人群中可形成和谐的气氛。

女性最能清楚地表现这个特点的是选择结婚对象。女性在择偶时，不仅看对方的身份、年龄、职业、收入、身高、家庭环境等还要看是否符合自己的要求。与其说是自己喜好，不如说是符合社会标准。而这种类型的人，由于其情感功能占优势，所以，思考功能就被压抑。但思考功能并不是不发挥作用。只是，这种人的思考不是为思考而思考，而只是情感的附属品，是为服务于情感才发挥作用的。

如果这种类型的女性过于顺从，就会丧失情感中富有巨大魅力的个性。不仅如此，还使人感到浅薄、玩弄花招和装模作样。在第三者看来，这种人的主体性完全埋没于感情之中，刚才是这种情感，而一瞬间又变成另一种情感，难免给人见异思迁、变化无常的印象。

荣格认为，外向情感型的人善于判断周围情况，在社会上起主角的作用。不过，由于对外界过于适应，反而对自己不利。他们经历某种分化后最终与主观修饰相分离，内心变得十分冷漠。虽然有非常美好的理想，但往往还没计划好就盲目行动，所以后果不堪设想。

4. 内向情感型

这种人的感情发展程度从外部很难窥知。少言寡语，难以接近，遇到粗野的人就立即躲开。因此，在旁人看来，是沉静、彬彬有礼及性情深不可测的人，有时也被认为是忧郁的人。但如果对他人过于回避，就会被人猜测为这个人对他人的幸福和不幸都持事不关己的心态。事实上，这种人对初次见面或毫不相关的人，不会表现出热情欢迎的态度，而是采取冷淡或拒绝的态度。总之，他们对外界漠不关心。

这种人也不是没有业余爱好，或没有被令人兴奋的事情和人物所吸引的时候。这种类型的人一般采取善意的中性态度，或根据情况的变化，也表现出轻微的优越态度或批判态度。因此，给人高高在上的印象。如果是女性，即使受到激情的袭扰，她也会冷静地按捺、克制自己的激情。

这种类型的女性，想使自己与对方的感情停留在平静、均衡的状态，而禁止过于激越的感情。所以，在陷进去之后，就刹车并开始轻视对方。在这种情况下，只看这种人表面的人，就会轻易地认为这种人"冷淡"或毫无感情。但是，这种估计有些偏激，这种人只是抑制和不表露感情，而内心却蕴藏着热情。

这种人富有同情心，一旦同情某人就不是表面上的同情，而是极为深切的同情。由于这种同情过于深切，所以就像自己的事情一样感到悲哀，他们会毫不虚假地安慰、鼓励对方。但由于他们对某些人或事物什么也不表露，所以周围的人，特别是外向型的人认为这种人非常冷淡。但是，有时他们深切的同情会溢于言表，并做出令人惊奇的、崇高的或自我牺牲的献身行为。

荣格通过研究发现：女性中多出现这种明显的内向情感，用"静水则深"来形容这类女性十分贴切。许多这类女性性格文静，沉默寡言，较难接触，难以捉摸；她们往往表现出幼稚可爱或平庸的样子，显得自己毫不出众，看上去显得很忧郁。她们的主观情感掌握了自己生命的支配权，真实的动机被挡住了，所以她们显得不太真实；她们和谐的举止并不会引人特别注意，但她们富有爱心，经常参与慈善活动；她们与人相处很和睦，容易与他人产生共鸣，但不会去关心他人的感受和幸福，不想用任何方式或态度去打动、影响他人，或让其按照自己的意愿去做。

可以说，内向情感型是这八种性格中最中庸的一个，当出现某类能让人迷失或激起热情的东西时，内向情感型的人往往会采取保持中立的态度，既不肯定也不批评，有时还会用一些优越感的力量给那个导致敏感的因素一些厉害。

5. 外向直觉型

外向直觉型的人，具有把握隐藏在客观事实深处的可能性的能力。他们认为，重要的不是现实，而是可能性。所以，这种人不断地追求可能性，感到日常安定的生活环境像监狱一样令人窒息。

一旦热心于追求可能，他们就会显示异常的狂热状态。但是，一旦看到没有再飞跃发展的希望时，就立即冷淡下来，或干脆放弃。例如，对某项事业的计划简单地认为"这个计划将来有希望"，对自己的直观能力很自信，所以，就勇往直前。从这个意义上讲，他们是冒险家。当他们的事业走上轨道，趋向安定之后，一般人都认为继续从事这个事业更为安全有利，但这种人却想转向别的工作。

由于这种类型的人不尊重周围人的观点、主张和生活习惯，为此，有时被看作是不道德、冷酷、鲁莽的人。在企业家、商人中，属于这种类型的人有不少。但是，这种类型的人，女性比男性多。女性的直观活动能力，与其说是在职业方面，不如说是在社交的舞台上。这种女性具有利用一切社交的可能性，去与有势力的人熟知乃至亲密接触的能力。在选择交际或配偶方面，她们能敏捷、迅速地寻找到有前途的男性。但是，如果出现新的其他可能性时，迄今所得到的一切，她们就会全都放弃。

直觉者自认为有特殊的道德观，重视直觉的观点，并信服直觉观点的威望，不关心他人的事以及他人的想法，更有甚者对自己的安全状况也毫不关心。由于从不崇拜任何人，因此经常被认为是高傲、冷淡、失德的冒险家，这类人对外界客观事物的关心，寻找对外界的可能性，就预示着他对任何一种职业都怀有极大的兴趣，很乐意将自己全身心地投入到此项工作中，并将自己的才华运用到每个方面。他能够观察到事物本质和事物的可能性的直觉型，如果才华横溢，将会在新商机中取得成功。许多企业家、投机者、证券人、商业大亨、文化经纪人、政客等均属这类人。

但是，由于直觉是低级功能的感觉，自己反应较迟钝，因此平时不注意自身的健康，导致疲劳过度，易患心脑疾病。所以这类人不要只顾眼前而不为将来着想。

6. 内向直觉型

内向直觉的特殊性质如果处于优势，就会有一种特殊类型的人产生，也就会有神秘莫测的幻想者、预言家或幻想的狂人和艺术家出现。其中艺术家被看成是这种类型中的正常情形，因为这种类型的人有把自身局限于直觉和知觉特性之间的倾向。知觉是直觉者的主要问题，那些具有创造性的艺术家也是如此。爱幻想的狂人由于是这些灵视的观念所描绘与限制出来的，因此满足于灵视的观念。

个体与真实之间强烈的疏远是由直觉的强化所导致的，这使得他在生活圈子中变得像个"谜"一样的人。他如果是一个艺术家，就能在艺术领域创造出许多新奇古怪的作品，这些作品中既有色彩斑斓的，又有琐屑无聊的，还会有可爱的、怪诞的、狂妄的……如果他不是艺术家，将会是一个得不到赏识的天才，一个"走错路"的人，一个聪明的傻子，或是一个"心理"小说中的角色。

这个类型中直观性一般程度的人，给人不愿意与现实接触、也不努力适应现实的印象。对这种人来说，无论现实怎样都无谓。事实上，外界的人物、事物及其他一切对这种类型的人员都不会是刺激。自己本是社会的一员，但作为社会的一员会给周围的人带来什么影响，他们对这种意识非常淡漠。所以，在外向型的人看来，这种人极度轻视世俗的事物。

一般而言，这种人给人的印象是腼腆、客气、缺乏自信、不知如何是好。与人交往时，则生硬、拙笨和不善表达，所以，显得缺乏趣味。可是，这种类型的人，与"内向型感觉类型"相同，不少人有丰富的内心世界，蕴藏着用语言难以表达的优秀品质。

7. 外向感觉型

愿意生活在现实之中，却没有支配欲望及反思倾向的人属于外向感觉型。他们希望可以经常地拥有感觉，察觉客观事物的存在，还要尽可能地享受感觉。他们具有追求欢乐的能力，注重现实带来的快感，但并非不可爱，反而是一种很好的伙伴或对象。他们是生活中的"乐天派"，视觉和味觉非常灵敏，有时是位颇具审美功底，在设计和厨艺等方面都很出色的人。很多时候，他们会把很重要的事情放在一旁，甚至可以为晚餐是否丰盛这样的问题而绞尽脑汁。

当客观事物带给他们所想要的那种感觉后，他们对那些客观事物就再也没有听下去或看下去的兴趣了。但这些客观事物必须是具体的、实实在在的，或是超越具体性的推测但能增强感觉的。有时感觉的强化并不会使他们自身愉悦，他们也并不在意，因为他们只渴望得到这种单纯的感觉，而不是官能刺激。

然而，与"外向思考型"不同，这种人不以原则和理念规范自己，也不追求理想。重要的是现实，热爱、喜欢现实。因此，他们非常好客，愿意热情招待，谈笑风生。约会时，不会使对方感到无聊。服装和随身用品都很讲究。但是，如果采取过于拘泥于现实的生活态度，就会给周围人留下爱讲排场、虚荣心强的印象。

一般来说，这种类型的人不把道德放在首位，这绝不是不道德。他们不要被道德之类的东西所束缚的痛苦生活，他们要活得自由奔放。但是如果无意识的反抗增强，在日常生活中，就会带有比道德、宗教更强烈的迷信色彩，或把烦琐的仪式引入生活。除此之外，还有不少人表现出极端固执的生活态度。

8. 内向感觉型

所有内向型的人都有远离外部客观世界的倾向，内向感觉型的人也不例外。他们对外界的一切事物都不在意，不管别人说什么都听不进去，只是沉浸在自己的主观感觉之中，把自己的审美意识当做人生的追求。

他们往往只关注事物的效果及自身的主观感觉，对事物的本身一点儿也不在乎。当今许多年轻人都有这一特点，无论是内向还是外向性格，感觉型的比较多。他们大多自我感觉良好，多数艺术家就属于这一类型。

荣格提出，内向感觉型是一种非理性类型。这种类型的人对偶然发生事件进行选择时，总是被所发生的事件牵引着走，而不是从理性观点上出发。从外部看，他们无法预测将有哪些事情发生，因此只有当一种与感觉力量相等的机敏表达出现时，这类人的非理性才会恍然大悟。

不善表达是内向型的特征之一，这一特征将被他的非理性挡在身后，然后通过冷静或消极的行为，以及对理性的自我抑制的形式来表达这种非理性。

这类人认为外部的世界与自己丰富多彩的内心世界相差太远，他们有时在内心中构建一个神奇的世界，在那里，人、动物、山河都是半神半魔的样子，尽管他们自己不这么认为，但那些东西已进入他的脑海，并在他的判断和行为中被充分表现出来。除了艺术之外，他感觉没有能使他施展才能的空间。外人认为他们沉默、安静、自制、随和，其实他们的思想和情感十分贫乏，是个非常单调的人。

当然，内向感觉型的人，如果具有出色的表现能力，就会成为主观表现欲极强的艺术家。可是，通常这种类型的人不仅不具备这种表现能力，反而不善于表现。因此，在第三者看来，这种人具有谨慎、被动、平静及理性的自我抑制等特征。

但是，如果仔细观察，就会发现这种人所采取的主观态度令人感到奇异，给人一种无视周围的人和事，无视外界的感觉。有时，他们也能接受、理解外部的信息，并反应在自己的行为方式上，但外界的作用并不能到达本人心中。程度更强烈时，其感觉、方法和行动，都脱离现实，体现出一种真正的奇特。而且，这种人并不强迫周围人的理解并承认他的感觉方式，而是满足于自己封闭的世界，满足于平衡而温和地与外部现实世界的接触。

因此，这种人一般对周围的人不会造成伤害，但容易成为他人攻击和支配的牺牲品。由于这种人不太关心他人怎样对自己，所以，即使被不适当地对待，也容易听之任之。即使被别人颐指气使，也会甘心忍受。但有时，他也意外地发挥其反抗和顽固性，以发泄自己的愤怒。

这种类型的人，由于易采取独自生活在幻想世界的生活态度，所以会脱离现实。强行推行自己的要求并开始发挥破坏性威力。一旦达到极端，就与外向感觉类型一样，变成极端顽固的生活态度。

第六节
为什么要认识自己的性格

正如古希腊哲学家赫拉克里特所说:"世界上没有完全相同的两片树叶。"在这个世界上,过去、现在和将来都不可能会有完全相同的两个人。上帝在创造我们每一个人的时候就赋予了我们独一无二的特征。

上帝只创造了唯一的你

若我们是纸箱里一模一样的鸡蛋,一夜间就可以被大母鸡孵化成光滑的小鸡,但我们却是互异的。事实上我们从出生就各有自己的优点和弱点,没有统一的方法能为我们创造奇迹。只有我们意识到自己的独一无二,才能理解为什么大家在修读同一课程,在同样的时间里由同一位老师讲课,却往往会获得不同的成绩。

当米开朗琪罗准备雕刻大卫像时,他花了很长的时间挑选大理石,因为他知道,材料的质地将决定作品的美感。他明白他可以改变作品的外形,但不能改变它的基本成分。

他创造的每件杰作都是独一无二的,尽管他试图复制但却找不到完全相同的一块大理石。甚至他从同样的石头上切割另一块下来,它也不会与真品精确无误。是,很相似,但不相同。

作品不能完全相同,性格也一样。人的性格千差万别,我们每个人都有与众不同之处。我们每个人天生就有着与兄弟姐妹不同的组合特征,天生就有着自己的性情、自己的组合材料、自己与生俱来的特质。虽然环境、智商、民族、经济环境和父母的影响都能塑造一个人的性格,但内在的本质却改变不了,所以我们应该运用自己独特的天赋、性格和智慧,去冲刺人生的美好目标。

当我们了解了自己独一无二、与众不同时,我们也就不难理解为什么有时会觉得与别人很难相处,总觉得自己是正确的,总觉得自己什么都懂。其实人与人之间本来就是独立的,一个人不可能要求另一个人与自己完全相同，也不可能要求别人完全按照自己的方式思考问题，这就是性格的差异。

我们生来都有自己的性情特征，自己的组合材料，就像各属某种岩石。我们有些是花岗岩，有些是大理石，有些是雪花石膏。我们的岩石种类不可改变，但外形却可以选择，我们的性格亦是如此。我们有一套与生俱来的特质，其中某些特征由于金子的点缀而变得完美，而另一些则被断层所破坏。我们的环境、智商、民族、经济环境和父母的影响都能塑造我们的性格，但内在的本质却改变不了。

近几年，许多制造商使用很多的方法去复制一些流行的元素。在任何礼品店里，我们都能找到无数的大卫像、成排的华盛顿、成列的林肯、一模一样的里根，仿制品很多很多，但现实生活中的你却只有一个。

请记住：你就是你，你是与众不同、独一无二的。

也正因为你是独一无二的，所以你需要挖掘出上帝藏在你生命里的性格宝藏：

知道我们用什么制成，

知道我们真正是谁，

知道为什么我们会对事情有如此的反应，

知道我们的优点及如何利用，

知道我们的缺点及如何克服。

认识性格才能完善性格

法国作家让·吉罗杜说过："从我们的幼年开始，每个人身上就编织了一件无形的外衣。它渗透于我们吃饭、走路以及待人接物的方式之中。这件外衣就是我们的性格。"

然而，人与人之间的性格又存在着巨大的差异，这就正如我国古典名著《水浒传》中描写了108条梁山好汉，108个人，108种性格，个个不同；《红楼梦》里丫鬟小姐无数，也都各有各的性格。文学作品中如此，现实生活中个体之间的性格差别，就像我们的指纹一样，只有类别上的相似，没有绝对的相同。性格是区别人与人之间差异的重要特征之一。

正因为人的性格多种多样，而且方案复杂，因此，我们更需要了解自身和他人的性格，这将有利于我们更好地去生活。正如，我国古代《孙子兵法》中的一句良言："知己知彼，百战不殆！"而在《老子·三十三章》中也提到："知人者智，自知者明，胜人者有力，自胜者强。"而在这一点上，东西方似乎同时都产生了共鸣，古希腊的哲学家苏格拉底更是直白地喊出了："人啊！认识你自己。"

了解和认识自己主要是指认识自己的性格：自己是内向的、外向的，封闭的、开朗的，自卑的、自信的，懒惰的、勤劳的，虚荣的、朴素的，偏执的、随和的，浮躁的、平和的，狭隘的、心胸宽广的，贪婪的、怯懦的，多疑的……不管是什么样的性格都不要惧怕，因为性格是可以塑造的。优良的性格可以发扬，有缺陷的性格可以克服。歌德说过："人人都有惊人的潜力，要相信自己的力量与青春，要不断地告诉自己，万事全依赖自己。"谚语有云："播种行为，收获习惯；播种习惯，收获性格；播种性格，收获命运。"

　　正确地认识自己的性格，找出性格中的长处和缺陷，长处要保持，缺陷应克服。只有这样，我们才能在生活和工作的各个方面获得成功。每个人生来就与众不同，世界上只有一个自己，绝对不会有第二个人和自己一模一样。每个人的性格各不相同，但没有谁是绝对的性格优越，也没有谁是绝对的一无是处。同一种性格特征，从不同的角度看，可能会有不同的利弊结论，关键在于自己在确定目标后如何去发挥性格的长处和力量。比如某人可能是孤僻偏执的，因此朋友很少，生活乏味，没有快乐，但他却可能因超乎寻常的专心研究某个科学问题或刻苦工作，而在事业上更易成功。

　　探寻性格、塑造自我之路的第一步并不是要望着天空做无尽的冥思苦想，但却应注意不要硬套上那并不合适自身的衣裳。再也不要故作姿态，再也不要在茫然中生活和工作，那样是在浪费生命。让我们把目光投向自身，投向四周的世界来发现自己。在做过所有的尝试之前，在你几乎要到达终点之前，不要以为你已知道了事实的全部。

　　你能够想象你将是你自己的米开朗琪罗吗？

　　如果你不能，你应该停下手头的工作！你应该开始认识自己！你应该开始迈出探寻性格、塑造自我之路的第一步！赋予你自己的生活工作以意义！

学会优化自己的性格

　　有什么样的性格，就有什么样的命运；选择什么样的心态，就有什么样的前途。性格成功学家杨滨曾说过："生活的矛盾、冲突大部分都源自我们的性格。"性格决定命运。那么性格是否可以改变呢？

　　心理学认为：性格是一个人的"典型性的行为方式"，也就是说，一个较成熟的人在各种行为中，总贯穿着某一种典型的方式，这是经常的，而不是偶然的。例如：某人不论在众人聚会的场合还是在工作中，甚至一个人在房子里，都是生气勃勃、开朗活泼的。这样，我们可以说他的性格是活泼的。如果某一日，他有点心事，因而变得沉默寡言，但这只是很偶然的情形，我们也就不能说他的性格是沉默寡言的。

因此，我们首先可以从影响性格的两大要素，环境和教育来着手优化我们的性格。

影响性格的第一要素是环境。例如同样是属多血质（活泼型）的人，如果他生长在一个富有的家庭，而又没有很好的教养，只是从小被娇纵惯了。那么，他就会形成轻浮、散漫一类的性格；如果他的家庭环境很困难，迫使他从小就得帮助家庭做事，应付各种各样的人物，于是他就会形成机智、灵敏等为特征的性格。

影响性格的第二个要素是教育。所谓教育，不一定是指学校教育，而是泛指一切的教育与影响。例如，一个人不幸处在十分艰苦的境遇中，如果他受到的教育是劝他忍受、安分，久而久之，他会养成安分守己的性格，遇到什么不幸，他也是安分守己；如果他受到的教育是鼓舞他去战胜困难，久而久之，他会形成乐观、坚强的性格。

人的性格是否能通过改变行为来实现呢？许多人的体会是很难！比如有人对面试很恐惧，不断地坚持参加面试就一定能改变这种恐惧感吗？害怕上台演讲，不断地迫使自己去讲就能不害怕吗？自己缺乏自信，不断地去做自己不愿去做的事就能自信吗？心胸狭窄，不断地去做大度的事就能心胸开阔吗？在内心冲突的情况下能不断地坚持行动吗？大家可能对行动转变性格产生了怀疑，为何能改变自己呢？这可能是回归自然的缘故。懂得了顺应自然，理顺了感情与行动后变得非常自信。内心的冲突是性格难以转变的重要原因。如果本着朴实的纯真之心，去做自己该做的事，不去期待性格的改变，性格可能会奇迹般地改变。性格就是自己做事的一种倾向性，而其根本乃是外向性与内向性。如果能坚持外向性的做法，对自己的性格、感情都能顺其自然，可能性格会在不知不觉的情况下自然的转变。

由此可见，性格的形成是与我们每一个人的主观努力相关的，因此，我们不能把性格作为借口来为自己进行辩解。而且我们的行为将对我们的性格产生巨大的反作用力，也就是说，只要我们以一种新的"行为方式"来替代以前有缺陷的"行为方式"，直到它变为一种习惯，那我们就有了一种新的性格。

我们每个人都是自己行为的施行者，因此，我们也就成为自己性格的塑造者，同时，我们又是自己命运的主宰者。我们有能力改造、改变自己的行为，我们的每一次行为都改造着我们的性格，而且随着我们的性格向着好的或者坏的方面改造，我们的命运也在发生转变。

第七节
如何认识自己的性格

我们每一个人的性格虽然有一定的稳定性，但还是可以加以改变的，性格会随着环境、社会等一系列因素的改变而发生变化，而性格又对我们每一个人的命运起着决定性的作用，因此，若我们要想把握自己的命运，那么，第一步就应该是了解自己的性格，而要准确而快速地了解自己的性格就离不开性格测试。当然，不管有多少种性格测试的方法，我们也永远不可能找到一种测试性格的准规则，也不可能从自己的某个部位找到性格类型的标记，因为没有什么办法可以让我们100%地了解自己是否选对了。只有我们认真审视自己，才可能获得客观的证据。但不管性格测试的结果如何，我们都应该明白：其实性格本身没有什么好坏之分，只有不同，关键在于我们要认识并承认自己性格的好与坏，懂得扬长避短。每一种性格特征都有其长处和价值，也有缺点和需要注意的地方。清楚地了解自己的性格优势和劣势，有利于更好地发挥自己的特长，而尽可能地在为人处世中避免自己性格中的劣势。

菲尔测试及性格分析

请你凭你的直觉如实地回答下列问题，各题为单选，选择一个最符合你情况的选项：

1. 你什么时候感觉最好：
    ①早晨。
    ②下午及傍晚。
    ③夜里。

2. 你怎样走路：
    ①大步的快走。
    ②小步的快走。
    ③不快，仰着头面对着世界。

④不快，低着头。

⑤很慢。

3. 与人交流时，你一般会：

①手臂交叠地站着。

②双手紧握着。

③一只手或两手放在臀部。

④碰着或推着与你说话的人。

⑤碰着你的耳朵、摸着你的下巴或用手整理头发。

4. 坐下来时，你习惯于：

①两膝盖并拢。

②两腿交叉。

③两腿伸直。

④一腿蜷在身下。

5. 你一般怎样笑：

①敞怀大笑。

②笑，但不大声。

③轻声地、咯咯地笑。

④羞怯地微笑。

6. 当你去参加一个活动，你会：

①很大声地入场以引起他人的注意。

②安静地入场，找你认识的人。

③非常安静地入场，尽量保持不被他人注意。

7. 当你正在非常专心地工作时，有人打断你，你会：

①欢迎他。

②感到非常恼怒。

③在上两大极端之间。

8. 下列颜色中，你最喜欢哪一种颜色：

①红或橘色。

②黑色。

③黄或浅蓝色。

④绿色。

⑤深蓝或紫色。

⑥白色。

⑦棕或灰色。

9. 临入睡的前几分钟，你在床上的姿势是：

①仰躺，伸直。

②俯躺，伸直。

③侧躺，微蜷。

④头睡在一手臂上。

⑤被盖过头。

10. 你经常会做的梦是：

①从高处落下。

②与别人打架或挣扎。

③找东西或找人。

④在天上飞或在水里漂浮。

⑤平常不做梦。

⑥梦都是愉快的。

以上各题的分数分配如下：

第1题	①	2分	②	4分	③	6分							
第2题	①	6分	②	4分	③	7分	④	2分	⑤	1分			
第3题	①	4分	②	2分	③	5分	④	7分	⑤	6分			
第4题	①	4分	②	6分	③	2分	④	1分					
第5题	①	6分	②	4分	③	3分	④	5分					
第6题	①	6分	②	4分	③	2分							
第7题	①	6分	②	2分	③	4分							
第8题	①	6分	②	7分	③	5分	④	4分	⑤	3分	⑥	2分	⑦	1分
第9题	①	7分	②	6分	③	4分	④	2分	⑤	1分			
第10题	①	4分	②	2分	③	3分	④	5分	⑤	6分	⑥	1分	

将你每小题的得分进行相加，最后得出一个总分数。

1. 低于21分——内向的悲观者

你是一个害羞的、神经质的、优柔寡断的人，你对别人有依赖感，需要人照顾，面对事情你永远没有自己的主见，总期待别人为你做决定；你是一个杞人忧天者，一个永远为不存在的问题自寻烦恼的人，也许有些人认为你令人乏味，但那些深知你的人知道你不是这样的人。

2.21～30分——缺乏信心的挑剔者

你是一个谨慎的、十分小心、勤勉刻苦、很挑剔的人,一个缓慢而稳定、辛勤工作的人。一般而言,你的言行都在大家的意料之中,也就是说,你的性格是一个相对稳定的性格。

3.31～40分——以牙还牙的自我保护者

你是一个明智、谨慎、注重实效、伶俐、有天赋、有才干且谦虚的人。你在交友方面很谨慎,一旦成为朋友,你将对朋友非常忠诚,同时要求朋友对你也有忠诚的回报。如果一旦这种信任被破坏,你将很难过。

4.41～50分——平衡的中庸者

你是一个有活力的、有魅力的、讲究实际的且永远有趣的人;你亲切、和蔼、体贴、能谅解人;你是一个永远会给人带来快乐并会帮助别人的人;你经常是群众注意力的焦点,但是你还不至于因此而昏了头。

5.51～60分——吸引人的冒险家

你具有令人兴奋的、高度活泼的、相当易冲动的个性;你是一个天生的领袖,能在很短的时间内做出决定,虽然你的决定不总是对的。你是一个愿意尝试机会而欣赏冒险的人。因为你散发的刺激,周围的人都喜欢跟你在一起。

6.60分以上——傲慢的孤独者

在别人的眼中,你是自负的、以自我为中心的,是个极端有支配欲、统治欲的人。别人可能钦佩你,但同时也会从骨子里讨厌你的自负和高傲。

MSCP 测试及性格分析

心理学家曾将人的性格分为4种基本类型:活泼型(S)、完美型(M)、力量型(C)及和平型(P),又为人们进一步了解和认识自身的性格提供了一种科学的方法,请按照相关提示完成下列的测试。

在你认为最适合你的实际情况的这项前做上记录,每个序号后只能选择一个答案,每个选择1分。

你认为你具备下列哪些优点:

1. ☐ 富于冒险　　☐ 适应力强　　☐ 生动　　☐ 善于分析
2. ☐ 坚持不懈　　☐ 喜好娱乐　　☐ 善于说服　　☐ 平和
3. ☐ 顺服　　　　☐ 自我牺牲　　☐ 善于社交　　☐ 意志坚定
4. ☐ 体贴　　　　☐ 自控性　　　☐ 竞争性　　☐ 使人认同

5.	☐ 使人振作	☐ 受尊重	☐ 含蓄	☐ 善于应变
6.	☐ 满足	☐ 敏感	☐ 自立	☐ 生机勃勃
7.	☐ 计划者	☐ 耐性	☐ 积极	☐ 推动者
8.	☐ 肯定	☐ 无拘无束	☐ 时间性	☐ 羞涩
9.	☐ 井井有条	☐ 迁就	☐ 坦率	☐ 乐观
10.	☐ 友善	☐ 忠诚	☐ 有趣	☐ 强迫性
11.	☐ 勇敢	☐ 可爱	☐ 外交手腕	☐ 注意细节
12.	☐ 令人高兴	☐ 贯彻始终	☐ 文化修养	☐ 自信
13.	☐ 理想主义	☐ 独立	☐ 无攻击性	☐ 富激励性
14.	☐ 感情外露	☐ 果断	☐ 尖刻幽默	☐ 深沉
15.	☐ 调节者	☐ 音乐性	☐ 发起者	☐ 喜交朋友
16.	☐ 考虑周到	☐ 执着	☐ 多言	☐ 容忍
17.	☐ 聆听者	☐ 忠心	☐ 领导者	☐ 精力充沛
18.	☐ 知足	☐ 首领	☐ 制图者	☐ 惹人喜爱
19.	☐ 完美主义者	☐ 和气	☐ 勤劳	☐ 受欢迎
20.	☐ 跳跃型	☐ 无畏	☐ 规范型	☐ 平衡

你认为你具备下列哪些缺点：

21.	☐ 乏味	☐ 忸怩	☐ 露骨	☐ 专横
22.	☐ 散漫	☐ 无同情心	☐ 缺乏热情	☐ 不宽恕
23.	☐ 保留	☐ 怨恨	☐ 逆反	☐ 唠叨
24.	☐ 没耐性	☐ 胆小	☐ 健忘	☐ 率直
25.	☐ 挑剔	☐ 无安全感	☐ 优柔寡断	☐ 好插嘴
26.	☐ 不受欢迎	☐ 不参与	☐ 难预测	☐ 缺同情心
27.	☐ 固执	☐ 即兴	☐ 难于取悦	☐ 犹豫不决
28.	☐ 平淡	☐ 悲观	☐ 自负	☐ 放任
29.	☐ 易怒	☐ 无目标	☐ 好争吵	☐ 孤芳自赏
30.	☐ 天真	☐ 消极	☐ 鲁莽	☐ 冷漠
31.	☐ 担忧	☐ 不善交际	☐ 工作狂	☐ 喜获认同
32.	☐ 过分敏感	☐ 不圆滑老练	☐ 胆怯	☐ 喋喋不休
33.	☐ 腼腆	☐ 生活紊乱	☐ 跋扈	☐ 抑郁
34.	☐ 缺乏毅力	☐ 内向	☐ 不容忍	☐ 无异议
35.	☐ 杂乱无章	☐ 情绪化	☐ 喃喃自语	☐ 喜操纵
36.	☐ 缓慢	☐ 顽固	☐ 好表现	☐ 有戒心

37. ☐ 孤僻	☐ 统治欲	☐ 懒惰	☐ 大嗓门
38. ☐ 拖延	☐ 多疑	☐ 易怒	☐ 不专注
39. ☐ 报复型	☐ 烦躁	☐ 勉强	☐ 轻率
40. ☐ 妥协	☐ 好批评	☐ 狡猾	☐ 善变

优点：

S	C	M	P
活泼型	力量型	完美型	和平型
1. ☐ 生动	☐ 富于冒险	☐ 善于分析	☐ 适应力强
2. ☐ 喜好娱乐	☐ 善于说服	☐ 坚持不懈	☐ 平和
3. ☐ 善于社交	☐ 意志坚定	☐ 自我牺牲	☐ 顺服
4. ☐ 使人认同	☐ 竞争性	☐ 体贴	☐ 自控性
5. ☐ 使人振作	☐ 善于应变	☐ 受尊重	☐ 含蓄
6. ☐ 生机勃勃	☐ 自立	☐ 敏感	☐ 满足
7. ☐ 推动者	☐ 积极	☐ 计划者	☐ 耐性
8. ☐ 无拘无束	☐ 肯定	☐ 有时间性	☐ 羞涩
9. ☐ 乐观	☐ 坦率	☐ 井井有条	☐ 迁就
10. ☐ 有趣	☐ 强迫性	☐ 忠诚	☐ 友善
11. ☐ 可爱	☐ 勇敢	☐ 注意细节	☐ 外交手腕
12. ☐ 令人高兴	☐ 自信	☐ 文化修养	☐ 贯彻始终
13. ☐ 富激励性	☐ 独立	☐ 理想主义	☐ 无攻击性
14. ☐ 感情外露	☐ 果断	☐ 深沉	☐ 尖刻幽默
15. ☐ 喜交朋友	☐ 发起者	☐ 音乐性	☐ 调节者
16. ☐ 多言	☐ 执着	☐ 考虑周到	☐ 容忍
17. ☐ 精力充沛	☐ 领导者	☐ 忠心	☐ 聆听者
18. ☐ 惹人喜爱	☐ 首领	☐ 制图者	☐ 知足
19. ☐ 受欢迎	☐ 勤劳	☐ 完美主义者	☐ 和气
20. ☐ 跳跃型	☐ 无畏	☐ 规范型	☐ 平衡

缺点：

S	C	M	P
活泼型	力量型	完美型	和平型
21. ☐ 露骨	☐ 专横	☐ 忸怩	☐ 乏味
22. ☐ 散漫	☐ 无同情心	☐ 不宽恕	☐ 缺乏热情

23.	☐ 唠叨	☐ 逆反	☐ 怨恨	☐ 保留
24.	☐ 健忘	☐ 率直	☐ 没耐性	☐ 胆小
25.	☐ 好插嘴	☐ 挑剔	☐ 无安全感	☐ 优柔寡断
26.	☐ 难预测	☐ 缺同情心	☐ 不受欢迎	☐ 不参与
27.	☐ 即兴	☐ 固执	☐ 难于取悦	☐ 犹豫不决
28.	☐ 放任	☐ 自负	☐ 悲观	☐ 平淡
29.	☐ 易怒	☐ 好争吵	☐ 孤芳自赏	☐ 无目标
30.	☐ 天真	☐ 鲁莽	☐ 消极	☐ 冷漠
31.	☐ 喜获认同	☐ 工作狂	☐ 不善交际	☐ 担忧
32.	☐ 喋喋不休	☐ 不圆滑老练	☐ 过分敏感	☐ 胆怯
33.	☐ 生活紊乱	☐ 跋扈	☐ 抑郁	☐ 腼腆
34.	☐ 缺乏毅力	☐ 不容忍	☐ 内向	☐ 无异议
35.	☐ 杂乱无章	☐ 喜操纵	☐ 情绪化	☐ 喃喃自语
36.	☐ 好表现	☐ 顽固	☐ 有戒心	☐ 缓慢
37.	☐ 大嗓门	☐ 统治欲	☐ 孤僻	☐ 懒惰
38.	☐ 不专注	☐ 易怒	☐ 多疑	☐ 拖延
39.	☐ 烦躁	☐ 轻率	☐ 报复型	☐ 勉强
40.	☐ 善变	☐ 狡猾	☐ 好批评	☐ 妥协

把答案填入计分表，分别将四列中的每一列的分数加起来，然后再把优点、缺点两部分分数加起来，我们就可以知道自己的大概性格类型，同时也知道自己的组合类型。

四种性格各自所具有的优点：

	S	C	M	P
情感	性格活跃，爱说、爱讲故事，聚会中心人物，幽默、彩色记忆、能抓住听众，感情外露，热情奔放，好奇，天才演员，天真无邪，喜欢送礼和接受礼物，情绪化，内心诚挚，永远长不大	天生领导人，干劲十足，酷，好变化，定要矫枉过正，意志坚强，果断无感情，从不泄气，独立自主，自信	深沉，好分析、严肃认真，目的性强，聪明有创造力，有音乐与艺术潜力，懂哲学、会作诗，喜欢美丽，对他人敏感，自我牺牲，理想主义	慢半拍，松松垮垮，悠闲，平和，冷静、耐心，满足现状，安静，有智慧、有同情心，和蔼，情感内向

	S	C	M	P
工作	志愿者，总有新主意，表面轰轰烈烈，有创造力，色彩丰富，全力以赴投入工作，说干就干，鼓励并带领他人一起工作	目标明确，眼光全面，组织力强，解决问题不过夜，行动迅速，果断、坚持到底，好制定计划激励他人，在反对中成长	计划性强，完美主义者，高品位，注意细节，固执，彻底，井井有条，整洁，会算计，能发现问题，并解决问题，善始善终，喜欢制图、列清单	能胜任工作并持之以恒，平和可亲，有管理能力，中庸之道，逃避冲突，在压力下保持冷静，善找捷径
交友	易交朋友，爱别人，被称赞，被忌妒，不吝惜，善道歉，厌乏味，喜好自发活动	无须朋友，为团队工作，会领导，善组织，总能做对，善于处理紧急事项	交友谨慎，愿当绿叶，不愿出面，忠实可靠，善于听抱怨，帮人解决困难，深切关怀他人，易被感动，寻找理想伙伴	好相处，愉快待人，不伤人，最佳听众，爱挖苦人，爱观察人，多朋友，关心他人

四种性格各自所具有的缺点：

	S	C	M	P
情感	唠叨，夸大其词，小题大做，记不住名字，唯恐别人离开，过于兴奋，自我吹嘘，说大话，爱抱怨，天真，不成熟，大嗓门儿，情绪化，易生气，永远长不大	霸道，缺乏耐心，急脾气，不会放松，鲁莽，喜争辩，不放弃，穷追不舍，不会恭维，不喜欢眼泪，缺乏感情，无同情心	总记住负面的东西，情绪低落，喜欢被伤害的感觉，远离这个社会，自我贬低，爱听好话，以自我为中心，过分自我反省，自责，庸人自扰，忧郁症倾向	缺乏热情，害怕，担忧，没主意，不愿负责，固执，自私，有话不说，折中主义
工作	光说不干，忘记职责，不彻底，易失去信心，无组织纪律，杂乱无章，情感决定一切，爱走神儿	无法忍受出错，不分析细节，厌恶日常琐事，较粗鲁，过于直率，爱管人，支使他人，以工作为一切	不能忍受别人的工作干不好，干事犹豫，计划时间太长，愿分析而不愿干活，自我否定，难取悦，期望标准太高，需要别人赞同	目的性不强，缺乏自觉性，难以鼓动，厌强迫，懒惰，马虎，给别人泄气，宁愿在一边儿看着

	S	C	M	P
交友	不愿独处，爱当主角儿，爱受欢迎，寻找信誉，控制谈话内容，好插嘴，不听他人的，健忘，多变，爱找借口，重复故事	利用他人，强迫别人，为别人做主，什么都知道，什么都能干好，过分独立，控制朋友与配偶，不会说"对不起"，有时是对的，但也不招人喜欢	没安全感，退缩，远离他人，爱批评人，感情内向，不喜欢被别人反对，怀疑别人，对立情绪，报复别人，不原谅，矛盾重重，一贯怀疑别人的话	缺乏热情，漠不关心，从不兴奋，爱评判他人，讽刺别人，不愿改变

荣格性格测试及分析

荣格将人的性格分为内向型和外向型两种最为基本的类型，了解自己的性格趋向将有利于完善自身，请你在回答下列问题时认真地加以完成，凭你的第一感觉选择最符合你实际情况的选项。

对下列问题，若认为符合你的情况，就打"√"，若不符合打"×"，若难以判断打"△"：

1. 你很介意细节吗？
2. 你能立即下决心吗？
3. 你能慎重地花时间去做一些实际的事情吗？
4. 你能事后改变决心吗？
5. 与思考相比，你更喜欢行动吗？
6. 你忧郁吗？
7. 你能从失败中吸取教训吗？
8. 你无忧无虑吗？
9. 你寡言少语吗？
10. 你感情外露吗？
11. 你经常欢笑吗？
12. 你情绪经常起伏不定吗？
13. 你对待事物专心致志吗？

14. 你有忍耐心吗?

15. 你喜欢讲理和追根究底吗?

16. 你议论时易激动吗?

17. 你十分谨慎小心吗?

18. 你动作麻利吗?

19. 你的工作表详尽吗?

20. 你喜欢令人注目、抛头露面的工作吗?

21. 你对工作有热情吗?

22. 你总是异想天开吗?

23. 你清高吗?

24. 你对身边的物品漠不关心吗?

25. 你乱花钱吗?

26. 你喜欢发言吗?

27. 你挑剔吗?

28. 你爱开玩笑吗?

29. 你易被教唆吗?

30. 你固执倔强吗?

31. 你牢骚满腹吗?

32. 你很介意他人对自己的看法吗?

33. 你想得到他人的批评吗?

34. 你把自己的事情委托给别人吗?

35. 你不愿意被别人指挥、命令吗?

36. 你能管理好他人吗?

37. 你能直率地听进别人的意见吗?

38. 你机灵吗?

39. 你隐瞒什么吗?

40. 你能立即同情他人吗?

41. 你过于相信他人吗?

42. 你难以忘记仇恨吗?

43. 你腼腆、害羞吗?

44. 你喜欢独处吗?

45. 你愿意花精力去交朋友吗?

46. 你在众人面前能平静地讲话吗？

47. 你经常避开众人的焦点吗？

48. 你能轻松爽快地与意见不同的人交往吗？

49. 你好帮助别人吗？

50. 你毫无吝惜地把东西送给他人吗？

每个问题画好√或×或△之后，填入上面表格的"转记栏"中，然后与"对照栏"中的√或×对照。在"V栏"中把仅与"对照栏"中的√或×相同的画上"○"标记。

合计"○"的数量，然后，再合计"△"的数量，用2除。把前面的合计数和后面的合计数相加除以25，再乘以100，就得出你的向性指数。

	对照栏	转记栏	V 标记		对照栏	转记栏	V 标记
1	×			26	√		
2	√			27	×		
3	×			28	√		
4	√			29	√		
5	√			30	×		
6	×			31	×		
7	×			32	×		
8	√			33	×		
9	×			34	√		
10	√			35	×		
11	√			36	√		
12	√			37	√		
13	×			38	√		
14	×			39	×		
15	×			40	√		
16	×			41	√		
17	×			42	×		
18	√			43	×		

	对照栏	转记栏	V 标记		对照栏	转记栏	V 标记
19	×			44	×		
20	√			45	×		
21	√			46	√		
22	×			47	×		
23	×			48	√		
24	√			49	√		
25	√			50	√		

判定的方法：

向性指数最高是 200，最低是 0。判定结果大于 100，数字越大越外向；小于 100，数字越小越内向。161 以上是"强外向性"，59 以下是"强内向性"，110 到 90 之间，既不能说是外向性，也不能说是内向性，可以称之为"两向性"的中间性。

$$向性指数 = \frac{○的合计数 + \frac{1}{2}△的合计数}{25} \times 100$$

1. 内向思维型性格测验

请回答下列问题，如果有 12 个或 12 个以上问题的答案为"是"，那么你的性格就属于内向思维型。

①你可以花很长时间去探究表明。

②你擅长检查细节。

③你喜欢讨价还价。

④你花钱时小心翼翼。

⑤你把每日工作计划好。

⑥你喜欢阅读或思考任何可以引发你兴趣的东西。

⑦你期望参与重大决策。

⑧有时你可以长时间地阅读，玩智力游戏，或思考、探索生命的本质。

⑨小心谨慎地完成一件事，是件有成就感的事。

⑩你是一个很准时的人。

⑪喜欢能刺激你思考的对话。

⑫你认为学习是为了满足内心的需求。

⑬你十分注重工作中的细节。

⑭你习惯于遵守规定。

⑮你喜欢使你思考、给你新观念的书。

内向思维型性格分析：

性格属于这种类型的人，他们希望理解的是个人的存在。他们部分陷入自我和个人的世界，在极端的情况下，会脱离现实太甚而沦为精神病患者。为随时保护自己，他们往往显现得冷漠无情。因为他们并不重视他人，他们渴望离群索居。他们并不在乎自己的思想是否为别人所接受，尽管他们的思想可能被极少数的一部人接受。他们容易变得顽固执拗、刚愎自用、不善于体谅他人，容易变得骄傲自大、敏感易怒、拒人于千里之外。

2. 内向直觉型性格测验

请回答下列问题，如果有7个或7个以上问题的答案为"是"，那么你的性格就属于内向直觉型。

①喜欢去说服别人。

②喜欢探求所有事实，再有逻辑性地做决定。

③善于聆听别人的倾诉。

④你会不断地思索一个问题，直到找出答案为止。

⑤你认为教育是个发展及终身学习的过程。

⑥你不喜欢为重大决策负责。

⑦能影响别人使你感到兴奋。

⑧朋友经常向你询问解决问题的方法。

⑨你必须彻底地了解事情的真相。

内向直觉型性格分析：

性格属于这种类型的人中最典型的代表是艺术家，但也包括梦想家和幻想家。和外向直觉型的人一样，他们也始终在寻找着新的可能性。但他们的全部努力，却从来也没有超出过直觉范围而使自己得到进一步的发展。由于他们的兴趣不能始终停留在一点上，因此他们总是在不同的兴趣点之间跳来跳去。但不管怎样，他们却拥有可供别人思考、整理并加以发展的绚丽多彩的直觉。

3. 内向情感型性格测验

请回答下列问题，如果有8个或8个以上问题的答案为"是"，那么你的性格就属于内向情感型。

①你用运动来强壮你的身体。

②在自己力所能及的范围内，你尽力去帮助别人。

③你对社会上有许多人需要帮助感到关注。
④你热衷于帮助别人发挥天赋和才能。
⑤你喜欢帮助别人找出可以互相关注其他人的方法。
⑥你喜欢户外运动。
⑦你经常关心孤独、不友善的人。
⑧你常起草一个计划，而由别人完成细节。
⑨你对别人的情绪低潮相当敏感。
⑩你愿意花时间帮别人解决问题。
⑪强壮而敏捷的身体对你很重要。

内向情感型性格分析：

属于这种类型的人多见于女性。她们不像外向情感型的人那样将自己的感情外露，而是把它深藏在内心。她们往往沉默寡言、难以捉摸、态度既随和又冷淡，但也往往给人内心和谐、恬淡宁静、怡然自足的感觉。事实上，她们内心也有某种强烈的情感，这种情感有时会出乎亲人朋友的意料而爆发一场情感风暴。

4. 内向感觉型性格测验

请回答下列问题，如果有 5 个或 5 个以上问题的答案为"是"，那么你的性格就属于内向感觉型。

①你希望能做些与众不同的事。
②你有丰富的想象力。
③你希望自己的工作能够抒发你的情绪和感觉。
④当你从事创造性活动时，你会忘掉一切旧经验。
⑤你喜欢利用一切机会来发挥你的创造力。
⑥你期望能看到艺术表演、戏剧及好电影。
⑦你的心情受音乐、色彩、写作和美丽事物的影响极大。

内向感觉型性格分析：

性格属于这种类型的人，他们远离现实世界而沉浸在自己的主观感觉之中。与自己的内心世界相比，他们觉得外部世界是平淡寡味、了无生趣的。除了艺术之外，没有别的办法来表现自己，然而他们创作的作品又往往缺乏任何意义。而事实上，他们是思想和感情两方面都很贫乏的人。

5. 外向思维型性格测验

请回答下列问题，如果有 12 个或 12 个以上问题的答案为"是"，那么你的性格就属于外向思维型。

①你能自如地应付紧急事件。
②你喜欢监督事情直至完工。
③你不怕失败,回头再来。
④当你答应做一件事时,你会竭尽所能地监督所有细节。
⑤如果你和别人产生矛盾,你会不断地尝试化干戈为玉帛。
⑥升迁和进步对你是极重要的。
⑦你在解决问题前,必须把问题分析彻底。
⑧你喜欢独立完成一项任务。
⑨你喜欢使用双手做事。
⑩你认为要想成功,就必须定高目标。
⑪你渴望迈出众人之列,成为同行中的佼佼者。
⑫如果你来到一个陌生的环境,你会做充分的思想准备。
⑬你在开始一个计划前会花很多时间去计划。
⑭你自信会成功,而且一定成功。

外向思维型性格分析:

性格属于这种类型的人,他们的客观思维上升为支配其生命的激情。典型的例子就是科学家。这些科学家为了尽可能多地认识客观世界,奉献了自己毕生的精力。他们的目标是理解自然现象,发现自然规律,创立理论体系。达尔文和爱因斯坦在外向思维方向上获得了最充分的发展。这种类型的人常倾向于压抑自己天生中情感的一面,因而在别人眼中,他可能显得缺少鲜明的个性,甚至显得冷漠和傲慢。如果这种压抑过于严重,情感就会被迫采取迂回曲折甚至变态的方式来影响他的性格。他很可能变得专制、固执、自负、迷信,不接受任何批评。

6. 外向直觉型性格测验

请回答下列问题,如果有6个或6个以上问题的答案为"是",那么你的性格就属于外向直觉型。

①面对繁重的工作,你能抓住重点。
②你喜欢直言不讳,不喜欢转弯抹角。
③你崇尚好问精神。
④你不在乎工作时把手弄脏,只要能完成工作。
⑤你喜欢竞争。

⑥你经常借着和别人的交谈来解决自己的问题。
⑦你愿意与人分享你的忧愁和痛苦。
⑧你具有冒险精神，喜欢接受各种各样的挑战。

外向直觉型性格分析：

性格属于这种类型的人多为女性。她们从一种心境跳跃到另一种心境，借以从现实世界中发现新的可能性。由于缺乏思维能力，她们常在没有解决一个问题前就又渴望解决另一个问题。她们忍受不了日常事务的烦琐，她们赖以生存的营养是那些新奇的东西。她们容易把自己的生命虚掷在一连串的直觉上，最终却一事无成。她们有许多的兴趣爱好，但很快就会厌倦并放弃这些爱好。她们通常很难固定地从事某一种工作。

7. 外向情感型性格测验

请回答下列问题，如果有10个或10个以上问题的答案为"是"，那么你的性格就属于外向情感型。

①你愿意冒一点危险以求进步。
②你对别人的困难乐于伸出援助之手。
③你一般能体会到某人想要和他人交流的欲望。
④你喜欢尝试新事物。
⑤你喜欢周围环境简单而实际。
⑥你希望能学习所有使你感兴趣的科目。
⑦亲密的人际关系对你很重要。
⑧你常能借着资讯网络和别人取得联系。
⑨你喜欢美丽、不平凡的事物。
⑩你选车时，最先注意的是好的引擎。
⑪你希望粗重的肢体工作不会伤害任何人。
⑫你认为和他人的关系丰富了你的生命并使它有意义。

外向情感型性格分析：

性格属于这种类型的人也多为女性。由于她们的情绪随外界的变化而变化，所以往往显得反复无常。外界的任何一点刺激都可能导致她们情绪的变化。由于思维功能受到过分的压抑，因此，外向情感型性格的人的思维能力都是极低的。

8. 外向感觉型性格测验

请回答下列问题，如果有12个或12个以上问题的答案为"是"，那么你的性格就属于外向感觉型。

①阅读新书是件令人兴奋的事。
②你喜欢把东西拆开,并修理它们。
③你不喜欢穿比较庄重的服装,而喜欢尝试新颜色和新款式。
④你喜欢购买小零件,做成成品。
⑤你经常对大自然的奥秘保持好奇心。
⑥你经常保持整洁,喜欢有条不紊。
⑦你喜欢重新布置你的环境,使它们与众不同。
⑧你做事时必须有清楚的指引。
⑨没有美丽事物的生活,对你而言是件很可怕的事。
⑩你不愿受传统思想的束缚,而喜欢用新奇的办法解决问题。
⑪你觉得大自然的美深深地触动你的灵魂。
⑫你需要确切地知道别人对你的要求是什么。
⑬你擅长于自己制作、修理东西。
⑭你重视美丽的环境,喜欢把自己弄得很整洁。

外向感觉型性格分析:

性格属于这种类型的人,多见于男性,他们热衷于积累与现实世界有关的经验。他们是现实主义者、实用主义者,头脑清醒,但并不对事物过分地追根究底。他们按生活的本来面貌生活,并不将生活强打上自己思想的烙印。但他们也可以是耽于享乐的、追求刺激的。他们的情感一般是浅薄的,全部生活仅仅是为了从生活中获得一切能够获得的感觉。他们是典型的极端者,或者成为粗陋的纵欲主义者,或者成为浮夸的唯美主义者。

第二章
性格决定命运

性格决定命运

第一节
性格决定命运

在我们的现实生活中，人与人之间存在着巨大的差异：有的人能历尽艰难最终成就一番事业，而有的人则半途而废；有的人喜欢刺激的攀岩，而有的人则喜欢安全的慢跑；有的人向往轰轰烈烈的爱情，而有的人则追求平实的婚姻；有的人选择浪漫，而有的人则选择稳定。在人的一生中，除了机遇和才华，我们回头看一看就会发现，其实，一直在左右我们命运的，正是我们的性格。

怎样的性格决定怎样的命运

约翰·梅杰被称为英国的"平民首相"。这位笔锋犀利的政治家是白手起家的一个典型。他是一位杂技师的儿子，16岁时就离开了学校。他曾因算术不及格未能当上公共汽车售票员，饱尝了失业之苦。但这并没有击倒年轻的梅杰，这位信心十足、具有坚强毅力的小伙子终于靠自己的努力战胜了困境。经过外交大臣、财政大臣等8个政府职务的锻炼，他终于当上了首相，登上了英国的权力之巅。有趣的是，他也是英国唯一领取过失业救济金的首相。

正是约翰·梅杰这种不屈不挠、自信坚强的性格让他凭着自己的努力，从一个领救济金的人最终成为英国的首相。

在我们的生活中，还有一个活生生的例子，那就是感动过无数人的张海迪，她之所以能感动无数人，不仅仅因为她的成就，更因为她同时还是一个残疾人。

多年以来，曾动过3次大手术，摘除了6块椎板，严重高位截瘫，自第二胸椎以下全部失去知觉的张海迪，以保尔·柯察金的英雄形象鼓舞自己，凭惊人的毅力忍受着常人难以想象的痛苦，同病残作顽强的斗争，同时勤奋地学习，忘我地工作。她自修了小学、中学的主要课程，自学了英语、日语、德语等外语，翻译了近20万字的外文著作和资料。她还自学了针灸，并阅读了大量的医学专著，免费为病人诊断疾病。1992年她获中国作家协会庄重文学奖，1994年获全国奋发文明进步图书奖长篇小说一等奖，1993年张海迪获吉林大学哲学硕士学位。

对于一个残疾人来说，能取得比很多正常人更大的成就，她靠的就是性格带给她的力量。

好的性格能让人不管是在顺境还是在逆境中都能积极面对，并且不懈地努力，并最终取得成功。那么，相反，不良的性格往往会在关键时刻毁掉一个人的一生，进而造成悲剧性的结局。

韩信虽为一代名将，其性格却优柔怯懦。胯下之辱虽说明了他的忍，同时也说明了他的怯懦，倘若不是如此，他就不会惧怕刘邦，而会果断地反刘自立。

韩信其实不能忍，母亲的几句话，他就容忍不下，羞惭得无地自容，倘若能忍，何至于此。正因如此，开国之后，刘邦对他一贬再贬，他便忍耐不住了，怨声载道。倘若他真能忍住，断不会招来杀身之祸。

韩信不敢反，又不愿忍，从而形成了他优柔寡断的性格，他在优柔寡断中失去了一次又一次的机会。

也许，对于优柔性格的韩信来说，最理想的行为方式，就是让别人先反，自己在一旁优柔地观看，败则与己无关，胜则乘势而起。韩信确实这样做了，他让陈豨起兵，自己则优柔观望。然而，刘邦和吕后却不优柔，他们快刀斩乱麻地处决了韩信。

韩信在优柔中被杀，其实他并没有真反，而只是在犹豫，他是被硬拉上刑场的，我们不知是否直到临死那一刻，他才真正不再优柔。

在历史上，因性格上的缺陷而毁掉大好前程的又何止韩信一人呢？中国历史上第一位集大学者、大权谋家、大政治家于一身的李斯，作为秦国丞相曾经大红大紫、权倾一时，但最终他被腰斩于咸阳街头，全家老少都被杀害。李斯的一生是秦国政治的真实写照，也是他自身个性特征的体现和结果。

李斯出生于战国末年，是楚国上蔡人。少年时家境贫寒，年轻时曾经做过掌管文书的小官。

有一天，李斯上厕所，看到老鼠偷粪吃，老鼠又小又瘦，见人来就惊慌逃窜。过了不久，李斯又在国家的粮仓里看到老鼠在偷米吃，这些老鼠又肥又大，看见人来，不但不逃避，反而瞪着眼很神气的样子。李斯觉得很奇怪，仔细一想，他悟出一个道理：又瘦又小见人就逃的老鼠，是无所凭借；而又肥又大见人不逃避的米仓老鼠是有所凭借而已。

为了能做官仓里的老鼠，求得荣华富贵，李斯辞去了小吏的职务，前往齐国，去拜当时著名的儒家学者荀子为师。李斯十分勤奋，同荀子一起研究"帝王之术"，即怎样治理国家、怎样当官的学问。学成之后，他便辞别荀子，到秦国去了。由于李斯才华横溢，并且提出了许多治理国家的好建议，很快得到了秦始皇的重用。

韩非是李斯的同学，他们同在荀子门下求学。韩非著作极丰，秦王感叹道："我若能见到此人，和他交游，死而无憾。"

后来韩国在国势危急之际，起用韩非，让他出使秦国。李斯知道韩非的才能在自己之上，出于嫉妒，他对秦王说："韩非是韩王的亲族，爱韩不爱秦，这是人之常理。"

秦王说："既然不能用，那就放走吧！"

李斯希望赶尽杀绝，他对秦王说："如果放他回韩国，他定会为韩王出谋划策，对秦国十分不利，不如在他羽翼未满之时将他杀掉。"

秦王听信了李斯的话，赐给韩非毒药，令他自尽，就这样，李斯除掉了他的对手。

而后，秦王统一了中国，李斯也升为丞相，职位越来越高，权势也越来越大。

公元前210年，秦始皇病逝，以赵高为首的旧贵族意欲立胡亥为帝。而要立胡亥为帝，就必须通过李斯，李斯身为丞相，掌握着最高权力，没有李斯的同意，胡亥是当不了皇帝的。当时，朝廷内部李斯是可以揭露赵高、粉碎其篡位阴谋的唯一的人。但是，由于李斯软弱、妥协，更是因为他希望保住他的荣华富贵，他没有这样做。

为了让胡亥上台，赵高抓住李斯的弱点，用高官厚禄去引诱李斯，而李斯过于贪恋"富贵极矣"的社会地位，总想保全已经到手的既得利益，所以面对赵高的威胁和引诱，他听信了赵高，对赵高的阴谋未进行及时地揭露和制止。

胡亥继位以后，赵高便开始陷害李斯，最后使忍无可忍的李斯到秦二世面前揭露赵高的罪行，但秦二世非常信任赵高，并告诉了赵高。赵高进一步诋毁李斯："李斯最嫉恨的就是我，我一死，他就可以谋反了。"秦二世听后，立即把李斯逮捕入狱，并派赵高负责审讯。

李斯被套上了刑具，关进了监狱，并受严刑拷打、百般折磨，他忍受不了痛苦，只好供认了"谋反"的"罪行"。经过10余次的审讯，李斯被打得死去活来。后来，李斯被判处死刑。

李斯的悲剧结局，固然与当时的局势有关，但也与他的个性更是不无关联。他的老鼠哲学，注定他是一个贪婪的人。为了自己的荣华富贵，他可以除掉他的同学韩非，甚至不惜帮助赵高实施阴谋，最终走入了赵高的陷阱，落得身首异处的可悲下场。一切的结局可谓是咎由自取，怪不了别人。

性格是可以改变的

性格特征的形成，在很大程度上取决于遗传。生来就神经过敏的人，与普通人相比，大都容易产生感情和情绪的反应，而且常常表现为感情用事，难以控制自己。那些感觉敏锐的人，也容易产生不安和恐怖的情绪，这在很大程度上也是由于遗传性自律神经系统的生理过程所造成的。不过，性格特征的形成，不仅取决于遗传方面的因素，而且还取决于环境因素——有的是从所处的环境中学来的。

因此，性格特征就"生来具备"而言，在一段相当长的时间里基本上不会发生什么变化，或者说由于形成得早，所以变化极其有限；而就"受环境影响"和"人在不断地趋于成熟"而言，则是会发生变化的。这正如水流经过管道的时候，它的形状是管道的形状；生命流经个体的时候，它的形状就是个体思想的形状。

相传，在古印度有这样一个故事：有一段时间，地球上所有的人都是神，但人类是如此罪恶并滥用神权，以至于梵天——一切众生之父，决定剥夺人类所拥有的神性，并把它藏到人们永远也不会重新发现的地方，以免他们滥用它。"我们将它深埋在地下。"其他神说道。"不，"梵天说，"因为人们会挖掘到地层深处并发现它。""那么我们将它沉于最深的海。"其他神说道。"不，"梵天说，"因为人们会潜到海底发现它。""我们将它藏于最高的山上。"其他神说。"不，"梵天说，"因为人类总有一天会爬上地球的每座山峰捕捉到神性。""那我们实在不知道应把它藏在哪儿，人类才不会发现它。"其他神说道。"我告诉你们，"梵天说，"把它藏在人类身上，他们绝不会想到去那里寻找。"诸神赞成。

因此，我们每一个人只要从自身出发，找到藏在"自身"的神性，并用它来改造和完善我们的性格，那么，我们也将变得更完美。

俗话说："江山易改，本性难移。"其实并不尽然。人的本性是比较难改，但并不是不能改变的。民族英雄林则徐为了改掉自己急躁的性格，曾在书房醒目处挂起自己亲笔书写的"制怒"的横匾，以此自警自戒，陶冶自己的情操。美国人本杰明·富兰克林也并非生来就具有完美的性格，在当时就有人曾批评富兰克林主观傲慢，他认真反思后，给自己立下了一条规矩：绝不正面反对别人的意见，也不准自己武断行事。他还给自己提出了具体改正的要求，以克服自己性格中的缺陷，这也正是他成功的一个秘诀。

其实，我们每一个人的性格中都有优点和缺点，但总是有很多人把自己性格上的弱点当成自己不成功的借口，拒绝跳出自己编制的网。我们往往忽略了我们完全可以通过改变自己的性格来重塑我们的人生，并取得成功。所以，我们必须学会突出自己的优势，改变性格中的缺陷，再加上自己的智慧和努力，相信成功很快就在眼前了。

命运掌握在自己手里

摊开你的手掌，你会发现：你的手掌上布满了在"算命学"和"相术"中决定命运的纹路线条，倘若这些纹路和线条真的能表示一个人的命运，那么，上帝将这个奥秘偏偏藏在我们每一个人的手心里是不是又很耐人寻味呢？那是因为，上帝想告诉我们每一个人："命运，掌握在你自己手中。"

有一天，苏东坡和佛印两个人在杭州同游，两人信步走到了天竺寺，苏东坡看到寺内的观音菩萨塑像手里拿着念珠，就问佛印说："观音菩萨既然是佛，为什么还拿念珠，这到底是什么意思？"

佛印说："拿念珠也不过是为了念佛号。"

东坡又问："念什么佛号呢？"

佛印说："也只是念观世音菩萨的佛号。"

东坡又问："她自己是观音，为什么要念自己的佛号呢？"

佛印回答道："那是因为求人不如求己呀！"

佛印的一句"求人不如求己"道出了命运的天机。很多时候，我们总是希望天上会掉馅饼，总是希望人生能有一个依靠，其实，很多人都不明白，生命线就在自己的手心里，人生的一切都掌握在自己的手里。只有你可以替你自己选择和决定你的人生，不要总是期待不劳而获地拥有，因此，须主动找寻出自己最合适的位置与角色，不要苦等别人的安排；既然决定了，就不再三心二意，冷静发挥百分之百的力量，终究能引出别人百分之百的回应。

我们想要的人生，其实就掌握在我们手中，就看我们如何去经营。

每个人都是一座金矿，每个人都有无比巨大的潜能，而挖掘者就是自己。人生的命运就掌握在自己的手中，人生成功与否由自己决定。如果明白了这个道理，我们就不会因为自己是一个穷人、是一个下层人物，而怨天尤人、牢骚满腹或愤愤不平，就不会受自卑困扰、懒得行动而坐以待毙。下定决心，奋斗，拼搏，勇往直前，成功就属于自己。

有这么一个人，他就是坚信命运掌握在自己手中，从而不断地努力，并最终把握住了自己的命运并改变了自己的命运：

8 岁时，由于家庭原因，他必须自谋生计；

21 岁时，做生意失败；

22 岁时，角逐州议员失败；

24 岁时，做生意再次失败，并欠下一大笔债，用了 17 年才还清；

26 岁时，伴侣去世；

27 岁时，曾一度精神崩溃，卧床半年；

29 岁时，候选州议员发言人失败；

34 岁时，角逐联邦众议员落选；

35 岁时，参加国会大选失败；

36 岁时，角逐联邦众议员再度落选；

40 岁时，连任众议员，失败；

41岁时，任州土地局长被拒绝；

45岁时，角逐联邦参议员落选；

47岁时，提名副总统落选；

49岁时，角逐联邦参议员再度落选；

52岁时，当选美国第16任总统。

这个从生下来就一贫如洗，终其一生都挫折不断，两次经商均告失败，8次竞选8次落选，甚至还曾一度精神崩溃的人就是亚伯拉罕·林肯。

然而，一次次的失败并没有让他放弃，反而使他越挫越勇。也正是因为他坚韧的性格和不懈的努力，在他52岁时，终于成功地当选为美国第16任总统。

无论是面临生命中的任何问题抑或是面对生活中的任何困难，我们都应该牢记我们的命运掌握在自己的手中，只要我们不断地去努力，我们不仅可以改造我们的性格，更能改变我们的命运。

改变命运需要付出艰辛的努力

命运需要主动，性格需要打磨，要改变命运就要付出艰辛的努力。

自然状态下的铁矿石几乎毫无用处，但是，如果把它放入熔炉铸造后进一步提纯，再进行锤炼和高温锻冶，放入一个流筒模型之中，它就能制成优良的器具。

性格也一样，只有不停地打磨，克服不良的性格，实现性格优化，才能发挥它的作用，才能帮助自己获得成功。当然，这其中所需要付出的努力也可想而知。

海伦刚出生的时候，是个正常的婴孩，能看、能听，也会咿呀学语。可是，一场疾病使她变成既盲又聋的小聋哑人，那时，海伦刚刚一岁半。

这样的打击，对于小海伦来说无疑是巨大的。每当遇到稍不顺心的事，她便会乱敲乱打，野蛮地用双手抓食物塞入口里。若试图去纠正她，她就会在地上打滚，乱嚷乱叫，简直是个十恶不赦的"小暴君"。父母在绝望之余，只好将她送至波士顿的一所盲人学校，特别聘请沙莉文老师照顾她。

一次，老师对她说，希腊诗人荷马也是一个盲人，但他没有对自己丧失信心，而是以刻苦努力的精神战胜了厄运，成为世界上最伟大的诗人。如果你想实现自己的追求，就要在你的心中牢牢地记住"努力"这个可以改变你一生的词，因为只要你选对了方向，而且努力地去拼搏，那么在这个世界上就没有比脚更高的山。

从那以后,小海伦在所有的事情上都比别人多付出了 10 倍的努力。

在她刚刚 10 岁的时候,名字就已传遍全美国,成为残疾人士的模范,一位真正的强者。

若说小海伦没有自卑感,那是不确切的,也是不公平的。幸运的是,她自小就在心底里树起了颠扑不灭的信心,完成了对自卑的超越。

小海伦成名后,并未因此而自满,她继续孜孜不倦地努力学习。1900 年,这个年仅 20 岁,学习了指语法、凸字及发声,并通过这些方法获得超过常人知识的姑娘,进入了哈佛大学拉德克利夫学院学习。

海伦不仅学会了说话,还学会了用打字机著书和写稿。她虽然是位盲人,但读过的书却比视力正常的人还多。而且,她著了 7 册书,她比正常人更会鉴赏音乐。

这个克服了常人"无法克服"的残疾的人,其事迹在全世界引起了震惊和赞赏。她大学毕业那年,人们在圣路易博览会上设立了"海伦·凯勒日"。

她始终对生命充满了信心,充满了热爱。

第二次世界大战后,海伦·凯勒以一颗爱心在欧洲、亚洲、非洲各地巡回演讲,唤起了社会大众对身体残疾者的注意,被《大英百科全书》称颂为有史以来残疾人士中最有成就的由弱而强者。

美国作家马克·吐温评价说:"19 世纪中,最值得一提的人物是拿破仑和海伦·凯勒。"身受盲聋哑三重痛苦,却能克服残疾并向全世界投射出光明的海伦·凯勒,以及她的老师沙莉文女士的成功事迹,说明了什么问题呢?答案是很简单的:如果你在人生的道路上,选择信心与热爱以及努力作为支点,再高的山峰也会被踩在脚下,你就会攀登上生命之巅。

每一个人在现实生活中都不可能是一帆风顺的,改变我们性格中固有的缺陷固然不是一件容易的事情,但如果我们能将努力作为我们的支点,那么,我们肯定可以登上成功的高峰。

用性格来改变你的人生

心理学研究结果表明:一个人性格的好与坏在很大程度上对其事业成功与否、家庭生活幸福与否、人际关系良好与否起了决定性的作用。健全的个性是事业成功的基础、家庭幸福的根基、人际关系良好的基石。21 世纪是文化科技高速发展的时代,健全的个性是通向成功的护身符。

心理学家曾一再告诫世人:改善你的个性,健全你的个性,扼住命运的咽喉,做命运的主人。要改善自己的个性、健全自己的个性,前提是要认识自己的个性,找到自己性格中尚存在的缺陷，对症下药，为明天的成功铺一块基石。

欧玛尔是英国历史上著名的剑术高手，他有一个实力相当的对手，两个人互相挑战了30年，却一直难分胜负。有一次，两个人正在决斗的时候，欧玛尔的对手不小心从马上摔了下来，欧玛尔看见机会来了，立刻拿着剑从马上跳到对手身边，这时只要一剑刺去，欧玛尔就能赢得这场比赛了。欧玛尔的对手眼看着自己就要输了，因此感到非常愤怒，情急之下便朝欧玛尔的脸上吐了一口口水，这不但是为了表达自己的怒气，也是为了要羞辱欧玛尔。没想到欧玛尔在脸上被吐了口水之后，反而停下来对他的对手说："你起来，我们明天再继续这场决斗。"欧玛尔的对手面对这个突如其来的举动，感到相当诧异，一时间显得有点不知所措。

欧玛尔向这位缠斗了30年的对手说："这30年来，我一直训练自己，让自己不带一丝一毫的怒气作战，因此，我才能在决斗中保持冷静，并且立于不败之地。刚才，在你向我吐口水的那一瞬间，我知道自己生气了，要是在这个时候杀死你，我一点都不会有获得胜利的感觉。所以，我们的决斗明天再开始。"

可是，这场决斗却再也没有开始。因为，欧玛尔的对手从此以后变成了他的学生，他也想学会如何不带着怒气作战。

试想，如果当初欧玛尔因对手的那口口水而一剑刺向对手，那么，他肯定成不了历史上著名的剑术高手，他的剑术也会因他易怒的性格而大打折扣。所幸的是，他平时在改造自己易怒的性格上的努力最终让他不仅赢得了胜利和荣誉，更赢得了对手的友谊。

改变性格所带来的除了技艺的精湛和人际关系的和谐外，还往往能带来意想不到的商机，狮王牙刷公司的加藤信三便是很好的例子：

加藤信三是日本狮王牙刷公司的小职员。起床后，他匆匆忙忙地洗脸、刷牙，不料，急忙中出了一些小乱子，牙龈被刷出血来！加藤信三不由火冒三丈。因为刷牙时牙龈出血的情况已不止一次发生过了。他本想到公司技术部大发一通脾气，但走到半路上，他努力让自己的怒火平息下来，并开始回想自己刷牙的过程，才发现自己一直都太急躁，但同时加藤发现了一个为常人所忽略的细节：他在放大镜下看到，牙刷毛的顶端由于机器切割，都呈锐利的直角。"如果通过一道工序，把这些直角都磨成圆角，那么问题就完全解决了！"于是，加藤信三一改往日的急躁、粗心，在一次次试验后终于把新产品的样品正式向公司提出。公司很乐意改进自己的产品，迅速投入资金，把全部牙刷毛的顶端改成了圆角。

改进后的狮王牌牙刷很快受到了广大顾客的欢迎。对公司作出巨大贡献的加藤从普通职员晋升为科长，十几年后成了公司董事长。

第二节
良好的性格成就辉煌人生

由于一个人的命运是由他的性格所决定的，因此，良好的性格势必对我们能力的发挥，对我们的事业、爱情及人际关系都会起到积极的正面影响，而良好的性格也可以说本身就是人生一笔巨大的财富。

良好的性格是人生一笔巨大的财富

公元前 5 世纪初，雅典西南的洛里安姆银矿场开采出一条价值连城的优质银矿脉，而且，在极短的时间之内，这个新矿层就产出了好几吨纯银。

正因为有了这个在洛里安姆矿场意外发现的"世界宝藏金银之泉"，雅典才一跃成为地中海东部的海上霸主和希腊世界的领袖。不久，雅典还成为古典时期知识荟萃、艺术生辉的中心。一个宝藏的开掘改变了雅典的历史，铸就了西方文明的辉煌。

一个城市，乃至一个文明的诞生就是因为发现了一个矿藏。那么，如果我们每一个人都能像挖掘宝藏一样来挖掘上帝早已藏在我们内心的良好的性格，那么，我们也可以凭借我们的优良性格——这样一个宝藏来改变我们的人生。

成功的人在他成功的背后一定都有某些优良的性格在支撑着他。曾经有位美国记者采访晚年的投资银行一代宗师 J.P. 摩根，问道："决定你成功的条件是什么？"

摩根不假思索地说："性格。"

记者再问："资金重要还是资本更重要？"

摩根答道："资本比资金更重要，但最重要的是性格。"

摩根曾经成功地在欧洲发行美国公债，采纳无名小卒的建议轰轰烈烈地开展钢铁托拉斯计划，还曾经力排众议推行全国铁路联合……他的奋斗史、他的开创性伟业，根本上是源于他倔强、坚强和敢于创新的性格。

1998年5月,沃伦·巴菲特应几百名学生的邀请去华盛顿大学演讲。有学生问了他一个有趣的问题:"你怎么变得比上帝还富有呢?"

巴菲特回答说:"这个问题非常简单,原因不在智商。为什么聪明的人会做一些阻碍自己发挥全部功效的事情呢?原因在于他的习惯、性格和脾气。"

在这些成功人士的身上,我们很容易感觉到成功背后的性格力量,正如摩根和巴菲特对性格对于成功的重要性的肯定。最后,让我们一起来分享一句话:"妥善调整过的自己,比世上任何君王都更加尊贵。"这是因为良好的性格是人一生一笔巨大的财富。

博大性格:兼容并包的意境

关于博大,法国著名文学家雨果曾经说过这样一段既优美,又富有哲理的话:"世界上最宽阔的是海洋,比海洋更宽阔的是天空,比天空更宽阔的是人的心胸。"一个人若能有一颗博大的心,那么,他便能去包容,便有宽宏的度量,对于朋友所犯的过失就能不计前嫌、一如既往。

苏联卫国战争初期,德军长驱直入。在此生死存亡之际,曾在国内战争时期驰骋疆场的老将们,如铁木辛哥、伏罗希洛夫、布琼尼等,首先挑起前敌指挥的重担。时势造英雄,一批青年军事家,如朱可夫、华西列夫斯基、什捷缅科等,相继脱颖而出。这中间,老将们思想上不是没有波动的。

1944年2月,苏联元帅铁木辛哥受命去波罗的海,协调一、二方面军的行动,什捷缅科作为他的参谋长同行。什捷缅科早知道这位元帅对总参部的人抱怀疑态度,思想上有个疙瘩,心想:"命令终归是命令,只能服从了。"等上了火车,一场不愉快的谈话开始了,铁木辛哥先发出一通连珠炮:"为什么派你跟我一起去?是想来教育我们这些老头子,监督我们的吧?白费劲!你们还在桌子底下跑的时候,我们已经率领着成师的部队在打仗,为了给你们建立苏维埃政权而奋斗。你军事学院毕业了,自以为了不起了!革命开始的时候,你才几岁?"这番批评,已经近乎侮辱了,但什捷缅科却老实地回答:"那时候,刚满10岁。"接着又平静地表示对元帅非常尊重,准备向他学习。铁木辛哥最后说:"算了,外交家,睡觉吧。时间会证明谁是什么样的人。"

"时间证明论"最终被证明是对的。他们共同工作了1个月后,铁木辛哥突然说:"现在我明白了,你并不是我原来认为的那种人。我曾想,你是斯大林专门派来监督我的……"

也许一个人的气量是大是小,在心平气和时较难鉴别,而当与他人发生矛盾和争执时,就容易看清楚了。气量宽宏的人,不把小矛盾放在心上,不计较别人的态度,待人随和;而气量狭小的人，则往往偏要占个上风，讨点便宜。还有的人在和别人的争论中，当自己处于正确的一方，成为胜利者的时候，则心情舒坦，较为愿意谅解对方；但当自己处于错误的一方，成为失败者的时候，则往往容易恼羞成怒，对人家耿耿于怀，这也是气量小的一种表现。朋友之间的争论是常有的，一个真正博大的人，不应该因为别人和自己争论问题而对人家耿耿于怀，更不应该因为别人驳倒了自己的意见而恼羞成怒。在我们日常生活的为人处世中，博大能让我们如鱼得水，在大事上，博大更是能成为解决一场纷争的关键。

美国总统麦金利，因为用人问题，遭到一些人的强烈反对。在一次国会会议上，有位议员当面粗野地辱骂他。他极力忍耐，没有发作。等对方骂完了，他才用温和的口吻道："你现在怒气应该平息了吧，照理你是没有权利这样责问我的，但现在我仍然愿详细解释给你听……"他的这种让人姿态，使那位议员红了脸，矛盾立即缓和下来。试想，如果马辛利得理不让人，利用自己的职位和得理的优势，咄咄逼人进行反击的话，那对方绝不会服气的。由此可见，当双方处于尖锐对抗状态时，得理者的忍让态度，能使对立情绪降温。

一个成就大事的人，往往有着宽广的胸怀、博大的心胸，就像大海一样，有容乃大，一个人也会因为博大而包容一切，进而赢得成功。在历史上，由于博大而建功立业的名人不在少数，唐太宗李世民便是这其中的一位。

唐朝的"大"，离不开他的构建者——唐太宗，他是中国最杰出的英明君主之一，为中国开创了长达130年的黄金时代。

然而，唐太宗何以能取得如此成就呢？归根结底，还在于他性格的博大。唐太宗性格平静淡泊，内心敏慧，外表清朗，这一基本性格特征促使了他性格的博大，就像水一样随物赋形，变化万千，终于形成了大海。因此，他仁慈之时，对下属像父母对待子女一般；残忍之时，即使是兄长他也毫不留情。唐太宗的这一性格特征使他能游刃有余地应对任何复杂的事件。关于他性格的博大可以从下面几点看出：

唐太宗博大的胸襟，开创了贞观时君主虚心听谏和臣下仗义执言的一代新风，这在封建社会历史上是难能可贵的。

他一方面迫切求谏，想把朝政治理好，一方面也想维护自己的尊严，两者不可避免地发生冲突和矛盾。唐太宗时常处在这两种矛盾的交锋之中，同时也是在他性格中的"大"与天性中的"小"的厮杀之中。早期的唐太宗总是能以他天空般辽阔的胸怀来接受臣下的批评，他深谙"得道者多助，失道者寡助，寡助之至，亲戚叛之；多助之至，天下顺之"的道理。当大臣们的谏诤言辞激烈，有切肤之痛时，太宗也时有大怒，但他的博大还是占了上风。相信他和名臣魏征的君臣故事很多人都耳熟能详了，但唐太宗并非就对魏征一人博大，对别人也一样。

唐太宗大宴群臣，诗兴大发的他即席挥毫，赋得一首宫体诗。兴头儿上的太宗命大臣们奉和，最先被点到的是虞世南。虞世南当众毫不掩饰地说："陛下的大作果然不同凡响，刻意求工，神采飞扬，但诗的内容却不高雅，为臣实在不敢奉和。俗话说'上有所好，下必甚焉'，臣担心此诗传出宫去，天下争相模仿，浮华之风席卷而来，那后果是不堪设想的，因此，臣不敢遵命。"正在自鸣得意的太宗，被虞世南当着无数大臣的面儿泼了一盆冷水，当时的难堪可想而知，可是他还是及时地反省了自己。他知道虞世南的话很有道理，天下太平，不能不居安思危，盛宴欢歌将会挥霍民脂民膏，多少个朝代的败亡正是源于奢华。沉默片刻的太宗，不但没有生气，反而对虞世南进行了奖励。

唐太宗博大的胸怀在民族政策上更具王者风度，表现了居高临下、宽和仁厚的包容力。唐朝是中国多民族国家形成的重要历史阶段，而这一历史进程的开端，就是在唐太宗时期奠定的。唐太宗以泱泱大国的气势征服了周边国家，用他博大的胸襟把各个民族团结在大唐帝国周围。于是，京都长安不仅是国内各民族的大都会，也成了世界性的大都会，形成万国来朝的鼎盛时代。此期间，国家实现了统一，版图空前扩大，中国封建社会登上了"治世"的巅峰，其政治之清明，国家之强盛为历代封建王朝所罕见。

海纳百川，有容乃大，一个没有博大心胸的人是成就不了大事的，从现在开始，从我们身边的一点一滴开始，注重培养我们博大的性格，用我们博大的心来包容世间万象。

顽强性格：在逆境中崛起

人的一生是不可能一帆风顺的，总会存在着这样或者那样的挫折和困难。也正因为如此，很多人在面对挫折与困难时丧失了挑战的勇气，从此甘于平庸；而有些人则凭着自己顽强不屈的性格勇敢地挑战挫折和困难，并最终取得了胜利。

有一位智者曾经说过，你不可能遇到一个从来没有遭受到失败或打击的人。他也同样发现，人们的成就高低，和他们遭遇逆境、克服失败和打击的程度成正比。人生有两项重要的事实是非常明显的：第一，每个人都会遇到逆境。第二，失败中总有成功的契机，但是你必须自己去发掘。从这两项事实中，不难看出造物者要我们由奋斗中获得力量，领悟由弱而强的真义——逆境及失败使我们累积智慧、努力不懈，是一个人由弱而强的"金种子"。

还真有这么一个硬汉，在种种逆境中凭着一股顽强的斗志硬是渡过了所有的难关，并最终成就了一番事业。他14岁走进拳击场，满脸鲜血，可他不肯倒下；19岁走上战场，200多块弹头弹片，没有让他倒下；无数的退稿、无数的失败，无法打倒他；两次飞机失事，他都从大火中站了起来；最后，因不愿成为无能的弱者，他用猎枪打死了自己。他就是美国杰出的小说家、诺贝尔文学奖获得者海明威。

性格决定命运

1899年7月21日,海明威出生于美国伊利诺伊州芝加哥市郊的橡树园镇,他10岁开始写诗,17岁时发表了他的小说《马尼托的判断》。上高中期间,海明威在学校周刊上发表作品。

14岁时,他曾学习过拳击,第一次训练,海明威被打得满脸鲜血,躺倒在地。但第二天,海明威还是裹着纱布来了。20个月之后,海明威在一次训练中被击中头部,伤了左眼,这只眼的视力再也没有恢复。

1918年5月,海明威志愿加入赴欧洲红十字会救护队,在车队当司机,被授予中尉军衔。7月初的一天夜里,他的头部、胸部、上肢、下肢都被炸成重伤,人们把他送进野战医院。他的膝盖被打碎了,身上中的炮弹片和机枪弹头多达230余片。他一共做了13次手术,换上了一块白金做的膝盖骨。有些弹片没有取出来,到去世都留在体内。他在医院躺了3个多月,接受了意大利政府颁发的十字军勋章和勇敢勋章,这一年他刚满19岁。

1929年,海明威的《永别了,武器》问世,作品获得了巨大的成功。成功后的海明威便开始了他的新的冒险生活。1933年,他去非洲打猎和旅行,并出版了《非洲的青山》一书。1936年,写成了短篇小说《乞力马扎罗的雪》和《麦康伯短暂的幸福生活》。1939年,他完成了他最优秀的长篇小说《丧钟为谁而鸣》。

日本偷袭珍珠港后,海明威参加了海军,他以自己独特的方式参战,他改装了自己的游艇,配备了电台、机枪和几百磅炸药,他在古巴北部海面搜索德国的潜艇。

1944年,他随美军在法国北部诺曼底登陆。他率领法国游击队深入敌占区,获取大量情报,并因此获得1枚铜质勋章。

海明威在他的作品中塑造了一系列"硬汉子"——打不败的人,这是海明威所追求的永恒的东西,这就是人坚毅的品格、顽强的精神。

他靠着顽强的性格战胜了一切在常人看来是不可能战胜的困难和挫折。就在他生命的最后,海明威鼓足力量,作了最后的冲刺。1952年发表的中篇小说《老人与海》给他带来了普利策文学奖和诺贝尔文学奖的崇高荣誉。《老人与海》中的老人是海明威最后的硬汉形象。那位老人遇到了比不幸和死亡更严峻的问题:失败,老人拼尽全力,只拖回一具鱼骨。"一个人并不是生来就要给打败的,你尽可以消灭他,可就是打不败他。"这是老人的话,也是海明威人生的写照。

其实,成功者并不一定都具有超常的智能,命运之神也不会给予他特殊的照顾。相反,几乎所有成功的人都经历过坎坷,都是命运多舛,而他们是从不幸的逆境中愤然前行。其关键在于成功的人有着顽强拼搏的性格,这种顽强的精神让他们在困难和挫折面前不会消沉、不会堕落,反而让他们越挫越勇,最后成为"真的猛士",并在历经艰难险阻、风风雨雨后收获了一片属于自己的阳光。

记住莎士比亚曾经写下的一句话:

"当太阳下山时,每个灵魂都会再度诞生。"

再度诞生就是你把失败抛到脑后的机会。恐惧、自我设限以及接受失败,最后只会像诗中所说的,使你"困在沙洲和痛苦之中"。你完全可以借着你的顽强来克服这些弱点,你要在你的心里牢记:每一次的逆境、挫折、失败以及不愉快的经历,都隐藏着成功的契机,上帝就是利用失败及打击来让我们变得更加顽强,从而能真正承担我们活着的使命。

个人尚且如此,那么一个民族呢?如果一个民族中缺乏顽强的性格,那么,就会过早地被迫退出历史舞台,只有强者才能立于世界民族之林。

有史以来,被压迫、被驱赶,简直是犹太人注定的命运。然而犹太人却产生过许多最可贵的诗歌、最巧妙的谚语、最华美的音乐。

对于他们,痛苦如春日的早晨,虽带霜寒,但已有暖意;天气的冷,足以杀掉土中的害虫,但仍能容许植物的生长!

也正是因为他们的民族性格中的顽强让他们挺过了战火纷飞的年代,走过了颠沛流离的岁月,最终建立了属于自己的家园。

自信性格:发动成功的引擎

心理学研究指出:自信是成功的首要必备条件。试想,一个人若连自己都不相信自己,别人又如何去相信他?一分自信造就一分成功,十分的自信就造就十分的成功。自信具有非常神奇的力量,它能在无形中激发超乎你想象的内在潜力,将不可能变为可能。

数千年来,人们一直认为要在 4 分钟内跑完 1.6 千米是件不可能的事。不过,在 1954 年 5 月 6 日,美国运动员班尼斯特打破了这个世界纪录。他是怎么做的呢?每天早上起床后,他便大声对自己说:"我一定能在 4 分钟内跑完 1.6 千米!我一定能实现我的梦想!我一定能成功!"这样大喊 100 遍,然后他在教练库里顿博士的指导下,进行艰苦的体能训练。终于,他用 3 分 56 秒 6 的成绩打破了 1.6 千米长跑的世界纪录。

有趣的是在随后的 1 年里,竟有 37 人进榜,而再后面的 1 年里更高达 200 多人。

自信能如此神奇地激发人的潜能,当你面对也许从未面临过的情况时,当你的决定遭到周围人反对时,当别人说你不行时,一定不要自暴自弃,如果你认为你的选择、你的决定是对的,就一定要相信你自己。因为你的自信,上帝给你预备了一份别人得不到的礼物。

威尔逊在创业之初,全部家当只有一台分期付款赊来的爆米花机,价值 50 美元。第二次世界大战结束后,威尔逊做生意赚了点钱,便决定从事地皮生意。

而当时在美国从事地皮生意的人并不多，也不知道前景会怎样，而且他的亲朋好友都对此并不看好。

而威尔逊则对此有自己的看法，他认为以后的几年将是美国经济发展的新时期，地皮一定会很有发展。

于是，出于自信，威尔逊用手头的全部资金再加上一部分贷款在市郊买下很大的一片荒地。这片土地由于地势低洼，不适宜耕种，所以很少有人问津。可是威尔逊亲自观察了以后，还是决定买下这片无人问津的荒地。他的预测是：美国经济会很快繁荣，城市人口会日益增多，市区将会不断扩大，必然向郊区延伸。在不远的将来，这片土地一定会变成黄金地段。

后来的事实正如威尔逊所料。不出3年，城市人口剧增，市区迅速发展，大马路一直修到威尔逊买的土地的边上。这时，人们才发现，这片土地周围风景宜人，是人们夏日避暑的好地方。于是，这片土地价格倍增，许多商人竞相出高价购买，但威尔逊不为眼前的利益所惑，他还有更长远的打算。后来，威尔逊在自己的这片土地上盖起了一座汽车旅馆，命名为"假日旅馆"。由于它的地理位置好、舒适方便，开业后，顾客盈门，生意非常兴隆。从此以后，威尔逊的生意越做越大，他的假日旅馆逐步遍及世界各地。

其实，自信的人，并不是处处比别人强，而是对事有把握，知道自己的存在有价值，知道自己对环境有影响力。他具有较强的自我管理能力，懂得如何安排自己的优势与弱势。在自信的心态下，他的优势更容易激发出来。这样的人自我认识接近客观，又怀有积极情绪，人的整体状态会得到最佳组合。相信大家都知道"毛遂自荐"的故事吧！毛遂本是一个小小的门客，但他对自己有清醒的认识，并对自己非常有信心，最终通过自荐而为国效力，成为历史上的一段佳话。

当时，秦国大举进攻赵都邯郸，赵孝成王要平原君向楚国求救。

平原君打算带20名文武全才的人跟他一起去楚国。挑来挑去，只挑中19个人，他正在着急的时候，有个坐在末位的门客十分自信地站了起来，自我推荐说："我能不能来凑个数呢？"

平原君有点惊异，说："您叫什么名字？到我门下有多少日子了？"

那个门客用坚定而自信地语气说："我叫毛遂，到这儿已经3年了。"

平原君摇摇头，说："有才能的人活在世上，就像一把锥子放在口袋里，它的尖儿很快就冒出来了。可是您来到这儿3年，我没有听说您有什么才能啊。"

毛遂说："这是因为我到今天才叫您看到这把锥子。要是您早点把它放在袋里，它早就戳出来了，难道光露出个尖儿就算了吗？"

旁边的19个门客都认为毛遂在说大话，但平原君为他的自信和胆量所打动，决定带上毛遂一起去楚国。

楚王怎么也不同意出兵抗秦，眼看问题就快解决不了了，大家都很着急。这时毛遂不慌不忙，拿着宝剑，上了台阶，高声嚷着说："合纵不合纵，三言两语就可以解决了。怎么从早晨说到现在，太阳都直了，还没说停当呢？"他的语气中透出一股自信。

楚王被他坚定的语气震住了，便问平原君："这是什么人？"

平原君说："是我的门客毛遂。"

楚王一听是个门客，便骂毛遂说："我跟你主人商量国家大事，轮到你来多嘴？还不赶快下去！"

毛遂按着宝剑跨前一步，自信而不屈地说："你用不着仗势欺人，我主人在这里，你破口骂人算什么？"

楚王看他身边带着剑，又听他说话那股自信劲儿，有点害怕起来，就换了和气的脸色对他说："那您有什么高见，请说吧。"

毛遂说："楚国有5000多里土地，100万兵士，原来是个称霸的大国。没有想到秦国一兴起，楚国连连打败仗，甚至堂堂的国君也当了秦国的俘虏，死在秦国。这是楚国最大的耻辱。秦国的白起，不过是个没有什么了不起的小子，带了几万人，一战就把楚国的国都——郢都夺了去，逼得大王只好迁都。这种耻辱，就连我们赵国人也替你们害羞，想不到大王倒不想雪耻呢。老实说，今天我们主人跟大王来商量合纵抗秦，主要是为了楚国，也不单是为我们赵国。"这一番话当即打动了楚王，马上签订了合纵联盟，出兵攻打秦国。

勇敢性格：无所畏惧地挺进

生活中总是有那么多的"不可能"驻扎在我们的心头，无时无刻不吞噬着我们的理想和意志，让我们一步步在"不可能"中离自己的梦想和目标越来越遥远。其实，有太多的"不可能"只不过是一只只"纸老虎"，只要我们拿出勇气来主动出击，那么，"不可能"也会变为"可能"。

保罗·格蒂是石油界的亿万富翁，一位最走运的人，在早期他走的是一条曲折的路。他上学的时候认为自己应该当一位作家，后来又决定要从事外交工作。可是，出了校门之后，他发现自己被俄克拉荷马州迅猛发展的石油业所吸引，于是，他毫不犹豫地改行加入蓬勃发展的石油业。年轻的格蒂是有勇气的，但不是鲁莽的。如果一次失败就足以造成难以弥补的经济损失的话，这种冒险的事他从来没有干过。他头几次冒险都彻底失败了。但是在1916年，他碰上了第一口高产油井，这个油井为他打下了幸运的基础——那时他才23岁。

是走运吗？当然。然而格蒂的走运是应得的，他做的每一件事都没有错。那么格蒂怎么知道这口井会产油呢？他确实不知道，尽管他已经收集了他所能得到的所有事实。"总是存在着一种机会的成分的，"他说，"你必须乐意接受这种成分；如果你一定要求有肯定的答案，那你就会捆住自己的手脚。"

廉·丹佛说："冒险意味着充分地生活。一旦你明白它将带给你多么大的幸福和快乐，你就会愿意开始这次旅行。"

只有善于抓住机会，并有勇气适度冒险的人，才会获得事业上的成功。有些人很聪明，对不测因素和风险看得太清楚了，不敢冒一点险，失去了应有的勇气，结果聪明反被聪明误，永远只能"糊口"而已。实际上，如果能从风险的转化和准备上进行谋划，并且有足够的勇气，则风险并不可怕。

凡是要成大事者，都必须要像一只猛船在激流中挺进，这是因为——人生就像一条河，时而旋涡，时而平缓，时而湍急。你在河流当中，可以选择较安全的方式，沿着岸边慢慢移动；也可以停止不动，或者在旋涡中不停打转。如果你有足够勇气的话，你还可以接受挑战，用挑战来检测你的自信心。历史上有名的巴顿将军，就是用勇气成就了他的戎马一生。

1885年，巴顿诞生在一个军人世家，家庭环境的熏陶、正规的训练、先天的遗传基因，使巴顿与战争、军事结下终生不解的缘分。1906年，巴顿从美国著名的西点军校毕业，出任第1集团军第15骑兵团少尉，正式开始了军旅生涯。

巴顿杰出的军事才能和古代骑士般的勇敢顽强很快让他得到了美国军界要员的青睐，由于他的表现优秀，其军阶不断得到提升。

战争和战场是军人大展个人才能的最佳场所，也是将军成长的最好的摇篮。军人是战争的伴生物，军人的天职之一是制止战争、保卫和平，但军人并不惧怕战争，尤其是像巴顿这样有着勇猛性格的军人。

在第一次世界大战为数不多的战役中，巴顿表现出了军人的勇敢。他和士兵一起冒着枪林弹雨，冲锋陷阵。在大战结束前夕，巴顿肋部负伤，但他并没有因伤退出战场，反而在伤口尚未愈合时，急于返回战场。他的勇敢在战争中得到了最好的体现。

"一战"结束后，巴顿很失落，他渴望战争能再度带给他人生的追求。这也正是他的勇猛有余所带来的结果，这种结果体现在了他在"二战"中的再次辉煌。

第二次世界大战中，在盟军准备开辟第二战场时，巴顿出任了第3集团军司令。巴顿如鱼得水般地活跃在战场上，他简直成了欧洲战场上纳粹的克星，他出现在哪里，哪里便成为纳粹的坟墓。在消灭法西斯的最后战争中，巴顿和他的第3集团军参战时间为281天，一直保持着160多千米宽的进攻正面，向前推进了1600多千米，解放了上万座城镇和村庄，消灭、俘虏敌军近150万。这些第二次世界大战历史上的奇迹，既是人类军事史上辉煌的纪录,也是巴顿的骄人战绩。即使在"将星闪烁"的第二次世界大战期间,超过巴顿战绩的将帅也不过数人。连串的记录,再一次将巴顿推向了人生的顶峰。

在巴顿身上,尤其是作为将军的巴顿,勇猛是他突出的优点,是他生命中的闪光点,曾为他赢得了声望和名誉。在巴顿看来,勇猛似乎代替了一切,而且勇猛也确实让巴顿发挥了自己的才干,成就了他的辉煌的戎马一生。

诚信性格:生来一诺比千金

诚是一个人的根本,以诚待人,就是信义为要。精诚所至,金石为开。荀子说:"天地为大矣,不诚则不能化万物;圣人为智矣,不诚则不能化万民;父子为亲矣,不诚则疏;君上为尊矣,不诚则卑。"诚能化万物,也就是所谓的"诚则灵",这正说明了诚的重要性。古代有个叫卓恕的人,为人十分守信用。他曾从建邺回会稽郡老家,临走的时候与师傅诸葛恪约定,某日再来拜会。到了那天,诸葛恪守约设专宴等他。赴宴的人都认为从会稽到建邺相距千里,路途之中很难说不会遇到风波之险,怎能如期。可是,"须臾恕至,一座皆惊"。

诚信为天下第一品牌。以诚待人,是成大事者的基本做人准则。做人做事,都要讲"诚信"二字,养成诚实守信的习惯,这样才能获得成功的青睐。

李嘉诚作为香港首富,关于他的成功之道,已有很多书都做了记载。但其实他的核心成功秘诀只有一个字:诚。正如他所说:"我绝不同意为了成功而不择手段,如果这样,即使侥幸略有所得,也必不能长久。"他还经常这样教导他的子女:"一生之中,最重的是守信。我现在就算再有10多倍的资金也不足以应付那么多的生意,而且很多是别人主动找上门来的,这些都是为人守信的结果。对人要守信用,对朋友要有义气,今日而言,也许很多人未必相信,但我觉得'义'字,实在是终生用得着的。"

也许,诚信可能会给我们带来一些眼前利益的损失,但它也必将为长远带来丰厚的回报。

1985年夏末,吴志剑怀揣800元钱,带着7个弟兄到深圳闯世界。一次意外的机会,吴志剑承包了华东商场。在他的苦心经营下,商场的生意日渐红火。于是吴志剑决定做一笔较大的生意,这便是经营电冰箱,销往东北的哈尔滨和大庆等地。产品销出后不久,有了反馈信息。有的顾客说噪音大,制冷效果不理想。吴志剑和7个弟兄一起研究这个问题。根据合同规定的,对方已经验货,责任就该自负,吴志剑他们没有责任。但是吴志剑认为:对顾客负责,就是对自己负责。问题的实质是冰箱的确有问题,应该对顾客负责。吴志剑决定全部予以退换。这一次就退换了17台,华东商场损失了上万元。

但事情并未就此结束,吴志剑的这一动作,感动了不少消费者,一下子美名传播开来。

一名港商得知此事后便慕名而来,一次就与吴志剑签订了 1 万台日立冰箱的合同,并且在合同上规定了"先销货,后付款"。吴志剑在这笔生意中获利丰厚。

此后不久,吴志剑又与日商签订了 15 万美元的活文蛤的合同。运送活文蛤的货轮因遭遇台风而未能按期到达,因时间拖延而使活文蛤大半死亡。吴志剑二话没说,首先想到客户的利益,马上组织力量收购活文蛤,而且高出原来价格的部分均由自己承担。吴志剑的这种行为使日商大为感动,日商把他们在中国 1000 万美元的订货业务全都委托给了吴志剑。吴志剑的诚信得到了巨额回报,成为商界争相效仿的楷模。

诚信的力量在商业领域是如此巨大,带给了那些讲诚信的商人无限的商机。而作为一个人,无论在什么事情上,都应该将诚信作为做人的第一准则。诚信的性格往往能从根本上体现出一个人的道德修养,凡成就大事者,没有一个不具有诚信的性格。美国著名的总统林肯便是一位以诚信而著称的名人。

林肯的一生都保持着谦逊诚信的品格,从来没有作践过自己的人格,从来不糟蹋自己的名誉。

1856 年,林肯正在竞选大厅演讲的时候,一个人一边喊叫着,一边离开了大厅:"我是不会听他的话的,因为我无论如何不会喜欢一个让我相信他超过相信我自己的人。"

当时,"诚实的亚伯拉罕·林肯"在美国,甚至到现在,都已经成为正义与诚信的代名词了。

当林肯刚进入法律界的时候,他还很贫穷。一天,一个邮局的负责人来拜访这位年轻的律师,因为林肯刚刚做过一段时间的邮政员,手头还有一笔邮局的钱,而这个人就是来跟他结清账目的。跟这位负责人同来的还有亨利博士,因为他相信林肯这时肯定没钱,所以准备特地来贷款给他。这时,林肯先出去了一会儿,他回到了自己的住处,然后很快就回来了,手里提着一个破旧的袋子,里面是邮局预付给他的 17.60 美元。林肯所要还给邮局的正是这个数目,并且正是当初给他的那些钱。对于不属于自己的金钱,林肯从来不肯动用,即使是临时动用。

"你得先预交 3 万美元。"他跟一个向他咨询关于一块土地纠纷案件的当事人说。"但是我弄不到那么多钱。""那我替你想办法。"林肯说。随后,林肯去了一家银行,告诉银行出纳说他要提 3 万美金,并补充说:"我一两个小时以后就会送回来。"出纳二话没说就把钱给了他,甚至连张收据都没填。

"除非他确信当事人的案子会赢,否则林肯先生是不会接手的。"伊利诺伊州斯普林菲尔德的一名律师这样说,"而且法庭、陪审团和检察官都知道,只要亚伯拉罕·林肯出庭,那他的当事人肯定是站在正义与诚信的一方。我并不是站在政治的立场上来说这番话的,因为我们属于不同的党派,事实的确如此。"

在林肯做店员的时候，也正是由于诚信的品质，才驱使他跑了 9.6 千米的夜路，去归还一位夫人的零钱，而不是等到下次找机会再还她。也正是因为如此，才使得"诚实的亚伯拉罕成为人性中最高贵品质的代表"。

林肯的盟友曾经从芝加哥给他发电报告诉他，只有保证能够同时获得两个敌对代表团的选票，他才有可能被提名为候选人，但是要想得到这两个选票，则必须向他们承诺在将来的内阁中都给他们一定的职位。林肯回答说："我不会同他们讨价还价的，也不会受制于任何势力。"他具有追求诚信与荣誉的个性，认为人格上的污点比伤疤还难看。

个性中的诚信是事业上最可靠的资本。如果一个人在刚踏入社会的时候，便决心把建立自己诚信的品格作为以后事业的资本，做任何事情，都无悖于养成诚信个性的要求，那么，即使他无法获得盛名与巨大利益，但终不至于失败。

谦虚性格：虚怀若谷的境界

一提到谦虚，也许会有许多人对于这个重要的品质不以为然。事实上，谦虚是一种积极有力的个性，如果妥善运用，能够使人类在精神上、文化上或物质上不断地提升与进步。

谦虚是人性中的美德，也是驯服人、驾驭人的最大要领。

楚汉相争中的刘邦就是因谦虚而赢得民心，打败了刚愎孤傲的项羽。刘邦首次见郦食其时，正让两位女子替他洗脚，郦食其责备他以长者的态度见人，刘邦马上停下，站起来表示感谢，并从此改变了傲慢的态度，而以礼对人。所以郦食其为他誓死效力。

不论你的目标为何，如果你想要获得成功，谦虚都是必要的个性。在你到达成功的顶峰之后，你会发现谦虚更重要。只有谦虚的人才能得到智慧。

为了启发人们谦虚处世，俄国的列夫·托尔斯泰也做了一个很有意思的比方："一个人就好像是一个分数，他的实际才能好比分子，而他对自己的估价好比分母，分母越大，则分数的值越小。"

伟大的科学家牛顿在他取得了科学领域的巨大成就之后，说出了这样一段话："在知识的海洋里，我只不过是大海边的一个玩童，时不时地拾起沙滩上的散落的珍珠和贝壳。"而当人们感叹他的成就时，他却谦虚地说道："我之所以看得比别人更远，是因为我站在巨人的肩膀上。"

因此，一个人不管自己有多丰富的知识，取得多大的成绩，推而广之，或是有了何等显赫的地位，都要谦虚谨慎，不能自视过高。应心胸宽广，博采众长，不断地丰富自己的知识，增强自己的本领，进而获得更大的业绩。如能这样，则于己、于人、于社会都有益处。

成功者尚且谦虚，更何况我们这些正为成功而拼搏的人呢？

成功以后的谦虚方显一个人的品格，而在成功之路上的谦虚则更让人觉得可贵，因为这时的谦虚往往会造就未来的成功。世界石油大王洛克菲勒的巨大成功，就是在他取得一个个小小的成功的基础上因为谦虚而不断进取的结果。

洛克菲勒在谈到他早年从事煤油业时，曾这样说道："在我的事业渐渐有些起色的时候，我每晚把头放在枕上睡觉时，总是这样对自己说：'现在你有了一点点成就，你一定不要因此自高自大，否则，你就会站不住，就会跌倒的。不要因为你有了一点开始，便俨然以为是一个大商人了。你要当心，要坚持着前进，否则你便会神志不清了。'我觉得我对自己进行这样亲切的谈话，对于我的一生都有很大的影响。我恐怕自己受不住成功的冲击，便训练自己不要为一些蠢思想所蛊惑，觉得自己有多么了不起。"正是这种谦虚的性格让洛克菲勒一直都没有停下拼搏的脚步，直到他成为世界石油大王。

真正的谦虚，是自己毫无成见，思想完全解放，不受任何束缚，对一切事物都能做到具体问题具体分析，采取实事求是的态度，正确对待；对于来自任何方面的意见，都能听得进去，并加以考虑。这样的人能做到在成绩面前不居功，不重名利；在困难面前敢于迎难而上，主动进取。他们的谦虚并不是卑己尊人，而是既自尊，也尊人。

一个容器若装满了水，稍一晃动，水便溢了出来。一个人若心里装满了骄傲，便再也容纳不了新知识、新经验和别人的忠言了。长此以往，事业或者止步不前，或者猝然受挫，故古人云："满招损，谦受益。"如果一个人懂得了用一颗谦虚的心去对待生活，不管是在成功的时候，还是在失败的时候，那么，谦虚一定会让他的生活更加充实，而他在人生的旅途中收获的也将不仅仅是成功。

富兰克林在他早年研究太阳热量的实验中，就已显示了他的通向科学的实践之路。他发现穿的衣服颜色越深，吸收的热量越多，而浅颜色的衣服则会反射太阳的热量，他为此专门设计出夏天穿的白色亚麻服装。而现在却很少有人知道这一原理的发现者是富兰克林。

尽管他的很多想法来自很多实验，但他从不为他的科学观点和其他科学家争辩。他说："我把这些留给世界，如果这些观点是对的，事实和实践会支持这些观点，如果这些观点是错的，那些反对这些观点的人应该证明出这些错误，并且放弃他们。"

在富兰克林之后的一代人从他的科学结果中获得了很多好处。在电子领域的实践，例如，非常著名的风筝和闪电的冒险经历，这使他于1752年发明了避雷针。

在随后的几年里，富兰克林继续从事他的政治活动。除了继续他的科学活动外，他成为争取自由和人权斗争的主要领导人。1776年，当英国殖民地的美国开始为独立而斗争时，富兰克林去法国做了美国第一任大使。在法国的9年里，他和欧洲的科学家建立了密切的联系。他甚至对征服天空产生了兴趣，因为他曾看见过氢气球飞上了天。

可以说，他的发明创造无所不有、无所不在。他发明了口琴、路灯。他是政治漫画的创始人，他作为游泳选手也很有名，他发现了墨西哥的海流，他提议夏季作息时间。他4次当选为宾夕法尼亚的州长。他制订出"新闻传播法"。他最先绘制出暴风雨推移图。他首先组织道路清扫部。他发现了电和放电的同一性。他是美国最早的警句家。他是美国第一流的新闻工作者，也是印刷工人。他创造了商业广告。他发明了两块镜片的眼镜。他是《简易英语祈祷书》的作者。他是英语发音的最先改革者。他发现人们呼出的气体的有害性，他最先解释清楚北极光，他还被称为近代牙科医术之父。他最先组织消防厅。他创设了近代的邮政制度。他设计了富兰克林式的火炉。他想出了广告用插图。他创立了议员的近代选举法。他为美国引入了黄柳和高粱。他发现了感冒的原因。他创造了换气法。他发明了颗粒肥料。

富兰克林是不可多见的世界伟人，但他非常谦虚，他曾在自己墓志铭的草稿上明确写下自己是印刷工人，这个墓志铭是富兰克林当印刷工人时所写的，当时他只有22岁："印刷工人本杰明·富兰克林的遗体，恰如表面已经破损、金字已经剥落的旧书封皮一样，为了成为虫食而躺在那里。可是，他的遗业是不会消失的，正如他所相信的那样，一定会由于作者的校订、改正，再次以新的形式、更加美丽的姿态出现。"

富兰克林为人类做出了那么多的贡献，一生却十分谦虚，不得不让我们对这位谦虚的伟人肃然起敬。

乐观性格：笑览众山小

所谓乐观，是指面对挫折仍坚信情势必会好转。乐观是让困境中的人不气馁、不沮丧的一种心态。乐观也和自信一样使人生的旅途更顺畅。乐观的人认为失败是可改变的，结果是能转败为胜的。悲观的人则把失败归咎为个性上无力改变的恒久特质。不同的解释对人生的抉择造成深远的影响。举例来说，乐观的人在求职失败时多半会积极地拟定下一步计划或寻求协助，即视求职的挫折为可补救的；反之，悲观的人会认为已无力回天，也就不思解决之道，亦即将挫折归咎于本身恒久的缺陷。

斯坦福大学心理学教授艾伯特·班特拉对能力感的乐观性颇有研究。他说："一个人的能力深受自信的影响。能力并不是固定产生，能发挥到何种程度有极大弹性。能力感强的人跌倒了能很快爬起来，遇事总是着眼于如何处理而不是一味担忧。"可见乐观是健康成长和良性发展的必要契机。

现实生活中，无限制增长的欲望、不满足现状的心态，还有那诸多数不清的烦恼与磨难，常常使人患得患失。因此，很多人抱怨命运，抱怨时运不济，抱怨人生多苦。

栽种一株快乐的花朵于心田。无论生活面临怎样的境地，人生遭逢怎样的磨难，请让快乐的花朵开放在心灵的原野上，让灵魂的舞姿如花之绰约，满载着花的芬芳。

牢骚满腹者，不妨转换一下心情，让乐观主宰自己，心情肯定会一下子好起来。

中国有一位著名的国画家俞仲林，擅长画牡丹。

有一次，某人慕名要了一幅他亲手所绘的牡丹，回去以后，此人高兴地挂在客厅里。

此人的一位朋友看到了，大呼不吉利，因为这朵牡丹没有画完全，缺了一部分，而牡丹代表富贵，缺了一角，岂不是"富贵不全"吗？

此人一看也大为吃惊，认为牡丹缺了一边总是不妥，拿回去预备请俞仲林重画一幅。俞仲林听了他的理由，灵机一动，告诉此人，既然牡丹代表富贵，那么缺一边，不就是富贵无边吗？

那人听了他的解释，觉得有理，高高兴兴地捧着画回去了。

同一幅画，换个角度去看，就产生了截然相反的看法，站在悲观的角度去看，看到的永远都只是事物不好的一面；而换一个角度，站在乐观的角度去看，则风景大不一样，你会从一个全新的角度发现事物好的一面。

有一位遭受癌症折磨的女青年，曾写下诗句：

你改变不了环境，但你可以改变自己；

你改变不了事实，但你可以改变态度；

你改变不了过去，但你可以改变现在；

你不能控制他人，但你可以掌握自己；

你不能预知明天，但你可以把握今天；

你不能样样顺利，但你可以事事尽心；

你不能延伸生命的长度，但你可以决定生命的宽度；

你不能左右天气，但你可以改变心情；

你不能选择容貌，但你可以展现笑容。

乐观不是你在顺利时候对未来美好的憧憬，而是你在逆境和困难面前的那份坚定的信念和露出的微笑，并且像诗中所写的那样，改变你能改变的。

正同一枚硬币有两面一样，人生也有正面和背面。光明、希望、愉快、幸福……这是人生的正面；黑暗、绝望、忧愁、不幸……这是人生的背面。乐观的人总是能看到事物光明的一面，因而会随时扭转败局而成功。

有一位日本武士，叫次木。有一次面对实力比他的军队强10倍的敌人，他决心打胜这场硬仗，但他的部下却表示怀疑。

次木在带队前进的途中，在一座神社前停下。他对部下说："让我们在神面前投硬币问卜。如果正面朝上,就表示我们会赢,否则会输,那么我们就撤退。"部下赞同了次木的提议。

次木进入神社,默默祷告了一会儿,然后当着众人的面投出了一枚硬币。大家都睁大了眼睛看——正面朝上!大家欢呼起来,人人充满了勇气和信心,恨不能马上就投入战斗。

最后,他们大获全胜。一位部下说:"感谢神的帮助。"

次木说道:"是你们自己打赢了战斗。"他拿出那枚问卜的硬币,硬币的两面都是正面!

如果我们也要像次木那样去赢得我们的人生,那么,我们绝不能将眼光仅仅停留在那些消极的事物上,那只会让一个人自卑、沮丧而失败。永远看到事物美好的一面,让乐观来伴随我们的人生。

刚毅性格:不屈的动力

钻石可谓是自然界最坚硬的物质了,它不仅坚硬无比,更是光芒四射,就因为钻石的光芒和它的无坚不摧,所以钻石价值连城。而人若具有钻石一样无坚不摧的性格,像钻石一样刚毅,那么,成功也肯定已经离他不远了。

也许会有许多人把自己的成功与失败归咎于运气,而刚毅的人却相信自己的努力。刚毅型的人多是主动去寻找成功的机会,他多有自强不息的精神和积极向上的心态,这也是刚毅型性格的人容易成功的最大原因。

尤其是在困难面前,刚毅的性格更能够使人表现出超越常人的一面,它能使一个人在经历重重磨难的洗礼后迎来新生的太阳。

珍妮特·李是一位世界顶尖的桌球女选手。她在美国女子职业撞球联盟中征战不到1年,便成为世界10位顶尖女子职业球手之一。

可是谁又能想象这样辉煌的背后,她曾经受到过的磨难呢?她4岁患肿瘤,11岁腿上生脓肿,12岁发现得了脊柱侧弯,13岁在脊椎里埋植了两根钢条。之后她又因颈部椎间盘突出、肩膀二头肌腱炎等经历了多次手术。至今她仍不能弯腰,也无法扭动身子。但她还是重新站了起来,并且恢复得令人难以置信。用她自己的话来说,上天如此安排,不是为了压垮她,而是让她在爬起来之后有柳暗花明的一刻。

她能取得今日的成就,不仅仅是因为天赋,最重要的是坚持到底的信念。生活中每个人都会经历许多挫折,有的人会选择屈服让步,有的人却坚持要走到最后。昔日遭受的重重苦难并不能阻挡珍妮特·李对台球的热爱和追求。相反,她认为上天如此安排也许正是对她的眷顾——是为了让她一次次地爬起来,让她的意志和信念磨炼得比金属支架更加刚毅。

刚毅的性格一旦形成，便会对人的一生产生巨大的影响，并且会给他人留下深刻的印象，而成大事者具备了刚毅的一面更加能力挽狂澜。被誉为"铁娘子"的撒切尔夫人就是这样的一个人。

在英国现代史上，撒切尔夫人作为唯一的女性首相而闻名于天下。她以果断刚毅、毫不妥协的工作作风被人们誉为"铁娘子"，不仅在英国政界，而且在国际政治舞台上获得了极高的评价。

撒切尔夫人原名玛格丽特·希尔达·罗伯茨，她的父亲对她成长的影响非常大，父亲常教导她做事必须有目标、有自己的主意，不能跟着别人走。

从牛津大学毕业后，玛格丽特已经是保守党组织活动的积极分子，1946年被推举为保守党俱乐部主席，后来正式加入了保守党。她深受保守党的政治熏陶，钦佩丘吉尔首相，立志要做丘吉尔那样的人。但她深深地知道，在英国这样一个传统观念浓厚的国度里，一个女人跻身政界，在男人一统天下的国度里要想获得一席之地是很困难的，但对她来说也意味着更富有挑战性。

1959年，撒切尔夫人成为保守党下院议员。这是她迈向理想的人生之路的第一步。1971年，撒切尔夫人出任英国教育大臣，成为保守党历史上第二个进入内阁的女性。

任职以后，她针对教育中的弊病提出了各种改进意见。但她的教育政策为很多人所不喜欢，甚至触犯了众怒。但撒切尔夫人并没有因社会舆论和各界的压力而改变初衷，她说："我照旧会做下去。"

1975年，她竞选保守党领袖获得成功，成为首相的候选人。大选的结果是保守党以压倒性的优势取胜，撒切尔夫人成为英国历史上第一位女首相。在英国历史上，前后共有6位女王入主英国王室，而上、下两院、政府是清一色的男性，撒切尔夫人成为唐宁街10号的主人，这成为英国政治史上的一件大事。

1990年年底，撒切尔夫人已经当了11年半的首相。人们对这位"铁娘子"的看法多种多样，英国经济的改观不大，人们对她的"铁"作风表示疑虑。在保守党内，由于在工作上的专断、听不进不同的意见，她在党内的威信已有所降低。

1990年首相竞选，撒切尔夫人正在法国进行访问期间得知自己因仅差4票没能获得压倒的优势的消息。整个访问期间，撒切尔夫人都表现出一个职业政治家的高度的自我克制力。她对身边的工作人员说，她要继续参加下一轮竞选。撒切尔夫人的刚毅性格使人相信，不到最后一刻她是不会放弃的。回国后，撒切尔夫人为挽回败局，作了种种努力，但得到的支持并不多，她感到了前所未有的失望和孤立。1990年11月22日，撒切尔夫人宣布不参加第二轮竞选。

撒切尔夫人是20世纪国际政治舞台上的风云人物,也是杰出的女政治家。"铁娘子"的称谓,展示了她固有的刚毅个性。

精细性格:赢在细节

精细性格,精细而明达。

这一性格的人精于盘算,细于筹划,他们冷静而机智,客观而善变。他们总是十分务实,不善虚谈,他们又常常能以小见大,由一点一滴盘算筹划出大江大海,而且非常注重不被常人所关注的细节。具有这种性格的人往往能从细节中获得机遇,从而赢得商机或取得成功。

对于细节的重要性,西方有一首民谣对此做了形象的说明:

丢失一个钉子,坏了一只蹄铁;
坏了一只蹄铁,折了一匹战马;
折了一匹战马,伤了一位骑士;
伤了一位骑士,输了一场战斗;
输了一场战斗,亡了一个帝国。

名人之所以为名人,其实没有什么特别的原因,他们只不过是比普通的人更多地注重一些细节问题而已。

密斯·凡·德罗是20世纪世界上最伟大的建筑师之一,在被要求用一句概括的话来描述他成功的原因时,他只说了5个字:"魔鬼在细节。"这强调,不管你的建筑设计方案如何恢宏大气,如果对细节的把握不到位,就不能称之为一件好作品。细节的准确、生动可以成就一件伟大的作品,细节的疏忽同样也会毁坏一个宏伟的规划。

看不到细节或者不把细节当回事的人,对事情只能是敷衍了事。这种人无法从细节中看到机遇。他们只能永远做别人分配给他们做的工作,甚至即便这样也不能把事情做好。而考虑到细节、注重细节的人,不仅认真对待工作,将小事做细,而且注重在做事的细节中找到机会,从而使自己走上成功之路,这其实也是贫富的差距所在。

现代商业的成败,在很大程度上已经由细节来决定了,这就从客观上要求人们具有精细性格。只有一个具有精细性格的人才能注意到细节问题,将眼光放在很重要的小处,从而防微杜渐。这种性格的人很适合从商,因为他们具备作为一个成功商人所需要的细心与精明。世界上不少成功的商人无疑都具备了精细的性格。

洛杉矶奥运会组委会主席尤伯罗斯可谓商界奇才，在洛杉矶奥运会的筹办中显示出他惊人的才华。洛杉矶奥运会成为世界历史上第一个由私人而不是由政府承办的奥运会，奥运会盈利1.5亿美元，改变了以往历史上奥运会巨额亏损的局面，这一切得益于尤伯罗斯的精于计算和缜密的筹划。

1937年，彼得·尤伯罗斯出生于伊利诺伊州的埃文斯顿，父亲是个房产主。他的母亲很早就去世了，他是由姐姐和继母抚养长大的。他从小喜欢社会活动，他曾经移居过几个州，都参加过社会劳动。上高中时，他曾组织过夏令营的水上运动，后来他还担任了儿童俱乐部的管理人。

大学毕业后，尤伯罗斯到奥克兰机场工作。他干过很多事情，运行李、做广告、卖票、检票、到旅馆里去叫醒机组人员，这一切都令他感兴趣。

1962年，尤伯罗斯决定开始开办自己的企业。很快，他在好莱坞开创了一家国际运输咨询公司，在他的精明管理下，公司迅速发展起来。5年后，他买下了著名的"问梅斯特先生旅游服务公司"。几年后，他的旅游公司发展成为在全世界拥有200多个办事处，1500多名员工的北美第2大旅游公司，年收入约2亿美元。

1978年，在洛杉矶的一次会议上，国际排球协会主席沃尔帕和其他6人组成的市长委员会正在物色一个人物，这个人物必须有能力组织民间举办的1984年第23届夏季奥运会。民间组织奥运会，这是现代奥运史上的一个创举。

沃尔帕在审查候选人时忽然想起了尤伯罗斯，因为尤伯罗斯曾指责沃尔帕用"好莱坞式"办体育太浪费，他曾提出既节约又有实效的方法，但没有被沃尔帕接受。

1979年，尤伯罗斯就任组委会主席时，银行里连一个户头都没有。他用100美元设立了一个户头。组委会的办公室设在库尔沃大街的一个由厂房改建的建筑物内。

组委会只有200多名正式工作人员，而1976年的加拿大蒙特利尔奥运会有2000多名。来到这里的工作人员必须精明能干而且遵守纪律。否则，就会被坚决辞掉。

尤伯罗斯上台后公开宣称，政府不掏一分钱的奥运会将是有史以来财政上最成功的一次。他预计只需投资5亿美元，最多不会超过10%，而且还会盈利。这使得不少举办过奥运会的人目瞪口呆。1976年蒙特利尔奥运会亏损高达10亿美元。1980年的莫斯科奥运会耗资达90亿美元。

尤伯罗斯发现举办奥运会可以充分发挥现有的设施，对于需要搞新建设的，各个项目可直接由赞助者提供最优秀的设施。

尤伯罗斯在100多家赞助者中选定了23家赞助公司。其中包括准备花900万美元整修纪念体育场的大西洋西奇弗尔德公司，投资500万建造新游泳池的道格拉斯公司和可口可乐饮料公司、列维服装公司、联合航空公司等著名公司以及颇具影响的美国《体育画报》。他们许诺将使洛杉矶奥运会使用最先进的体育设施。

尤伯罗斯与美国全国广播公司签订了最大一笔协议，他反复研究和计算了前两届奥运会电视转播的价格以及美国电视台各种广告的价格，最后以 2.5 亿美元的高价，把奥运会的电视转播权卖给了美国全国广播公司。尤伯罗斯还以 7000 万美元的价格把奥运会的广播转播权卖给了美国、欧洲、澳大利亚等。从这开始，广播电台免费转播体育比赛的惯例被打破了。

通过电视转播，几乎全世界的人都观看了这届奥运会。

在奥运会结束之后的记者招待会上，尤伯罗斯宣称奥运会将有盈利。后来经过统计，该届奥运会盈利 1.5 亿美元。

尤伯罗斯以他精明的头脑，细致的分析和计算，成为人们所称道的商界奇才。他把体育和经济紧紧地联结在一起，为奥运会今后的发展创造了奇迹。

第三节
别让不良性格毁了你

所谓性格障碍，是指人们在自我开放中常常出现的气质障碍和性格障碍，如抑郁质的人易表现孤僻乖戾、不善交际的弱点，黏液质的人易表现优柔寡断、缺少魄力的弱点，以及多血质的人缺乏毅力，胆汁质的人办事武断、鲁莽等弱点。这种性格障碍的具体症状是：表面上他们仍过着正常人的生活，但深入接触后，便会发现这些人很怪。比如与人开始接触时还客客气气，一旦熟悉后就经常过度亲密或过度要求对方，甚至动不动就发怒。

缺陷性格使你的人生充满缺陷

有缺陷性格的人有一个奇怪的地方，就是一会儿跟别人非常亲密，一会儿又突然转变方向，怒目相视，从一个极端跳向另一个极端。有性格障碍的人不会体谅别人的感觉和心情，非常自私、任性，也因此面临着自我统一困难及心理混乱的问题。此外，他们缺乏信心，经常处于情绪不安定状态。

卡利斯丁说过一句名言："在诸多的成功因素中，性格是最重要的。"成功者必然有他成功的理由，而且成功者的成功固然是与他良好的性格分不开的。倘若一个人的性格存在着这样或那样的缺陷，那么，他的人生也必将受到这些性格缺陷的影响，甚至，在关键的时刻，这些性格缺陷会对人生起决定性的作用，成为阻碍我们发展和成功的绊脚石。

正如良好的性格能成为人生走向成功的助推器一样，缺陷性格也能成为人生走向成功的拦路虎。

例如，有自我毁灭性格障碍的人是很可怕的，他们特别容易出现自杀等冲动性的自我毁灭行动。虽然基本上他们并不是真正想死，但还是经常造成无法挽回的身体损害。另外，有这种性格障碍的人，会为了逃避现实而滥用药物或酗酒、乱性、浪费金钱、过度饮食或拒食,有意用外物伤害身体。有的人甚至故意违反交通规则,引发交通事故。

而有着自卑性格障碍的人由于在意识层次上无法掌握自己,无法给予自己适当的评价,因此产生心理的不安定。这种不安定,也就是自我同一性、自我认同发生障碍,可能导致行动与感情出现异常。

这种人由于搞不清楚自己到底有什么长处、什么短处,所以无法让自己得到定位和认同。换句话说,他们的自我形象非常破碎、无法统一,因此陷于不安。有时会突然出现夸大妄想的行为,借此提高自己的价值,让心理获得稳定。但有时这种自我防卫的做法露出马脚,反而让当事人更加无助和茫然。

就性格本身而言,没有绝对的好坏之分,每一个人都同时具备好几种性格,甚至有些性格会矛盾地共存,而每种性格都有其一定的优缺点。如果我们想获得人生的成功,那么首先就应该从克服性格中的缺陷开始。

狭隘性格:中了恶魔的诅咒

狭隘的人,其心胸、气量、见识等都局限在一个狭小范围内,不宽广、不宏大。心胸狭隘的人,他们只听得好而听不得坏,只能接受成功而不能接受失败,稍遇挫折、坎坷和不如意,就出现过激行为,导致对自己、对他人的损害,给家庭、社会带来损失。

年轻男女如果在成长过程中受多方面因素影响而形成狭隘心理,就会严重影响他们的生活和交往,成为身心发展的障碍。心胸狭隘的人的眼中是容不下一粒砂的,他们总是喜欢斤斤计较自己的得失,总是拿自己与他人比较,一旦发现别人比自己强,他们就受不了,他们就会想方设法让他人跌下阵来,因此,一个心胸狭隘之人由于他气量狭小,往往在日常的人际交往中极易与人发生矛盾、甚至冲突,具体表现为:

1.思想狭隘,认识偏激

有人把思想狭隘、认识偏激比做青蛙的坐井观天是十分贴切的。这种人是只把自己的见识局限在一个狭小的范围里,眼界不能放开,思路不能展开,只凭以往的(或传统的)心理暗示和经验来观察、分析问题。

具有这种性格的人,一般是思想守旧,性格固执,眼界狭窄,缺乏全面的文化修养,看问题片面,只能从主观角度偏激地认识和分析问题,而不能看到问题的另一面的人。

这种性格的后果,如果是普通的人,只是对某些现象品头论足,有点偏见倒也无妨,至多是他自身或家人因他思想狭隘而受到损失;如果是握有一定权力的人,那就将危及他所主管的部门，甚至更大范围，给事业造成难以弥补的损失。可见思想狭隘、认识偏激所造成的危害之严重了。

2. 行为狭隘，交往面窄

狭隘和自私如同"孪生姐妹"。狭隘的人把目光投向自己，他们唯我独尊、固执己见，时时处处都从自己的利益出发，在交往中更是极力排斥"异己"，其结果落得个门庭冷落。心胸狭隘之人容不下别人比自己强，嫉妒超过自己的人，他们只愿和不如自己的人交往，其结果导致自负心理的增强和交际圈的大大缩小，随之而来的是孤独、寂寞和空虚的困扰。而孤僻、猜疑等不良心态是形成心胸狭隘的主要因素。

狭隘的性格一旦形成，将对一个人的一生产生非常不利的影响。一个再优秀的人，若他的心胸狭隘，容不下他人，接受不了他人，那么，这个人一定难成大器，就算他已小有成就，而终有一天，这些小小的成就也会因为他的狭隘性格而毁于一旦。明朝宰相李善长就是因为性格狭隘而自酿人生悲剧的。

宰相肚里能撑船，确实是至理名言。明朝宰相李善长虽功劳赫赫，荣登宰相宝座，但因其狭隘性格，终落得个被逼自杀，家属70余人被赐死的结局。还是刘基对李善长掐算得好："志大量小，后事难料。"

李善长，字百室，公元1314年生，定远人。李善长出生于衣食无忧的小地主家庭，早年读过一些书，虽不能说精通文墨，但却懂得治乱之道。他为人很有心计，也很能干，在地方上颇有威望。据记载，他从小就有雄心大志，想干一番事业。

早年的他就跟从朱元璋，从朱元璋的幕府记室长开始便尽心尽力、忠谨之至，并最终得到了朱元璋无比的赏识和信任。当然，李善长也确实非常有才能，能文能武，并且屡屡为朱元璋立下汗马功劳。

公元1368年，朱元璋在南京正式宣布登基，国号大明，李善长主持了整个仪式。至此，李善长由刀笔小吏成为开国功臣，封为开国辅运韩国公，同时赐以铁券，可免死罪两次。在封赏的诰命上，朱元璋对李善长的功劳做了如下评价："东征西讨，目不暇给；尔犯守国，转运粮储，供给器杖，未尝缺乏；剸繁治剧，和辑军民，各靡怨谣。昔汉有萧何，比之于尔，未必过也。"

可见，当时朱元璋对李善长的评价是相当高的。然而，李善长随着职位的升高和权势的增强，其性格中的狭隘性也逐渐体现出来，并最终害人害己。

开国以后，李善长曾任丞相，势力很大，其亲信中书省都事李彬犯有贪污罪，当时由任御史丞的刘基调查这件事，李善长多次从中说情、阻挠，最后，刘基还是奏准了朱元璋，将李彬杀死。李善长怀恨在心，就暗设计谋，令人诬告刘基，自己还亲自弹劾刘基擅权，结果刘基只得回家避祸。参议李饮冰、杨希圣对他有冒犯之处，李善长就罗织罪名割了杨的鼻子和李的胸乳，导致二人一残一死。

这倒还罢了，他培植淮人集团的势力，将一个知县出身的胡惟庸一手提拔为丞相，后来胡惟庸擅权不法，贪污受贿，弄得朝野皆怨，引起了一些正直朝臣的反对。由于朱元璋用法残酷，胡惟庸恐怕被杀，就秘密组织了一场谋反活动，企图把朱元璋骗出宫来杀掉。谋反败露后，胡惟庸一党被株连杀死的有3万多人。李善长既是胡惟庸的故旧，又是他的推荐者，还与他有亲（李善长之弟跟胡惟庸是儿女亲家），本当连坐，朱元璋念他是开国勋臣，便免死贬谪，但后来还是以星相之变须杀大臣为借口赐死了李善长。李善长死时77岁，所有家属70余人，也尽行赐死。

李善长以功始而以罪终，这在中国历史上是极有代表性的，别说朱元璋对开国功臣大加杀戮，就是换一位"仁慈"的开国皇帝，像李善长那样性格狭隘、居功自傲、擅权自专，也必定是多行不义必自毙。

刚愎性格：众叛亲离终败北

刚愎自用的人往往都把自我看得很重，进而忽略了他人的存在。他们认为：自我就是我得第一，一切以自己为中心。在他们的心目中，个人利益是至高无上的。这些人往往听不进别人的意见，喜欢一意孤行，做事情只顾自己、不顾别人。

刚愎自用型性格与刚毅型性格乍一看上去有着表面的相似性。其实不然，具有刚愎性格的人往往把自己看得很重，在他们的视野内，没有可以与自己相提并论的人，他们中的很多人确实有才华、有能力，但他们不求进步，最终导致失败的命运。恃才傲物是他们的显著特征，他们自视甚高，不愿与别人交流，故步自封，最后难免出现悲剧性的结局。许多刚愎自用型性格的人都是曾有过很大贡献的人，但他们往往认为自己功勋卓著，听不进别人的意见，最终也难逃悲惨的结局。

关羽正是这种性格的典型代表。他一生战功赫赫，对刘备忠心耿耿，始终不渝；智勇盖世，过五关斩六将，屡战屡胜，所向无敌。但这些优点也导致了他刚愎自用的性格特征。"大意失荆州"的故事大家都很熟悉，正是关羽傲慢自大的性格使他忘乎所以、目中无人，才不可避免地导致了他的悲剧命运。

而在历史长河中，由于性格上的刚愎自用而最终导致人生的失败，甚至命运的悲惨的人又何止关羽一个呢？提起楚汉相争中的西楚霸王项羽，相信没有人不为他的四面楚歌及乌江自刎而深感可惜，而项羽这个人的死却死得那样的刚愎自用，一句"无颜见江东父老"，将他刚愎的性格在他生命的最后一刻展露无遗。

性格决定命运

项羽是刚愎自用的,他的刚愎自用还带着一些优柔寡断。因此,虽然他英勇顽强、所向披靡,堪称英雄,但仍然是匹夫之勇、妇人之仁。他的性格注定了他失败的命运,所以,楚汉相争,在一定意义上是性格之争。

在楚汉相争的初期和中期,刘邦实际上处于十分不利的地位,然而,项羽最终却失败了。项羽失败在很大的程度上可以说是性格悲剧。

刘邦虽然是个流氓,但他的性格中有许多别人无法比拟的优点,这种性格使他善于听信忠言,能够使用人才,为了大事可以不惜一切代价。项羽虽然是个英雄,但是,他的性格中有着致命的弱点,那便是:刚愎自用。而刘邦正是利用了他的刚愎自用的性格弱点战胜了他,并最终夺得了天下。

秦末农民战争中,刘邦和项羽是两支反秦武装的领袖,他们是战友,也是同盟军。

公元前206年10月,刘邦进据咸阳(今陕西咸阳东北)后,接受张良等人的劝告,与当地的百姓"约法三章",由此收买了当地百姓的民心。同年12月,项羽在经过巨鹿的浴血苦战消灭秦军主力后,率诸侯兵西抵函谷关。一看关门紧闭,又听说沛公已定关中,当即大怒,命黥布等人攻破函谷关,大军蜂拥而上,进驻鸿门。

被项羽奉为亚父的范增此时已看出了刘邦的野心,于是劝项羽于次日清晨消灭刘邦的势力。项羽有兵40万,号称百万;刘邦仅有10万,自然无法与项羽抗衡。正在这一紧要关头,项羽的叔父项伯连夜将实情告诉张良。项伯和张良原是好朋友,所以劝张良赶紧脱离刘邦,不要一起送死。张良认为"亡去不义",反而拉着项伯一起见沛公。刘邦立刻与项伯结成亲家,并听从项伯的建议,于次日清晨到鸿门向项羽请罪。

次日清晨,刘邦早早赶到鸿门,向项羽面谢,一番话语让项羽顿时犹豫不决,最后只得设宴接待刘邦。

在宴席上,范增好几次用眼睛示意项羽攻击沛公,项羽却毫无反应,范增只好离席找到项庄,对他说:"君主为人优柔不决,你进去以剑舞,寻找机会杀掉刘邦,不然,我们都会成为他的俘虏。"项庄于是入席敬酒,并借口:"军中无以为乐,请以剑舞。"随即拔剑起舞。项伯心知项庄舞剑,其意在杀沛公,遂起身对舞,以自己的身体翼蔽沛公。在营外担任警卫的樊哙急闯进来,大声责备项羽说:"沛公先破秦入咸阳,还军灞上,以待大王来……"一番话,说得项羽无言以对。过了一会儿,刘邦起身如厕,招樊哙出,将车骑随从留下,自己骑马,樊哙等人步行小道返回汉营,让张良对付项羽。项羽问沛公哪里去了,张良回答说,怕将军有意责备,故不辞而别,让我代为献上玉璧,项羽接受了这一礼物。张良又将玉斗献给范增。范增愤然撞碎玉斗,起身说道:"从今往后,我们都成了刘邦的俘虏。"

果然不出范增所料,不久,刘邦便利用项羽刚愎自用、优柔寡断、多疑的性格弱点,对他进行反间计,用一系列的计谋让他身边的忠臣良将一个个弃他而去,并最终落得了"四面楚歌""乌江自刎"的下场。

与刘邦相比，项羽的确具有更多的英雄特征。他勇猛善战、不畏艰难、性格直爽、恩怨分明、爱惜属下、讲究道义，有"力拔山兮气盖世"的美誉，但他的这些性格特征皆被他的刚愎自用抹掉了。他没有刘邦的柔韧、冷静、果断和博大，更没有刘邦的雄才大略，所以他中了刘邦的反间计，失去了一个个得力的助手和忠臣。

楚汉相争的这场性格之战就在项羽乌江自刎之时落幕了，但结果是一开始就注定的，项羽就这样因为刚愎自用而未能成为真正的霸王。

自负性格：膨胀出来的败局

有自负心理的人往往过高地估计个人的能力，失去自知之明。心高气傲的人，有的自视过高，总爱抬高自己、贬低别人，把别人看得一无是处，总认为自己比别人强很多；有的固执己见，唯我独尊，总是将自己的观点强加于人，在明知别人正确时，也不愿意改变自己的态度或接受别人的观点。自负的人一般很少关心别人，与他人关系疏远。他们经常从自己的利益出发，不太顾及别人。不求于人时，对人缺少热情，似乎人人都应为他服务，结果落得门庭冷落。

自负的人一般都有自负的资本，而这资本便是他优于他人的地方，但自负的人往往夸大自己优于他人的地方，看不到自身的短处和他人的长处。于是他们无限地自我膨胀，以自我为中心，不考虑他人。

每个人总是把自己看得很重要，但事实上，少了谁，事情往往都可以做得一样好。所以，自大的人历来就是成事不足、败事有余。你要切记这样一个道理：自大是失败的前兆。小说《三国演义》里刘备的大将关羽，重义气，忠心耿耿，勇猛过人，战功赫赫，被人们尊称为关公。但是他也有致命的弱点，那就是自负。刘备在成都称汉中王，把荆襄九郡的军政大权交给关公，可是他不听下属的正确建议，又把荆州这片战略要地给丢了。

自负的人通常是感性的，他们仅仅通过感觉、知觉、表象等认识的基本形式，对事物或形势进行表面性的判断，盲目地、自以为是地相信自己，最后的结果往往与预期的相去甚远，甚至截然相反。比如吕布，这位《三国演义》里武将中当之无愧的佼佼者，就是个自负的典型。当曹操兵临城下、敌众我寡之际，此君仍在貂蝉面前没心没肺地狂妄叫嚣着："汝无忧虑。吾有画戟、赤兔马，谁敢近我？"

狂傲自负的人在人生的旅途中很容易因为小小的成功而自我膨胀，一旦自我膨胀，他便会很快迷失方向，而此时，失败也就离他不远了。

在第二次世界大战中，涌现出许多杰出的人物。麦克阿瑟就是一位杰出的将军。美国前总统尼克松曾这样评价过麦克阿瑟："麦克阿瑟是美国的一个巨人，一个体现了传奇人物的一切矛盾的传奇式人物。他是善于思考的知识分子，又是威风凛凛、自负的军人；他是专制者，又是民主主义者；他天生口才好，演说时感染力很强，丘吉尔式的雄辩可以鼓舞千百万人——也使大多数自由派无招架之力。"

麦克阿瑟将门出生，他的父亲曾经担任入侵菲律宾的美军司令。他毕业于美国著名的西点军校。

第一次世界大战中，麦克阿瑟担任美军第42师参谋长，晋升上校军衔。他所在的师在欧洲战场战斗了大约4个月，因战功卓著，成为赫赫有名的部队。

1925年，麦克阿瑟被提升为少将，他是美国陆军中最年轻的将军。1930年，50岁的麦克阿瑟出任美国陆军参谋长，成为美国历史上最年轻的参谋长。他所创造的奇迹，更体现在他在第二次世界大战中的杰出表现。

在太平洋战役中，他提出了独特的"蛙跳战术"，即向几个重要目标的国家发动跳跃式进攻，集中兵力，打开一条通向日本东京的道路。当时，美国海军作战部部长欧内斯特·金和太平洋战区司令尼米兹都不同意他的计划。

麦克阿瑟没有顾及自己的处境和上下级的关系，坚持他的"蛙跳战术"，并获得了极大的成功。

"二战"后，麦克阿瑟对日本的政治、经济进行了大刀阔斧的改革，也取得了成就。

麦克阿瑟涉足政坛以来，他的自负个性使他与上级的关系及各届总统的关系都不融洽。

"二战"结束后，杜鲁门总统尽管对麦克阿瑟印象不佳，但仍相当重用他，他由此成为日本的绝对统治者。在没有经过华盛顿批准的情况下，擅自将驻日美军削减一半，杜鲁门对此大为恼火，两人关系极为紧张。战争结束后，杜鲁门两次邀请他回国参加庆典，均遭拒绝。

1950年秋天，仁川登陆后，麦克阿瑟继续扩大战线，把战火烧到了鸭绿江边，中国人民志愿军入朝参战，重创美军。由于军事上的失败，杜鲁门已经考虑停战了，但麦克阿瑟认为杜鲁门是"绥靖主义"，是"投降"，并公开指责他。

1951年4月，杜鲁门下令撤销麦克阿瑟的一切职务。

作为美国历史上杰出的五星上将，麦克阿瑟当之无愧是优秀的人物。"二战"中，他出任远东盟军统帅，以过人的胆识、坚强的意志，取得了令世人瞩目的战绩和荣誉。战争中，麦克阿瑟有叱咤风云、运筹帷幄的韬略，有临危不惧、亲临战场、出生入死的战争经历。

在实际工作中，他也有狂妄自大、唯我独尊的一面。他的狂傲自负、恃才傲物使他很难处理好上下级的关系，以致最后断送自己的前途。当他和艾森豪威尔一起竞选美国总统时，应该说凭着他的经历、战绩和他在美国人心目中的形象地位，他应该获胜，但最终人们选择了艾森豪威尔。从这点来看，人们更希望他们的总统是一位稳健的人物，他们放弃了因自负性格而不断引起争议的麦克阿瑟。

多疑性格：聪明反被聪明误

多疑的性格具体表现为过度的神经过敏，凡事总是疑神疑鬼。喜欢猜疑的人特别注意留心外界和别人对自己的态度，别人脱口而出的一句话很可能琢磨半天，努力挖掘其中的"潜台词"，这样便不能轻松自然地与人交往，久而久之不仅自己心情不好，也影响到人际关系。

多疑的人在生活中上演的就是一出悲剧，因为多疑，他会在生活中完全地丧失自我，总是以别人为生活的重心，总是会在一种不安宁的情绪状况中徘徊，总是将事实都建立在自己的假想之上。这种人一般很难有真正的朋友，因为他们的多疑会让和他们在一起的人感到巨大的压力，并且还会伴随着一种不确定的不安全感。当然，这从另一个方面来讲也严重地影响到了疑心重性格人的人际关系交往。

有猜疑心的人，往往先在主观上假定某一看法，然后把许多毫无联系的现象都通过自己自认为合理的想象拉扯在一起，以此来证明自己看法的正确性。为了能达到这一目的，他们甚至能无中生有地制造出一些现象。最后是越猜越疑，越疑越猜。

正如英国思想家培根所说："猜疑之心有如蝙蝠，它总是在黄昏中起飞。这种心情是迷惑人的，又是乱人心智的。它将最终导致一个人做错事情。"回顾历史，一代英雄曹操的身上就有猜疑这一典型性格。

曹操刺杀董卓不成，独自一人骑马逃出洛阳，飞奔谯郡，路经中牟县时被擒。县令陈宫慕曹操忠义，于是弃官与之一起逃亡。两人行至成皋，投曹父故人吕伯奢家中求宿。

吕伯奢一见曹操，非常高兴，又听说其刺董卓未遂，正遭缉拿，毫不犹豫带回家中。之后，转身出门，命4个儿子杀猪宰羊，自己则去4里（相当于2千米）外的集上打酒。

由于刺董之事，曹操终日紧张，加上他生性多疑，所以就没有真正静下来过，即使在吕伯奢的客堂里，他依然两耳高竖，坐立不宁。他刚喝完一杯茶，就听到了嚯嚯的磨刀声，侧耳再听，竟听有人说："马上堵了门，别让他跑了！"

多疑的曹操哪知道是在杀猪宰羊，他认为吕家人要报官杀害他，他心一横，拔剑出门。"好一群不顾大义的小人！"吕伯奢的小孙子正在瞪目瞅他，曹操却忽地一剑刺去，一股红流喷在胸部。曹操没有任何反应，仍是一剑一人地杀向后院。

提剑的曹操，见后院内吕伯奢的4个儿子正在捆猪，心中猛地一顿，知道自己杀错了人，但仍掷剑砍去。4剑之后，曹操觉得自己的身体突然软了下来，遂拄剑在地，闭目不语。良久，忽拔剑挺直，对天长笑："宁教我负天下人，休教天下人负我！"笑毕，一剑砍断马缰，手抓马鬃，跃身而上。

和"用人不疑，疑人不用"的领导法则相反，有些领导者对部属全然不信任，疑神疑鬼，总担心部属内通外鬼，担心部属夺权、造反、贪钱，不敢授权。于是，就像"防弊重于兴利"的施政态度一样，人才再多，也是徒然。

有些领导者和下属之间，平日看似合作无间，实则互信基础不稳，一旦患难或危急时刻，信赖感便破裂了，铸下悲剧。东汉末年的超级猛将吕布，便是活生生的例子。

吕布，字奉先，可谓是《三国演义》中的第一猛将，其父早亡，曾拜荆州刺史丁原为义父。董卓为相国时，吕布被其重金收买，遂杀掉丁原归顺董卓，而后又杀董卓。

建安三年（公元198年），曹操亲征吕布。吕布据守下邳城，虽曾多次突围，但每战必败，被迫退守城内。吕布手下第一谋士陈宫献计说："曹操远道而来，必然支撑不久。将军您如果率领步、骑兵屯驻城外，我率领其余军力防守城内。曹操攻打将军，我就出城袭击他的背后；曹操如果来攻城，将军便由外率军来救。如此互为犄角，互相呼应，不超过一个月，曹军粮尽，我们再伺机反击，必可破曹。"

依照陈宫的策略，城里城外两相呼应，就像《孙子兵法》说的"常山之蛇"，"击其首，则尾至；击其尾，则首至"。这是突围的上好计策，虽然冒险，却不得不如此。

吕布同意，命陈宫和另一名大将高顺守城，自己准备率骑兵出城，截击曹操的粮食补给线。

奈何吕布的妻子有意见，她不放心让陈宫、高顺守城。她说："陈宫、高顺一向不和，将军出城，两人必然不能同心守城，万一局势生变（内斗），将军要在哪里立足？"

一句话说得吕布心惊胆跳。吕夫人接着又提醒吕布："当年曹操对陈宫，就像父母对怀抱中的幼子一样，到头来陈宫还舍弃曹操，前来投靠我们。你待陈宫之好，并未超过曹操，却把整座城交给他，一旦有变，我还能再做你的妻子吗？"

两段话一段比一段惊悚，吓得吕布取消出城计划。起死回生的机会破灭，只能坐困城中，城破只是早晚的事。

正如《三国志》作者陈寿评价吕布："虽骁勇，然无谋而多猜忌，不能制御其党，但信诸将，诸将各异意自疑，故每战多败。"就因为吕布对部将有疑虑而放弃陈宫提出的突围奇计，而不得不坐以待毙。由此可见疑心重在成就大事的过程中必将贻误大事，再多的努力，在关键的时刻，只需一个"疑"字便前功尽弃。

孤僻性格：一把关闭心灵的锈锁

在现代社会，交通、通讯越来越发达，人们的生活也越来越丰富多彩。但与此同时，却有越来越多的人声称内心孤独。他们也经常参加各种社交活动，甚至不落于任何一场聚会，哪里人多，哪里热闹，他们就把孤独的自我淹没在城市的灯红酒绿之中，但是，他们的内心却依然感到孤独。

是的，孤独并不可怕，可怕的是内心的孤独有一天会让一个人渐渐变得孤僻。

性格孤僻者的主要表现是不愿与人接触，对周围的人常有厌烦、鄙视或戒备的心理。这种人还常常表现出神经质的特点，其特征是做作和神经过敏。他总认为别人瞧不起他，所以凡事故意漠不关心，做出一副瞧不起人的样子，使自己显得气势凌人一些，其实内心很脆弱，很怕被别人刺伤，于是就把自己禁锢起来不与人交往。一旦别人真的不理他时，他又认为自尊心受了伤害。由于这种人猜疑心极重，办事喜欢独往独来，因而越发与别人格格不入。人际关系不良的结果，使他陷入孤独、寂寞、抑郁之中。长此以往，还容易导致种种身心疾病。

人人都可能有孤独的时候，但并非人人都能够战胜自己的孤独感。

孤独，并不单纯是独自生活，也不意味着就是独来独往。一个人独处，可能并不感到孤独；而置身于大庭广众，未必就没有孤独感产生。

那么究竟什么才是真正的孤独呢？心理学家认为，真正的孤独，往往产生于没有情感和思想交流。事实上，不管你是已婚或是未婚，也不管你是置身于人群，或者是独居一室，只要你对周围的一切缺乏了解，和你身外的世界无法沟通，你就会体会到孤独的滋味。

孤僻也属于自我封闭的一种，指将自己与外界隔绝开来，很少甚至没有社交活动，除了必要的工作、学习以外，大部分时间都活在自我的世界里，不与他人沟通。这样的人通常很孤独，害怕与人交往，朋友也相当少，甚至没有。他们总是活在自己的世界里，由于缺乏沟通和交流，他们总感觉没有人能理解他，并常常会闷闷不乐，甚至走向抑郁。

因此，可以说，孤独是一种思想上、情感上无法沟通、无倚无傍、无人理解与认同的感觉。一个人若常年被这样一种性格左右，便会产生一种无人理解与认同的孤独感，那么，就算他再有成就，他的一生都算不上是过得很幸福。

正如心理学家指出：这种自闭而不合群的性格，不仅有碍于和谐人际关系的建立，而且还会使人产生对生存的畏缩感，非常不利于身心健康。

伟大的科学家、发明家和企业家诺贝尔以他的诺贝尔奖奖金而蜚声中外，他一生都在为人类做出自己的贡献。但他是孤独的，他虽有过3次恋爱，但终身未娶。在他辉煌事业的背后却是一颗孤寂的灵魂,这不得不让人为此而深感惋惜。但我们更深入地了解便会发现,诺贝尔不幸的情感生活与他孤僻的性格是息息相关的。

1833年10月21日,诺贝尔出生在瑞典的斯德哥尔摩。9岁时,他和父母移居俄国。在俄国,他的父亲从事机械工业,发明了地雷,并在克莱米战役中从政府获得了很多订单,但是很快就破产了。

1851年,18岁的诺贝尔到巴黎研读化学,他在一所实验室工作。在一次晚会上,他邂逅了一位来自自己祖国的女郎。之后,两人相爱了。不幸的是,好景不长,这位女郎因突然患肺结核而去世。与此同时,他在商业领域却很幸运,积蓄了很多钱,而且他还在他的发明中,寻找出很多商机,并在20多个国家建立了80多个公司。

但是,诺贝尔最主要的贡献并不在获得巨大的财富及他的科学发明,他总是在发现生活中的价值,从年轻时候,他就喜欢文学和哲学,或许他并没有找到人间的爱,所以他致力于全人类的爱。

诺贝尔43岁时,经历了第二次恋爱。他登报招聘一名"女秘书兼管家",后来在众多应征者中,诺贝尔选中了33岁的懂多种语言的家庭教师贝尔塔,并在工作和生活中爱上了她。但诺贝尔没有想到的是,贝尔塔一直深爱着另外一个男人——奥地利的一名男爵,并最终弃诺贝尔而去。

贝尔塔辞职后不久,诺贝尔到奥地利旅行,遇上了20岁的卖花女郎苏菲·海斯。她出生于维也纳中下层家庭,是犹太后裔。苏菲的父亲经济窘困,诺贝尔承诺要帮助苏菲。这样,两人开始了交往。

两人年龄相差23岁,阅历和文化程度都相去甚远。诺贝尔对苏菲是有求必应,苏菲开始大量索取金钱,挥金如土。她赊账都记在诺贝尔名下,甚至常常以诺贝尔夫人的名义出现。

诺贝尔几度欲娶苏菲为妻,他曾把苏菲介绍给他的朋友和兄弟们,但遭到大家的一致警告,他的母亲也反对。

1883年至1889年,诺贝尔经历了一生中最痛苦的时期。他的哥哥鲁伟去世,母亲随后也离开了人世,苏菲也返回奥地利。诺贝尔迁往意大利。

1896年12月10日,诺贝尔在意大利自己的别墅里溘然长逝。不久,这位"孤独的旅人"回到自己的家乡,安息于斯德哥尔摩诺贝尔家族墓地。

他留下了著名的遗嘱,他把他的财富提供给在物理学、化学、生理学、医学、文学和和平事业等方面做出贡献的人,这些是他永远的理想。

诺贝尔的一生是辉煌的,但同时也是孤独的;他的一生是成功的,也是不幸的。是他孤僻的性格让他与现实中的幸福擦肩而过、失之交臂。

贪婪性格：永远填不满的欲望之沟

一个贪婪的人是永远都不会满足的，他们的欲望就像是一个无底洞一样，是无法去填满的。这种无休止的索取，结局是不仅得不到期望的，而且连过去得到的都将失去。

贪婪往往要付出代价。有时候，有些人为了得到他喜欢的东西，殚精竭虑，费尽心机，更有甚者可能会不择手段，以至走向极端。也许他得到了他喜欢的东西，但是在他追逐的过程中，失去的东西也无法计算，他付出的代价是其得到的东西所无法弥补的，也许那代价是沉重的，只是直到最后才会被他发现罢了。更可悲的是，当他发现的时候，一切都太晚了，抑或败局已定，抑或损失、伤害业已造成。

古时有一个国王非常富有，但他还是不满足，希望自己更富有。他甚至希望有一天，只要他摸过的东西都能变成金子。

结果，这个愿望终于实现了，天神给了国王这一份厚礼。国王非常高兴，因为只要他伸手摸任何物品，那个物品就会变成黄金。他开心地用手触摸家中的每样家具，顿时每样东西都变成黄澄澄的金子了。

此时，国王心爱的小女儿高兴地跑过来，国王一伸手拥抱着她，他活泼可爱的小公主立刻就变成一尊冰冷的金人了。他傻眼了。

贪婪的人，被欲望牵引，欲望无边，贪婪无边。

贪婪的人，是欲望的奴隶，他们在欲望的驱使下忙忙碌碌、不知所终。

贪婪的人，常怀有私心，一心算计，斤斤计较，却最终一无所获。

在很多事情上，做到什么程度由我们自己控制。成功的人往往适可而止，而失败的人不是做得太少就是做得太多。要记住：多并不一定带来快乐，太多就一定会招来麻烦。

人生之中，我们每一个人多少会遇到一些陷阱，而这些陷阱之中，最为可怕的一种是我们亲自挖掘的。因为贪心，我们忽略了自己的弱点，不顾一切去满足我们的欲望。这时，即使危险摆在我们面前，我们也无法去理会、去避让，贪婪遮住了我们的双眼，使我们无法看到危险所在。

贪婪的可怕之处，不仅在于摧毁有形的东西，而且能搅乱我们的内心世界。我们的自尊，我们所恪守的原则，都可能在贪婪面前垮掉。

贪婪的人是如沙漠一样的不毛之地，吸收了全部雨水，却不滋生一草一木，不能孕育一个小小的生命。

贪婪者的心理，一心想着的是"拿来"。这个念头往往占据了他的整个内心，而把其他的善念都挤了出去。

性格决定命运

对于一个不知足的人来说，天下没有一把椅子是舒服的。贪欲就如同一团熊熊烈火，柴放得越多，烧得越旺，而火烧得越旺，人就越有添柴的冲动。于是，人便奔来奔去、忙里忙外，难有停息的时候。

贪婪的人是无法知道贪婪的结果的，因为贪欲早已迷住了他的心，遮住了他的眼，他不知道自己该在什么时候停下来。他就像一只拉磨的驴，只顾一个劲地往前走。

贪得无厌常常使人失去清醒的头脑，为了一点小利而失去很多宝贵的东西，甚至生命。在历史上就有不少人，本来有很辉煌的前程，但他们却抑制不住内心的贪婪从而因此身败名裂。清初大将多尔衮就是因贪婪而身败名裂，终究未能登上帝位。

清朝开国初期的皇叔父摄政王多尔衮的性格极为贪婪。可以说，这个"贪"字驱使他一生争权夺势，追名逐利，陷于女色而不能自拔。

多尔衮对于皇权之争是煞费苦心、六亲不认的。他的哥哥皇太极去世后，虽然已拥立其子福临为帝，即顺治，并封皇太极的侧福晋博尔济吉氏为太后，但多尔衮欲篡夺皇位的野心丝毫没有消除。

后来，清兵入关进京，亡国的明朝众臣拜见多尔衮时呼"万岁"，竟然只知新建的大清国有个摄政王多尔衮，而不知还有个皇帝福临。当孝庄太后与顺治帝到北京皇宫时，看到多尔衮无视皇上，独揽大权，结党营私，排除异己的种种迹象，便清醒意识到朝廷这种险恶的形势时刻在威胁着幼子福临的皇位。孝庄太后在不得已的情况下，便依照当时满族"父死则妻其后母，兄死则妻其嫂"的习俗，下嫁给多尔衮，以此来挟制多尔衮的野心。

而且，聪明的孝庄太后为了稳住与抚慰多尔衮那颗贪婪的心，还是让其儿子顺治帝封多尔衮为皇叔摄政王。可是，多尔衮对孝庄太后母子这一恩赐并不买账。他联合了亲信加封自己为"皇父摄政王"，以使自己的权力和地位提高到极点，与皇帝位于同一台阶，甚至有过之而无不及。

随着权力的剧增，多尔衮贪婪的胃口也日益增大，极尽追名逐利之能事，把福临之所以能登上皇位的功劳持为己有，把各王公在入主中原前后的战功也尽归于己。进北京后，他所用的侍卫、仪仗、音乐等待遇均与皇帝一样；所建的王府完全是按照皇帝宫殿的规格，其华丽的程度有甚于皇宫。

不仅如此，多尔衮的贪欲成性还表现在疯狂地占有女色上。他的私生活放荡不羁，荒唐至极，在这方面充分暴露出他的人性已泯灭殆尽。他不仅霸占了佳丽数千，而且还打起了异国他乡美女的主意，弄得邻国也鸡犬不宁。

由于多尔衮利欲熏心，贪得无厌，依仗他的权势恣意横行，天人共怒。正所谓利深祸速，他去世不足半月，顺治帝就一反常态地向皇父多尔衮一党大肆施以夺权之举，将多尔衮的罪状公之于世，并没收了多尔衮的所有财产。

可以说，多尔衮的贪欲之心却是超人的，将一切功劳尽归己有，从而以功臣自居，谋篡夺位，争名夺利，贪占女色，无所不贪，而且贪得无厌，贪心不足。事物发展到极端，就会朝相反的方向转化，即所谓"物极必反"。多尔衮之贪婪惹起神人共愤，即使他死了也没逃脱被后人刨坟掘墓、鞭尸示众的命运。

叛逆性格：引火焚身的悲剧

叛逆型性格与理想型性格正好相反，他们不是无性格，而是随时随地都有着很明显的性格。理想型性格是水的性格，而叛逆型性格则是火的性格，叛逆型性格是直接地与所处环境展开针锋相对的斗争。

性格决定命运在叛逆性上表现得尤其鲜明。叛逆是逆来顺受的反面，他富于思想而激进，他是性格向环境发出的挑战，叛逆性格越强，则挑战愈激烈。

虽然每一个人都在改变着自己的生存环境，但不同性格的人采取的方式却不一样，有的人是先融入环境，循序渐进，逐步改变；有的人则采取终南捷径……叛逆性格却与之不同，他向生存环境采取赤裸裸的反抗，他不迂回，不婉转，不是性格战胜环境，就是环境战胜性格。因此，对真正叛逆性格的人来说，他们注定只有两种命运：一是战胜环境成为英雄；二是被环境所吞噬，成为悲剧的主角。古今中外，叛逆性格鲜明之人无一例外是这两种命运。

德国著名哲学家尼采便是叛逆型性格的代表人物。在西方基督教对人们的统治日益坚固之时，他提出上帝死了，要推翻一切旧有的道德，认为人性是恶的，恶才值得去赞扬，恶是推动人类历史前进的武器。尼采叛逆的性格使得他的哲学思想在现代西方哲学史上自立门派，但也导致了他悲剧性的一生。他没有美好的家庭，身患精神分裂症，而且最终陷入了彻底的精神崩溃之中。

当然，并不是说叛逆性格就一定不好，任何性格都有值得肯定的一面，而一旦过度，则不可取。叛逆性格关键在于叛逆的对象是什么，若叛逆的对象是真理，那么，叛逆肯定是导致悲剧；但若叛逆的对象是假、丑、恶，那么，叛逆的结局可能依然是一个悲剧，但它的正面意义却不可低估，甚至在关键时刻，它将推动社会的进步。而在现实中，叛逆性格的人往往是激进与悲剧共存。

著名的俄国诗人普希金就具有非常明显的反叛与诗化的性格。普希金的性格是反叛的，他生活在沙皇统治的沙俄帝国，但他从未想过取悦沙皇。他在一首诗中写道："我只愿歌颂自由，只希望向自由献出诗篇，我诞生在世界上，并不是为了用我羞怯的竖琴讨沙皇的喜欢。"在诗人的眼里,自由明显高于沙皇,字里行间透露出诗人的浪漫及其特有的反叛性格。

普希金的性格是诗化的。在他的诗篇中、小说里,不乏激情、浪漫、向往等情调,这些都是他诗化人格、性格的写照。假如没有诗化的性格,他自然不会因为自己的妻子去和一个法国军官决斗。而他之所以接受决斗的挑战,主要想法是维护个人的尊严和名义。反叛和诗化的性格,使普希金走上了决斗的道路,并结束了自己年仅38岁的生命。他的命运和他的性格如此紧密地结合在一起,并决定了他的命运走向。

普希金在幼年时代就表现出与众不同的反叛性格。13岁时,普希金进入以培养俄国皇室奴仆为主要目标的"皇村学校"。这所学校从课程设置到日常管理,都严格贯彻着沙俄统治者的各项旨意,充满了封建奴化色彩,采取高压和禁锢相结合的手段,控制学生们的思想和行动。而从小接受自由思想熏陶的普希金自然在这里多有不适。他和自己父亲的思想格格不入,他离开家庭的主要想法是渴望独立。可是这所学校恰恰不容许学生有自己的思想,也不准许学生有独立的人格和个性。这一切决定了普希金在这所学校不会是一名好学生,在父亲眼中是逆子。

他在学校期间就因叛逆而闻名,并不断地写下了反对当时沙皇统治的强而有力的诗篇。虽然校方对此十分恼怒,但最终因为他的名气和才华才不得不让他毕业。而走向社会后,诗人的正义感和天生的叛逆性格让他继续与当时沙俄统治的黑暗政治势力斗争。他再次拿起了笔,写下了一篇篇揭露社会的黑暗、颂扬真理和自由的不朽诗篇。

普希金藐视和蔑视沙皇政府,他那独立不羁、桀骜不驯的反叛性格必然为沙皇政府所不容。沙皇政府一直将普希金视为眼中钉,只是由于这位诗人在民众中的名望,才没有对他下毒手。尽管普希金不畏沙皇淫威,但他毕竟势单力孤,要真正摆脱沙皇的魔掌是不可能的。沙皇政府不敢公开算计普希金,却在暗地里酝酿着更大的阴谋。

1831年,普希金与比他年轻十几岁、美丽的姑娘冈察洛娃结婚。后来一名叫丹特士的法国军官受沙皇指使对冈察洛娃不怀好意,并由此制造流言蜚语来中伤普希金。诗化性格与叛逆性格统一的普希金自然不能接受妻子的名字和别人的名字联系在一起。他在忍无可忍的情况下,向丹特士提出了决斗的挑战。而这场"秀才遇到兵"的决斗的结果就自然不用说了,在1831年2月的一个冬日,普希金走完了自己38年的人生旅途。

普希金的性格和他作品中充满了反叛,令专制沙皇对他没有办法。作为诗人,他追求的诗化的境地也成为他的性格、人格的重要组成部分。这种性格决定了诗人的命运走向,决定了诗人以决斗结束自己短暂一生的、令人叹息的悲剧结局。

懦弱性格：畏缩在阴暗的角落

懦弱性格的人胆小怕事，遇事好退缩，容易屈从他人。甚至会发展成为逆来顺受，无反抗精神；进取心差，意志薄弱，害怕困难，在困难面前张皇失措；感情脆弱，经不起挫折和失败。一个人一旦形成懦弱性格后，往往从怀疑自己的能力到不能表现自己的能力，从怯于与人交往到孤僻地自我封闭，而由此形成的不良人际关系，反过来又会加深懦弱。

其实，我们每个人的性格中或多或少都有懦弱的成分存在。我们往往在困难和灾祸面前退缩，但能鼓起勇气坦然面对失败和挫折的就是勇敢与坚强的人，相反，被失败击倒的就是懦弱的人。

历史没有给南唐留下一个英明的帝王，却给世人留下了一个至情至性的悲情词人。公元961年，25岁的李煜在金陵即位，当时就有许多问题摆在他的面前，赵匡胤的大宋王朝在北方虎视眈眈，年轻的李煜以为：只要自己不对大宋有什么威胁，并且以臣子的地位年年向大宋进贡，也许赵匡胤就会大发慈悲，让自己偏安江南一隅，做个吟风弄月、自由自在的帝王。在多次的政治较量中，只会吟诗作赋的李煜哪是久经沙场的赵匡胤的对手，穷途末路之际就屡屡派人前去求和。李煜太天真了，他以为自己的懦弱能够打动宋太祖。赵匡胤说，天下一家，只能有一位天子，我的卧榻旁边，怎么能够容忍他人鼾睡？李煜懦弱的性格让他在政治上做了一个亡国之君，而与此同时，他做帝王及亡国的经历又成为他凄美诗词的素材来源，也是他一生悲情的写照。后来，李煜也认识到了自己的性格懦弱并写诗表示深刻追悔："四十年来家国，三千里地山河。凤阁龙楼连霄汉，玉树琼枝作烟萝，几曾识干戈？一旦归为臣虏，沈腰潘鬓消磨。最是仓皇辞庙日，教坊犹奏别离歌，垂泪对宫娥。"

几乎每一种性格都有自己的优点和缺点，至关重要的一点就在于对事业的选择。懦弱的性格选择政界和军界，无疑将一事无成，甚至还会铸就命运的悲剧。政界需要刚毅坚韧的性格，军界需要勇猛顽强的性格，这一切与懦弱的性格格格不入。这是性格的差异，不是智慧的高低，读书学习可以很快提高人的智慧，但要改变一种性格却需要漫长的过程。

那么，懦弱性格是否就注定一事无成呢？

事实证明并不是这样！

性格懦弱的人常常情感丰富，观察敏锐，感情细腻，他们是天生的文学艺术之才。在文学艺术的世界里，这一被人们唾弃的性格找到了理想的归宿，他们如鱼得水，任性畅游。像卡夫卡就找对了自己的职业。

这位伟大的作家生为男儿身，却没有任何男子汉的气概和气质。在他身上根本找不到那种知难而进、宁折不弯、风风火火、刚烈勇敢的男子汉追求独立的精神，更谈不上清风傲骨了。他短暂的一生没有独立性，只有依赖性，一直对父母有比较强的依赖性。因此，卡夫卡身上最为突出的性格特征是懦弱，是一种男人身上少见的懦弱。

卡夫卡懦弱的性格是他的家庭造成的，或者说是后天他的父母塑造的。1883年，卡夫卡出生在奥匈帝国所辖布拉格的一个犹太商人家庭。父母给他起名"卡夫卡"。

在当时，犹太人的地位是十分低下的，而且这个姓氏是强加给犹太人的，并且带有骂人的贬义。卡夫卡就是出生在这样一个地位低下的犹太人家庭，而且他的名字本身就意味着一种被压迫的屈辱。

卡夫卡的父亲出身贫寒，仅靠一家小商店来维持生计，在那样一个动荡的年代里，一方面没有任何的社会地位，另一方面经济状况十分窘迫，过着捉襟见肘的日子。然而，对卡夫卡来说，生活上的艰辛与困苦似乎是可以忍受的，给他幼小心灵留下累累的、终生难以治愈的创伤是父亲对他无休止的粗暴。卡夫卡一生都无法理解父亲对他的粗暴与专横。

年幼的卡夫卡日复一日地这样生活着。生活上的每一个细节、每一件小事对他来说都可能是一个不大不小的灾难，都可能成为父亲发火，乃至大发雷霆的借口。有些时候，父亲对他发的火让他不知所措，弄得他左右为难，对干什么事情都没有把握，从根本上丧失了自信心。他的父亲本来利用他所设想的那种军队式的、高压的方式，达到他教育子女成才的目的，但他的叫骂、恐吓等，不但没有把卡夫卡造就成他热切盼望的男子汉，反而使他一步步逃离现实世界，性格变得格外懦弱。

紧张、压抑、犹豫环境中成长的卡夫卡完全失去了自信心，也逐步丧失了自我，什么事情都显得动摇不定、犹豫不决。这种环境使卡夫卡早早地产生了逃离现实生活的想法。现实生活对他实在太冷漠了，只有在他的非现实世界——内心世界里，他似乎才能摆脱现实世界的烦恼。犹太人的社会境地和备受排斥、压迫的现实，也在卡夫卡幼小的心灵上留下了创伤。随着年龄的增长，卡夫卡愈发感觉周围的一切是那么不可抗拒、不可改变，而只有在他的内心深处，在他自己用想象构造的世界里，他才能找到少许宁静和安慰。这种逃遁实际上是对现实生活的一种反抗，只是这种反抗和卡夫卡的性格一样，是非常软弱的。

卡夫卡直到进入学校依然保持着这种非常懦弱的性格，很少与人交往，也没有朋友，整天活在自己的世界里。幸运的是，这时的他开始接触文学，并对此产生了浓厚的兴趣，阅读和写作就占据了他的大部分时间。

卡夫卡的懦弱让他选择了逃遁，逃向他钟爱的文学。文学，不仅是卡夫卡心灵的家园，也是他生命中的唯一选择。文学是他的王国，在他的作品中，人们处处可以看到卡夫卡的影子。只有文学，只有在文学的王国里，人们才能够看到卡夫卡有了勇气，摆脱了懦弱。是的，懦弱的卡夫卡选择了并不懦弱的事业，并且取得了并不懦弱的成就。因此，对一切懦弱者来说，没有必要去放弃。

第三章
性格决定人生

第一节
"男怕入错行"——性格与职业选择

在这个世界上，成功人士似乎永远都只是少数，而大部分的人都是向往成功的，但很多人在他们职业生涯中不得不承受职业给他们带来的多种巨大的痛苦，在郁郁不得志中了却一生，适合当老师的却在商海煎熬，天生的商人反而坐在机关的长椅上，本该驰骋疆场的人却成了公司的小职员……世界上有近一半的人正在从事着与自己性格格格不入的工作。尽管他们勤勤恳恳、任劳任怨；尽管他们不畏艰险、百折不挠。但是，平庸就像挥之不去的梦魇一样，依然伴随其左右，他们的脚步仍然无法迈向成功的大道。

为什么你不成功

因为他们走的是一条南辕北辙的路，他们越是在这条路上努力，成功离他们也就越遥远。他们背离了自己的天性、背离了自己的使命和归宿。

每一个来到这个世界上的人，命运在赋予了他使命和归宿的同时，也赋予了他相应的性格，顺着自己的性格，你就能寻觅到真正属于自己的成功之路。相反，抛弃了上苍馈赠的人，他们注定会平庸，注定会因碌碌无为而抱憾终身。

命运对每一个人都寄予了厚望，他给了别人那样的天性，就一定会给你这样的天性；他让别人在这条路上成功，就一定会让你从另一条路走向成功。命运赋予人不同的性格，就是让人去完成不同的使命。而只有懂得了命运的人，才能喜欢并接受自己的性格，也才能创造自己独一无二的人生。

每个人都有自己的性格，每种性格都有其擅长的职业。有的人擅长这一行，有的人擅长那一行，还有的人整天游来荡去，他们所擅长的就是无所事事。无论是哪一种性格，你都应该接受它，并按照这一性格去寻找适合的职业。职业只有顺应了自己的天性才能肩负起命运所赋予的使命，才能开启通往成功的大门。要知道，每一种性格的人都能成功，关键就在于人是否选对了职业，找准了位置。

因此，我们之所以总是失败，我们之所以不能成功，只因为我们违背了自己的性格，违背了我们的天性，如果我们来了解一下美国著名作家马克·吐温的经历，我们就会更明白这一点：

大文豪马克·吐温可谓家喻户晓。他就曾经因为没有按照自己的性格和天赋去做事，结果一败涂地。马克·吐温曾十分热衷于经商，但上帝并没有给他适合经商的性格和天赋。尽管他勤勤恳恳、兢兢业业，他还是失败了，一次就赔进了十几万美金。但马克·吐温并未因此而收手，他不服输，他还要在经商的道路上走下去。这一次，他总结了上一次的教训，他要做自己最熟悉的领域——出版。结果，他再一次失败了，几乎赔进了自己全部的家底。

当马克·吐温垂头丧气地回到家里，将一切都告诉了妻子，妻子平静地对他说道："别灰心！我一直相信你的性格适合文学创作，而不是经商。"马克·吐温最终听从了妻子的建议，开始进行文学创作，结果，他因此而成为一名伟大的文学家。

由此可见，一个人的性格对其职业的选择和发展有着极其重大的影响。因此，如果我们想找对职业而获得成功。那么，我们首先应该了解和尊重我们的性格。这正如一篇文学作品中写道的：

"动物明白自己的特性：

熊不会试着飞翔，

驽马在跳过高高的栅栏时会犹豫，

狗看到又深又宽的沟渠时会转身离去。

但是，人是唯一一种不知趣的动物，

受到愚蠢与自负天性的左右，

对着力不能及的事情大声地嘶吼——坚持下去！

出于盲目和顽固，

他荒唐地执迷于自己最不擅长的事情，

使自己历尽艰辛，然而收获甚微。"

选对职业，每种性格都能成功

每个人的性格都是独一无二的，千万个人就有千万种性格，但性格并不是孤立存在的，它们之间存在一定的共性。如果按照这种共性分类进行分析的话，我们就能找到最合适自己的工作。有的人适合与物打交道；有的人则擅长与人打交道。例如：性格活泼的人，适合有挑战性的工作；性格内向的人，适合稳定的工作。职业生涯的第一步同时也是最关键的一步，就是准确判断自己的职业性格，正确选择职业生涯的方向。如果不清楚自己的职业性格，找到一份自己不喜欢又不适合的工作，那将影响自己一生的职业道路；而如果等到发现目前的工作不适合、不喜欢再跳槽的话，那就会走一大段弯路。所以，如果我们永远不以自己的职业性格作为选择职业的准绳的话，势必将永远生活在跳槽再跳槽的恶性循环中，而且这些都将对我们职业生涯的发展起到负面的影响。

鲁国大夫季康子向孔子打听他几个得意门生的才干，孔子一一作答。季康子问有军事才能的子路可否从政。孔子说，子路个性相当果敢，可为统御之帅，如果从政，恐怕不太合适，因为他过刚易折。

季康子又问请子贡出来做官好不好。孔子说不行，因子贡太通达，把事情看得太清楚，功名利禄全不在眼下，如果从政，也许会是非太明而不妥当。

季康子又问冉求是否可以从政。孔子说，冉求是个才子、文学家，名士气太浓，也不适合从政。

孔子这样的先哲圣人，也非常重视性格在一个人成就事业中的重要作用，而现代职业心理学研究表明：性格影响着一个人对职业的适应性，不同的性格适合于从事不同的职业，同时，不同的职业对人也有着不同的性格要求。因此，我们在考虑或选择职业时，不仅要考虑自己的职业兴趣和职业能力，还要考虑自己的职业性格特点，考虑职业对人的性格要求，考虑性格对职业的影响，从而根据自己的性格特点选择最易适应的职业。

然而，这个世界上有各种各样的性格：有内向的、有外向的；有勇敢的、有懦弱的；有胆大的、有胆小的；有性子慢的、有性子急的……每一种性格都有它自己的优点和长处，也都有适合它发展的领域。如果你为你的性格找准方向，你就会如鱼得水，纵横驰骋，你就会走向成功。换句话说，一个没有成功的人，仅仅是因为他还没有为自己的性格找到合适的位置，而一个成功的人，也仅仅是因为他为自己的性格找对了位置。

小罗伯特·派克是一个生性懒散的人，他喜欢随心所欲，无所事事。几乎所有认识他的人都这样评价他："小罗伯特·派克呀！他是一个无用之人，他懒散的性格注定了他一生的不幸！"然而，有谁料到，37岁时，他终于找到了自己最擅长的职业——品酒。他在自己性格最适宜的这一行业里，仅仅用了不到两年的时间，就成了一位举足轻重的人物。

现在，派克发行的酒类通讯《畅饮者报》已在37个国家中拥有17300个订户，而且每星期还会增加80～125个。人们如此重视派克对酒的评价，以至纽约和华盛顿的酒类零售商干脆把他对酒的评分印在广告价目表上。派克获得了巨大的成功。

派克的例子告诉我们：每一个人天生就有某一类性格，这一性格决定了他只适合在这一领域，而不是那一领域发展。

由此看来，成功与性格、职业的选择有着密切的关系。如果我们能辨别自己的性格偏好，并力图使之和职业角色的要求相互匹配起来，那么我们一定会在工作中保持和加强优势，控制和减少劣势，职业表现肯定强于别人。如果我们想取得职业的成功，首先要理解、认清自己的性格偏好；其次是明确在哪种环境下工作能最大限度地发挥自己的个性优势；从事什么类型的工作，能让"本我"个性与职业个性融为一体……

如果你发现自己处在不适宜的管理职位上，或者认为某个职业不适合自己，通常是因为职业角色的要求和你的个性偏好不相匹配。为了有效行使职能或做好这份工作，我们常常需要改变自己已定型的性格定位，这便带来焦虑和紧张。举例说，一个内向的人需要在一个大型演讲会上发表演说或者一个急脾气的人要扮演关系协调者的角色，这会让他们感到紧张或将工作搞砸。由于性格偏好与职业角色的要求不协调，个人潜能便不能有效发挥，工作表现自然不如意。

一般来说，外向型性格类型的人，更适合从事能够充分发挥自己的行动能力，并与外界广泛接触的职业。适合外向性格人的典型职业有：管理人员、律师、政治家、教师、推销员、警察、售货员、记者、人力资源工作者等。而内倾型性格类型的人，则比较适合从事有计划性的、稳定的、不需要与人过多交往的职业。适合内向性格人的典型职业有：自然科学家、技术人员、艺术家、会计师、一般事务性工作的人员、速记员、打字员、程序设计员等。

无论是内倾型的人还是外倾型的人，都有许多非常具体和丰富的性格特征，而且纯粹属于内倾型或外倾型的人不多，大部分人都属于混合型，只是存在着程度的差别。因此，对于性格与职业性格的分析，只能为大家提供一个大致的匹配方向。在实际的匹配过程中，还应根据自己的性格特征与职业生涯要求的具体情况采取有针对性的方法。

寻找合适的职业

一个人只有在这个世界上找到适合自己的职业，找到适合自己的位置，找到合适的人生坐标，找到能够发挥自己性格优势的工作，才有可能获得成功。就像一个火车头一样，它只有在铁轨上时才是强大的，一旦脱离了铁轨，它就寸步难行。爱默生说："除了一个方向以外，每个孩子都在躲避其他任何方向的障碍物。只有在那个他选定的方向上，他才得以驱除所有障碍，平静地驶过深不可测的海峡，到达广阔无边的海洋。"

在法国里昂，一位70岁的布店老板快不行了。临终前，牧师来到他身边。布店老板告诉牧师，他年轻时非常喜欢音乐，曾经和著名的音乐家卡拉扬一起学吹小号。他当时的成绩远在卡拉扬之上，老师也非常看好他的前程，可惜 20 岁时他却改行做了生意，结果把音乐荒废了，否则他一定是一位出色的音乐家。在这生命之灯将要燃尽之际，反思一生碌碌无为，他感到非常遗憾。他告诉牧师，到另一个世界后，如果再选择，他绝不会再干这种傻事了。

这位牧师就是法国最著名的牧师纳德·兰塞姆。无论是在穷人心中还是在富人眼里，他都享有很高的威望。在 90 多年的生命历程里，他有 1 万多次曾亲自到临终者面前，聆听他们的忏悔。他去世后被安葬在圣保罗大教堂，墓碑上工工整整地刻着他的手迹：假如时光可以倒流，世界上将有一半的人可以成为伟人。

性格偏好，就像一个人的左右手。我们每天都要使用自己的两只手，但出于本能，一定偏好使用其中的一只，因为它能更自如、更充分地发挥它的功能。当然，我们也可以用不很擅长书写的那只手写字，但会感到别扭、费力，而且写出来的字也不如另外一只手写的字好，因此性格偏好就意味着我们以某种方式做事的天生爱好。

近年来，一些教育学家和心理学专家将职业性格分为九类，可作为我们选择职业时的参考。

1. 变化型

这些人在新的和意外的活动或工作环境中感到愉快，喜欢经常变化职务的工作。他们追求多样化的活动，善于转移注意力和转换工作环境。他们适合从事的职业类型有记者、推销员、演员等。

2. 重复型

这些人喜欢连续不停地从事同样的工作，喜欢按照机械的或别人安排好的计划或进度办事，喜欢重复的、有规则的、有标准的职业。他们适合从事的职业类型有印刷工、纺织工、机床工、电影放映员等。

3. 服从型

这些人喜欢按别人的指示办事，不愿自己独立做出决策，他们喜欢让他人对自己的工作负责。他们适合从事的职业有办公室职员、秘书、翻译等。

4. 独立型

这些人喜欢计划自己的活动和指导别人的活动，在独立的和负有职责的工作环境中感到愉快，他们喜欢对将要发生的事情做决定。他们适合从事的职业类型有管理人员、律师、警察、侦察员等。

5. 协作型

这些人想得到同事们的喜欢，所以在与人协同工作时感到愉快。他们适合从事的职业类型有社会工作者、咨询人员等。

6. 劝服型

这些人喜欢设法使别人同意他们的观点，一般通过谈话或写作来达到目的。他们对于别人的反应有较强的判断力，且善于影响他人的态度、观点和判断。他们适合从事的职业类型有辅导人员、行政人员、宣传工作者、作家等。

7. 机智型

这些人在紧张和危险的情境下能自我控制和镇定自如，很好地执行任务，并能出色地完成任务。他们适合从事的职业类型有驾驶员、飞行员、公安人员、消防员、救生员等。

8. 好表现型

这些人喜欢能够表现自己的爱好和个性的工作环境。他们适合从事的职业类型有演员、诗人、音乐家、画家等。

9. 严谨型

这些人喜欢注重细节，按一套规则和步骤将工作尽可能地做得完美。他们严格、努力地工作，以期能看到自己付出努力后完成的工作效果。他们适合从事的职业类型有会计、出纳员、统计员、校对员、图书档案管理员、打字员等。

性格作为人的一种心理特性具有一定的稳定性，但又不是一成不变的，客观环境的变化和个人的主观调节都会使性格发生改变，所以性格与职业生涯的顺应也并非绝对，而是具有一定的弹性。

发挥自己的性格优势，找准适合自己性格的职业，这既是一条事半功倍的成功捷径，也是一条通向成功的人间正道。不管怎样，你都要往自己性格的优势方向发展。要让自己去选择工作，而不要让工作来选择你自己。

性格相反才是工作的最佳组合

在这个世界上，可以说性格差异是普遍存在的，而且这种差异性也会体现在我们的生活、工作之中，而人类社会也正是由于这种差异性的存在才能得以更快更加良好地发展。试想：若一个社会都是由一种性格的人组成，那么等待这个社会的无疑将会是灾难性的结局。

我们每一个人都有自己独特的性格，每一种性格都是不完善的，存在着这样或那样的缺陷与不足。而如何取长补短，使我们的性格互补、刚柔相济则是一个问题。只有不同性格、不同类型的人在一起才能相互发挥优势、弥补缺陷。大自然中就存在着这样的现象——挪威人在海上捕到沙丁鱼后，如果能让它们活着抵达港口，就能卖高价。多年来只有一艘渔船能成功地带着活鱼回港。该船船长一直严守秘诀，直到他死后，人们打开他的鱼槽时，才发现只不过鱼槽里多了一条鲶鱼而已。原来沙丁鱼不喜欢游动，当鲶鱼进入鱼槽后，就使原本懒洋洋的沙丁鱼感到威胁而紧张起来，于是为避免被鲶鱼吃掉就迅速游动起来，这样沙丁鱼便能活着到港口了。不谋而合，在很多饲养场也往往在同一物种超过一定数量后便放入另一种习性与其相反的动物，这样能保证物种的健康生长。

从这个故事中，我们不难看出：相反性格的组合往往能创造出奇迹！因此，性格急的人应选择性格稳的人搭配；忧郁的应选择乐观的；对于粗心的主管，一定要选择个细心的助手；对于以黏液质或抑郁质为主要性格特征的人，其最好搭档是以胆汁质为主要性格特征的人，因为这种性格的人有敢想敢干、勇于创新等优点，会对做事畏首畏尾、拖拖拉拉者起激励作用；但黏液质的员工又有慎重、沉稳等性格优点，对易出差错的胆汁质员工大有裨益。

自然界如此，我们的社会更是如此，社会是由存在差异性的人组成的集合体，正是因为有奸诈小人，才需要忠良之士，每一种性格的存在都有它存在的理由。

一个人的缺点和特长往往是相对而存在的，有高山必有深谷，往往一个人的缺点越突出，特长反而也越明显。只有搞好相反性格的搭配，使他们相互制约短处，发挥长处，才能真正发挥其应有的作用。

因此，一种性格要想获得成功，还要注意与其他性格的配合和互补，使其相互取长补短，达到绝对的默契。只有不同性格、不同类型的人才组合在一起，才能最终形成最佳团队。在这样的团队中，成员之间的性格既和谐又兼容。因此，一个最优秀的团队一定是性格组合最和谐的团队。一个合理的人才群体结构，成员之间的气质是充分协调互补的。有的人外向，有的人内向；有的人泼辣，有的人宁静；有的人健谈，有的人寡言；有的人急躁，有的人温和；有的人风度翩翩，有的人不修边幅。

刚毅型性格的职业选择

刚毅型性格是刚与毅的结合，具有这种性格的人不仅性格刚强、刚烈，而且还具有坚强持久的意志力。他们的优点是意志坚定、行为果断、勇猛顽强、敢于冒险，善于在逆境中顽强拼搏。阻力越大，个人的力量和智慧就越能发挥得淋漓尽致。他们办事效率高，处理问题果断泼辣。他们有魄力，敢说别人不敢说的话，敢做别人不敢做的事。遇事通常自己做主，不依赖他人，不迷信权威、长者。喜欢独立思考、独立工作。

缺点是易于冒进，权欲重，有野心。这种人常常盛气凌人、争强好胜，喜欢争功而不能忍，并多有不通人情、不容分说的特点。他们往往听不进别人的意见，尤其是反对意见。为人霸道，与人共事缺乏谦让和商量，喜欢自己说了算。具有这种性格的人适合在政治、军事等领域发展。他们目标明确，行为方式积极主动、坚决果断，故多适应开拓性或决策性的职业，如政治家、社会活动家、行政管理者、群众团体组织者等，不适宜从事机械性的工作和要求细致的工作，也不适宜从事服务性的工作。

　　撒切尔夫人就是一位因刚毅性格而最终选对职业并取得成功的最好例子。撒切尔自小的性格就十分刚毅，只要是她们坚持和决定的事情，是没有人可以去改变的，而且她从小就不服输，即使与调皮的小男生打架，打不过也一定要拼命地打。在她18岁时考上了牛津大学，但她并未如愿地学法律，而是学了化学，显然，这一专业并不符合撒切尔夫人的性格，她在大学期间就开始把大量精力投入到政治中，参加大学中的学生会及一些政治团体，也在这时，她结识了一大批当时活跃于英国政界的人，并时常与之探讨一些政治问题，成为知己、朋友。毕业后，她的第一份工作是在本迪克斯航空公司从事试验分析工作，后来又到莱昂斯公司做过食品研究的化学师。做实验与她的刚毅性格大相径庭，她更擅长与人交往，而不是关在实验室里与瓶瓶罐罐、化学物品打交道。从事着与自己性格不符的工作，撒切尔夫人显得十分平庸、毫无创意。

　　婚后，她实在是无法忍受化学师枯燥的、极需耐心和细心的工作，渴望与人而不是物品打交道的她便彻底放弃了化学师的工作，全身心投入到政治活动中并最终成为英国政坛上的"铁娘子"。

　　试想，当初若撒切尔选错了职业，继续去做她的化学师，那么，一方面，世界政坛会损失一位"铁娘子"；另一方面，撒切尔本人也不会在化学师这一工作中得到成就。

温顺型性格的职业选择

　　温顺型性格的人逆来顺受，随波逐流，缺乏主见，不能果断，常常因优柔寡断而痛失良机，而且他们在应该反抗或行动的时候往往显得消极，给人懦弱的印象。

　　但是，这种性格的人又有性情温和柔顺、慈祥善良、亲切和蔼、不摆架子、处事平和稳重的优点，他们能够照顾到各个方面，待人仁厚忠实，有宽容之德，并且总能给人带来慰藉，他们一般十分擅长与人沟通和交流，并且十分具有亲和力。

　　温顺型性格的人的职业价值观是服务型和家庭中心型。他善于给领导服务，并赢得领导的信任。如果个人创业，也适于从事服务社会、服务他人的工作。他通过为他人、为社会服务来实现自身的价值，并得到精神上的满足。这种人善良随和，具有无私奉献的精神，为他人服务是他最大的乐趣。因此，温顺型性格的人很容易在服务行业发挥出他们的性格优势并取得一定的成就。

更重要的是，这种人有丰富的内心世界和敏锐的观察力，他们在文学艺术的领域常常会如鱼得水。同时，他们还擅长技能型、服务型工作，如秘书、护士、办公室职员、翻译人员、会计师、税务、社会工作者，或专家型工作，如咨询人员、幼儿教师等。不适合从事要求能做出迅速、灵活反应的工作。

世界著名童话作家安徒生就是具有这种性格的人。安徒生的一生并不像他写的童话那样美，而是充满了苦难与坎坷，但无论在什么状况下，他总是那么温顺地善待这一切。由于家境贫寒他幼年辍学。后来，他学习演戏，被认为没有天分；他学做木匠，却因笨手笨脚而备受嘲笑与欺侮；他学习唱歌，却连伤病也在和他作对。当然，这也从一个侧面反映出安徒生的性格与以上的职业不太适合。但安徒生的性格里却充满了温顺与善良，他拥有一颗不泯的童心，苦难没有击垮他，他一直都顺从着发生在他生命里的一切，最终，他以他的美丽童话征服了全世界。

就在安徒生认为自己的人生没有希望而万分失望和痛苦的时候，他得到了一位诗人的帮助，从此便开始了他的文学创作，这一次，他再次顺从了命运之神的安排，并最终成为全世界孩子们喜爱的童话大王。

安徒生的经历无疑又是对性格影响职业的又一次证明。他在演员、木匠、唱歌这些职业里无一例外地失败了，其最主要原因在于他的性格并不适合这些职业。最终，他走上了契合自己温顺性格的文学创作之路，并在这一领域，取得了无与伦比的成功。

而安徒生的温顺性格从他的那一篇篇优美的童话中就能得到最好的体现，在他的《海的女儿》中，那条对爱情充满期待的小小的美人鱼在不公平的命运面前仍然选择了温顺地接受这一切，并且用自己的生命给了故事一个凄美的结局。这不正是安徒生自身性格的写照吗？

固执型性格的职业选择

固执型性格的人在思想、道德、饮食、衣着上往往落伍于社会潮流，有保守的倾向。他们比较谨慎，该冒险时不敢冒险，过于固执，死抱住自己认为正确的东西，不肯向对方低头，不善于变通。他们有些惰性，不够灵活，而且不善于转移注意力。

但这种人又有立场坚定、直言敢说、倔强执着的优点。他们行得端、走得正，为人正统；他们做事踏实、稳重，兴趣持久而专注；他们善于忍耐，沉默寡言，情绪不轻易外露；他们具有较强的自我克制能力，能埋头苦干、态度持重且不易分心。

固执型性格的人喜欢根据事实来做决定，喜欢使用调查、测验、统计数据来说明问题，引出结论。他们在独立的和负有职责的环境中工作会感到格外愉快，喜欢对将要发生的事情做出预测，喜欢抽象分析的、独立的定向任务以及这类研究性质的职业，愿意选择那些需要利用智慧、词、符号和观念进行工作的工作环境。典型的职业有化验员、检验员、校对员、保管员、检查员、机要员、自然科学研究者、技术人员等。不适合做须与各色人物打交道、变化多端的工作。

著名化学家、诺贝尔化学奖的获得者埃米尔·费雪就是这样一个固执的科学家。

埃米尔·费雪出生于一个富足的实业之家，是五姊妹之外唯一的男孩。父亲对他的期望是学会经营之道，以便继承自己的事业。

1869年，17岁的费雪以全班第一名的成绩毕业于波恩大学预科班。后因病在家休学两年。病休期间，父亲就希望他将来也能成为商人，在父亲的一再劝告下，费雪到他的姐夫那里学做生意。费雪对于父亲的这个决定坚决不同意，但同时又父命难违，不得已而去了姐夫那里。说是学做生意，但费雪的心思全不在这里，他不喜欢、也不适合与别人打交道，一方面没有任何信心，另一方面也放不开自己，相反，他喜欢与事物性的东西打交道，喜欢去追问事物背后的"为什么"，并且对此十分执着。固执的费雪依然固执地爱着他的化学，从内心深处就抵制经商。结果把账目记得一塌糊涂。他又偷偷地在库房里搞起了化学实验，一会儿发生爆炸，一会儿又发出呛人的气味。让他的姐夫马克思·弗里德里希一点办法都没有，看来只好将这个"小舅爷"交回去了。弗里德里希到老费雪面前"告状"，老费雪听完女婿的话，知道自己的儿子不是做生意的料。虽然他一心一意希望埃米尔·费雪能继承和发展自己的事业，但最终还是尊重儿子的选择，让他继续上学。

1871年，19岁的费雪进入了约旦大学，1872年，转入斯特拉斯堡大学化学系，并在1874年获得了博士学位，后留校任教，并在这段时间里专心地进行科学研究，最终取得了巨大的科学成就。

正是费雪的固执才造就了费雪在化学领域的巨大成就，倘若费雪的性格中没有固执的成分，那么，他很有可能早就在父亲的要求下在生意场上郁郁不得志了。

理智型性格的职业选择

理智型性格的人的职业价值观属政治型（或社会型）、独立经营型。政治型通过行使国家赋予的法权体现国家的权威。这类工作除体现国家权威的意义外，还能体现其为公民服务的价值，具有广泛的社会性。因此其职业价值亦属于社会型。独立经营型依靠自己的能力，服务于百姓，体现自身的价值。

政治型（或社会型）适于担任法官、检察官、工商税务干部、人事干部、会计师、审计师等需要公正服务的工作。理智型性格的人有办事公道、主持正义、不受个人恩怨影响等特点，对秉公办事至关重要。目前在这广阔的层面工作的人并不都是理智型性格的人，需要大批理智型性格的人去补充。因此理智型性格的人应抓紧学习专业知识，提高自己政治、业务素质，向这方面发展是大有可为的。

独立经营型性格的人适于开办律师事务所、审计师事务所、会计师事务所，或者其他为保护公民各种权益而开办的服务性、咨询性机构。但是，私人讨债公司、私人侦探公司、私人保险公司是国家明令禁止的，尽管这类业务也具有广泛的市场，但不能盲目开办。

理智型性格的人事业成功的机遇也许在公正服务业，例如检察机关、司法机关、工商税务机关以及审计、公证、财会等。这些行业也是为公民服务，但是，与一般服务业不同的是，这些服务更强调公正。而理智型性格的人能够明辨是非、主持公道。这正是从事这些工作所必备的素质。

美国总统里根就是一位理智型性格的人，也正因为如此，他只能是好莱坞二流的演员，但却是一流的总统。

罗纳德·里根，1911年2月6日出生于美国伊利诺伊州的坦斯科城。他曾是美国年纪最大的总统，还是唯一成为美国总统的专业演员。他因有效地利用电视媒体介绍政府的计划而获得"杰出传播者"的美称。

里根早年曾就读于迪克森中学，在橄榄球队打右卫，还是篮球队和田径队成员。他不仅擅长体育，在文艺上也表现出较高的天赋。1932年6月，里根大学毕业后，几经周折被聘为衣阿华州达文波特的广播电台周末体育节目的主持人。

1937年，里根离开广播电台，进入好莱坞。在好莱坞的20余年中，他拍摄了50部影片，赢得了一个作为踏实、可靠演员才有的声望。

随后，第二次世界大战爆发了。当里根服役归来时，他的演艺生涯已逐渐在走下坡路。

这与他在"二战"期间不断地用理性去思考，而成为一个理智型的人分不开，也正因为如此，他不再适合需要情感丰富的演员职业。

1962年，里根退出自由派组织，转而加入共和党，随即成为右翼保守派的发言人，并最终成为该派的旗手。1964年，里根担任加利福尼亚州共和党支持戈德华特委员会的两主席之一，从而登上了美国的政治舞台。在竞选运动的最后一周，他代表共和党总统候选人戈德华特发表30分钟的电视演说。尽管这次演说并未引起人们的重视，也丝毫没能帮助戈德华特避免竞选的惨败，但它吸引到的捐款多于历史上其他任何一次政治演说。

1967年，55岁的里根宣誓就任加州州长。

1980年7月，共和党提名里根作为新一届总统的候选人。

1980年11月，罗纳德·里根当选总统，入主白宫。

1984年他连任总统，直到1988年任期届满卸任。

谨慎型性格的职业选择

谨慎型性格的人是世界上最精细、最理性的人。他们做起事来一丝不苟、小心谨慎；他们为人谦虚、思维缜密；他们讲究章法、井井有条；他们考虑问题既全面又深入……

谨慎型性格的人，他们，也只有他们才能保持持久的成功，一旦他们找对了职业，他们会成为长盛不衰的人。

谨慎型性格的人也会因为他们对待生活、事物过分地谨慎而导致不善变通、故步自封。

谨慎型性格的人生活比较有规律，不愿随便打破平稳的节奏；他们注意细节的精确，能按部就班完美地完成工作；他们适合做办公室和后勤等突变性少的工作。喜欢有规则的具体劳动和需要基本操作技能的工作，但缺乏开拓创新能力，不适宜从事要求大刀阔斧的职业。典型的职业有高级管理者、秘书、参谋、会计、银行职员、法官、统计、研究人员、行政和档案管理人员，以及与图纸、工程等打交道的工作。

谨慎型性格的人由于其谨慎，他们常常能成为政界和商界的"不倒翁"。

前美国中央银行——联邦储备委员会主席格林斯潘就属这样一个具有谨慎性格的人。

格林斯潘的母亲迷恋音乐，喜欢唱歌，并且擅长多种乐器。在格林斯潘很小的时候，他的母亲便一心想将他培养成一个音乐家。在母亲的影响下，他还是选择了音乐。在乔治·华盛顿中学毕业后，他考进著名的纽约米利亚音乐学院，当时他的职业目标是做一个音乐家。但是，学业尚未过半，他就发现自己在这方面很难再有长进，自己也并不具备做一个音乐家的天赋，而且也并不浪漫，没有发散性的思维。逐渐对音乐产生了厌倦。于是中途退学，参加了一个舞蹈团的乐队，司职黑管乐手，跟随舞蹈团全国巡回演出，每周赚取62美元的薪水。同时格林斯潘兼做舞蹈团的会计，也替乐队的同事们纳税。也就在这时，格林斯潘惊奇地发现自己做一名会计比当一名乐手顺心得多。

这样过了1年多，他终于承认自己的性格和天赋不适合乐手这一职业，只得忍痛离开乐队。这时，他才认识到自己其实是一个谨慎型性格的人，自己虽然没有音乐的天分，但却长于理性思考、办事精细；也是在这时，他才真正明白自己的兴趣所在是数学和经济。于是毅然进入纽约大学商学院学习，在这里，他成功地找寻到了其性格同职业的最佳结合点，发现了自己的数学和经济学天赋。

从此，他一发而不可收。他沿着自己的性格轨道，昂首阔步奔向了成功的彼岸。格林斯潘如果继续选择音乐作为职业，他的一生注定会平庸。

格林斯潘的故事再一次证明，人千万不要与自己的天性作对。做违背自己性格、天性的事，结局只有一个，那就是失败；而顺着自己的天性发展，发挥自己的性格优势，结局也只有一个，那就是成功。

果敢型性格的职业选择

由于果敢型性格的人锋芒毕露，喜欢独自决断，因此寄人篱下，受雇于他人也许不是明智的选择。那样只会捆住你的手脚，施展不了你的才华。当然，如果你正在某公司当雇员，眼下又不想离开，或者眼下还不具备独立创业的各种条件，那么，你是否有机遇取决于你是否能够较快地培养自己的职业性格，而收敛自己的锋芒。

人的本性有其稳定性，但是人的社会特性和人的职业特性是可以学习培养的。例如，你的本性是果敢型，你目前从事的是文秘工作，尽管你的本性适于独立创业，但是目前从事的文秘工作也不是绝对干不好。因为你可以自觉地培养自己的职业特性，如文秘所必需的忠诚、服从、守信、缜密等。但对于自己性格中的爱露锋芒的特性应加以限制。

如果你不是从事文秘工作，而是在公司中层的领导岗位，对上你是下级，对下你是上级，那么，对本部门的工作正好用上了你果敢的天性，但对公司领导你等于给他们打工。这种情况你应该在发挥果敢个性搞好本部门工作的同时，着力培养自己的社会性格。

所谓"社会性格"即是社会特定的一员所具有的特点，例如父亲的性格、母亲的性格、下级的性格、上级的性格等。社会性格不同于职业性格。如果你是中层干部，那么你应该培养自己中层领导的性格（中层领导不是职业，而是社会的一个特殊层面），例如，对上级不能闹独立，不能想怎么干就怎么干，不能锋芒毕露，不能背着领导另搞一套；但同时对本部门的工作又不失果敢、坚定的个性。

果敢型性格的人的职业价值观是权力型、经济型、独立经营型、自我实现型。权力型通过获取权力、实施领导、展示自己的权威获得心理的满足；经济型通过对企业的管理，谋求赢得最大利润，以体现自身价值；独立经营型通过独自创业实现自身价值；自我实现型是在上述几种选择变得不可能时，也可以尝试治学或从事艺术创作。

果敢型性格的人可能是党政机关及军警界的领导，也可能是公司的经理、企业家或集体、个体企业的老板。如果他选择治学和艺术创作时，大约也就失去果敢型性格的特点了。

而石油大王——洛克菲勒就正好是个果敢型性格的人，这也就注定了他成不了一个音乐家，但却会是一个非常成功的企业家。

约翰·戴维森·洛克菲勒，1839年出生于美国纽约州的里奇福德镇。他们这个家族是18世纪从德国举家移民到美国的。洛克菲勒的父亲比尔是个行为不端的假药贩子，这使他们家庭一次次搬迁，日子过得很不安定。

青年时代的洛克菲勒迷恋上了音乐，他甚至一度想当音乐家。当时他与父亲有个特殊的约定：借给父亲一小笔贷款，但要收取利息。尽管这点钱只相当于他来回坐车的费用，可是对生意上的事，他从来就不感情用事。而且，没过多久，他也发现自己不是个当音乐家的料。于是，洛克菲勒16岁时，开始步入社会，他翻开全城的工商企业名录，仔细寻找知名度高的公司。每天早上8点，他离开住处，身穿黑色衣裤和高高的硬领西服，戴上黑领带，去赴新一轮的预约面试。他不顾一再被人拒之门外，日复一日地前往，每星期6天，一连坚持了6个星期。当时克利夫兰的人口大约为3万。洛克菲勒说，他把列入名单的公司走了一遍之后，又从头开始，有些公司甚至去了两三次，但谁也不想雇个孩子。可是洛克菲勒是那种十分果敢的人，越是受到挫折，他的决心反而越坚定。

1855年，洛克菲勒花了40美元在福尔索姆商业学院克利夫兰分校就读3个月，这是他一生中接受的唯一一次正规的商业培训。18岁时，他从父亲手中以一分利贷款1000美元，与克拉克合作成立了克拉克—洛克菲勒公司，主要经营农产品。战争需要大量的农产品，所以，是美国的南北战争把20多岁的嗅觉灵敏且行事果断的洛克菲勒变成了一个富人。

战争给洛克菲勒创造了发展的新天地，而战后的经济繁荣又给充满活力、机警敏锐、果敢的他带来了无数的机遇，仅以4000美元的投资与他人合作成立了石油公司，这位资本家从此一头撞进了黑金之河，财富从油井里喷涌而出，源源不断。

无与伦比的商业才智和果敢的天性使他在短期内创建了美国最有实力、最令人生畏的垄断性企业——美孚石油公司。这个被众多专门揭人隐私的文人称为"章鱼"的托拉斯企业所提炼和销售的石油，几乎占当时美国同类产品总产量的90%，创造了美国历史上一个有关财富的神话。

任性型性格的职业选择

任性型性格的人如果善于把握分寸，把任性变得孩子般的可爱，可以创造事业机遇。

一般认为，任性是不太好的性格，因为时常会由于任性而把事情弄糟。但也不能一概而论。

轻微任性，或者说有一点任性不仅不讨人嫌，相反，可能还透着几分可爱。被父母娇惯的孩子都有一点任性，可是父母却很喜欢，因为那任性的表现形式可能是变相撒娇。从这一点可以看出，如果像孩子在父母面前变相撒娇那样把任性运用得恰到好处，任性就变成一种武器，为你赢得机遇。这就是人们在生活中经常可以看到的某些人故作任性，透着让人不易觉察的一点撒娇而征服上司的情况。

因此，任性型性格的人的职业价值观是自由型、自我实现型和独立经营型。自由型是依附于一个集体，在其中承担有限责任，用辛勤的工作实现自身价值；自我实现型是选择自己专业所长从事学术研究或文学艺术创作；独立经营型是自己创业做买卖，凭辛勤和汗水实现自身价值。

其中，选择自由型，属于轻微任性并善于利用任性式撒娇讨同事及领导的喜欢的类型。如果任性倾向较严重，不宜选择自由型（即依附于一个集体）。任性倾向较严重的人，应该选择人际关系比较单纯的工作，除学术研究外，也可以当自由撰稿人、网络员、电脑编程员等。选择独立经营型，则应树立信心，舍得吃苦。任性型性格的人兼有聪明、能干的特点，自己开业做买卖，只要吃得起苦，定能成功。

任性型性格的人做文秘工作显然是不合适的。文秘是沉稳、老练而精明的人擅长的工作；而任性的人不能自制，稍不如意就放任妄为，做文秘工作是不明智的。

著名的音乐家柴可夫斯基的性格就颇为任性，有那么一点可爱的孩子气，这也是他逃离官场而选择音乐的主要原因。

柴可夫斯基生在俄罗斯一个边远省份里的沃廷斯克，是一个政府官员的儿子。父亲是矿业专家，母亲弹得一手好钢琴，在他的心目中，妈妈等于音乐，音乐等于妈妈。童年的柴可夫斯基充满幻想，喜好朗诵诗和作文，选的大都是《圣经》或爱国性题材。他5岁那年的一天，父亲在家中放歌剧《唐璜》的唱片，他的情绪随着音乐起伏，当听到忧伤处时竟然放声大哭。因此，家庭教师送了他一个外号"玻璃男孩"，以后家人总怕伤了他易碎的心。

他19岁时毕业于圣彼得堡的法学学校，并在司法部供职。但是他略带孩子气的任性性格无法适合公务员的职业要求，而且他同时也疲于应付官场极其复杂的人际关系，于是，23岁时他辞去公职，进了新成立的圣彼得堡音乐学院，3年就完成了学业。校长安东·鲁宾斯坦推荐他到莫斯科音乐学院任教。在繁忙的教学之余他勤奋地致力于作曲，创作了一些成功的作品。柴可夫斯基的性格敏感并任性，草率的婚姻又加剧了他的不幸，几乎要使他精神崩溃。

后来，他全身心地投入到了音乐创作的事业当中，并用他那颗敏感而略带孩子气、任性的心演绎出了许多动人的音乐，最终成为一名伟大的音乐家。

沉静型性格的职业选择

沉静型性格的人具有遇事镇定、处事冷静、谋事审慎、办事认真的特点，这是典型的领导者的性格。这些特点决定了这种性格的人在仕途发展上存在机遇。

沉静型性格的人还可能在学术研究和艺术创作领域取得成功。因为沉静型性格中思维缜密、工作认真、客观冷静等倾向都是治学和艺术创作应具备的特点。

但是，如果选择了治学或艺术创作，就应该了却一切杂念，因为治学与做官是两个非常不同的方向，是无法兼而有之的。当然，可以先后有序，例如先当官后治学，或者先治学后当官。既当官又治学必有一项干不好，与其那样，还不如暂时放弃一项。

选择治学必须保证做到公正、敢讲真话，与官场不同，如果没这个思想准备、没这个决心，还是不要选择治学。

选择治学还得经得起寂寞，要有面壁 10 年，甚至面壁半生的思想准备。不能上电视、不能拎着礼品走后门。一定要保证你的学术观点确实不带个人恩怨、不带个人情绪。此外，选择治学还得安于贫困，如果想发财，千万别选择治学。学者发表学术成果可以得到稿费，但学者治学不是为了钱。

因此，沉静型性格的人的职业价值观属于管理型、理论型和艺术型。处事审慎冷静、谨慎周密的特点是领导者应有的特征；内省、认真的特点是进行理论思考或艺术创作的先天优势。因此，根据各自不同的知识结构，沉静型性格的人大体上可以选择如下方向发展：机关领导、专家学者、画家、书法家、音乐家、报刊及出版社编辑。

史蒂芬孙就是这种具有沉静型性格的人，并靠着这种性格取得了成功。1781 年，他出生于英格兰北部的华勒姆村。父亲是当地一名煤矿工人，一家 8 口全靠他一人挣钱养家，生活非常困苦。史蒂芬孙童年时没有机会进学校受教育，从 8 岁起就给人家放牛，14 岁就跟随父亲到煤矿干活。

不久，煤矿里一辆运煤车坏了，专职的机械师们修理了好长时间都没有修好，大家都急得满头大汗。这时，史蒂芬孙自告奋勇，要求试一试。机械师们根本瞧不起这个原本不识字的毛头小伙子，但又别无良策，只好勉强同意。只见他从容不迫地把运煤车拆开，调整好出毛病的地方，再照原样迅速地装配好。驾驶员一试，运煤车果然开动起来了。从此，机械师们再也不敢小瞧他了。

后来，史蒂芬孙又试着发明火车，在试验前期有很多人嘲笑他，但他不为所动，依然坚持研究并最终发明了火车，这也正是他的沉静性格所使然的。

狂放型性格的职业选择

这种人行为狂放，桀骜不驯，自负自傲；为人豪放、豪爽，不拘小节，不阿谀奉承，常常凭借本性办事，做事好冲动，好跟着感觉走。因而对很多事情都看不惯，难以在实际工作中取得卓越成就。他们一般具有想象力强、冲动、情绪化、理想化、有创意、不重实际等性格特征。适合在需要运用感情和想象力的领域里工作，但不擅长于事务性的职业。

一个有狂放、冲动性格的人，如果有自知之明，就千万别往仕途上挤，免得身败名裂。狂放、好冲动当公司经理也不行，经商决策是冷静、理智的思维过程，一冲动准会赔得一塌糊涂。此外，有这种性格的人往往情绪易激动，起伏波动较大，控制力较弱。如果做股票、期货经纪人，恐怕钱没赚着，跳楼倒有可能是真的。

这些人喜欢表现自己的爱好和个性，喜欢根据自己的感情来做出抉择，喜欢通过自己的工作来表达自己的理想。典型职业有创造型工作，如演员、诗人、音乐家、剧作家、画家、导演、摄影师、作曲家，或者是创意型工作，如策划、设计等。因此，他们在文学、音乐、绘画等艺术领域往往会有惊人的成就，在那个天地中他们可以尽情地实现自己的理想和抱负。

当今风靡美国乃至世界的摇滚女歌星麦当娜，就是这样一个狂放不羁的人。她我行我素，不轻易受别人言行的影响，经常做出令人目瞪口呆的事来。

但你能想象出她在成为歌星之前所从事过的职业吗？她做过快餐店女招待，当过裸体模特，卖过冰激凌。当然，她在这些职业领域都没有获得过成功。

麦当娜感情丰富，喜怒哀乐溢于言表。不喜欢单调的生活，爱刺激、爱感情用事，对新事物很感兴趣，同时十分狂放，她从不在意各种各样的误解和指责。她敢说敢做，激情澎湃，自负又自傲，正是这种性格优势使她在所挚爱的事业上不断进取，并佳绩纷呈。

耿直型性格的职业选择

这种人胸怀坦荡，性情质朴敦厚，没有心机，有质朴无私的优点。情感反应比较强烈和丰富，行为方式带有浓厚的情绪色彩。他们富有冒险精神，反应灵敏。他们常常被认为是喜欢生活在危险边缘，寻找刺激的人。

缺点是过于坦白真诚，为人处世大大咧咧，心中藏不住事，口没遮拦，有什么说什么，显山露水，城府不深。做事往往毛手毛脚、马马虎虎、风风火火。而因直爽造成的人际关系方面的损失就更不必推算，因为那是明摆着的。谁会愿意听你直来直去的所谓意见？即使你是吹捧，那直爽的赞歌也会让听者觉得不舒服。同时，因性情耿直、脾气暴躁、不善变通，有时会一味蛮干，不听劝阻，该说的说，不该说的也说，常常会给自己招来麻烦。

具有这种性格的人适合从事具有冒险性、探索性或独立性比较强的职业，比如演员、运动员、航海、航天、科学考察、野外勘测、文学艺术等。但不适宜从事政治、军事等原则性强、保密性强的职业。

美国著名影星玛丽莲·梦露就属这种直率、单纯、明净、没有多少城府、心机，但又拥有倾国倾城美貌的人。她的这种性格和天赋恰恰又是演艺界最急需的，也是最受欢迎的。而玛丽莲·梦露也正是通过发挥自己的性格优势和天赋，才达到了事业和人生的顶点。

在美国乃至世界，玛丽莲·梦露的艺名和身世，几乎是无人不晓的。而她就是这样一个没有城府，性格耿直的人。假如她当年没有毅然辞掉在军工厂里折降落伞的工作，没有发挥自己的天赋优势，踏上合乎自己性格、天性的演艺之路，世界上也就没有了"性感女神"的传奇神话了。

梦露走红后主演的多是同一类型人物：性感而纯真的金发美女，或者说是富于性感而头脑简单的金发美女。这与她本人耿直、直率、单纯的性格一脉相承，所以演起来自然得心应手。

梦露的成功说明一个人在找寻职业的时候，千万不要舍弃自己的天赋和性格优势，有天赋而不用，那是暴殄天物；有优势而不发挥，那是愚蠢的傻瓜。是的，耿直的人由于他的性格中有率真而坦诚的一面，往往会在很多时候成为最能打动人的宝贵品质。在美国还有一位名叫娜娜的女演员，她并不是表演专业的学生，而且她也没有受过专业的培训，但是她却是美国观众最喜欢的演员之一。相比之下，有位叫凯西的职业演员对此很不服气，因为她比娜娜长得漂亮，而且是专业学表演的，但是她却总是遭到观众的批评。后来，她才慢慢地明白，其实观众所喜欢的并非漂亮的外表和专业的演技，而是娜娜那种遮掩不了的真诚与坦率，而这发自内心的真诚与坦率却往往也是最能打动人的。

第二节

"女怕嫁错郎"——性格影响婚姻

日本社会学家木村俊夫曾给恋爱下了这样一个定义:"由于某个异性的个性令人满意,因此觉得他(她)可亲又可爱,并对他(她)抱有好感,而对其他人则采取排斥的态度,而对所爱采取独占的态度。也就是说,意欲独自占有对方,并希望为对方所接受,从而与之结合。"

性格左右爱情

外貌也好,衣着打扮也好,说话时的表情和措辞也好,脾气也好,观点也好,对于对方的一切全都感到满意,就成了恋爱的出发点。这种满意,是你心目中所喜欢的异性形象和实际接触到的异性的一切相互作用后所产生的结果,即在性格和智力的基础上。因此,也许可以这么说,喜欢对方,完全是喜欢对方性格中的下述因素:他(她)性格中的某些因素正好是你的性格中所缺陷的,他(她)的性格能和你的性格形成互补,并不断地帮你改进和提高。

然而,结为夫妻虽然是恋爱基础上的产物,可是结婚和恋爱不同,婚后,双方进一步加深了了解,双方的优点和缺点都暴露了出来,就是藏也藏不住。因此往往会产生这样一个问题:"他(她)怎么是这样一个人啊?"

因此,夫妻俩婚后生活幸福与否,是由丈夫和妻子所具备包括性格在内的种种条件决定的,也是由双方能否很好地适应对方的性格、满足对方的要求决定的。

世上没有完全相同的两个人。人的相貌、内在性格、气质各不相同,即使是一对孪生姐妹,也可以找到内在性格、气质等方面的差别。更不要说在不同环境下成长,有着不同经历的夫妻了。夫妻之间性格不同甚至迥异,就像两种各自生长在不同的土壤里的植物一样,感情将两株不一样的植物收到一块土壤上,想必会有互补和冲突。

因而，夫妻在兴趣、志向等方面比较一致，会使两个人共同的话题多一些，不觉得无话可说，会增进彼此的感情。但如果在气质、脾气上不一致，可能会因为一点小事而发生不愉快的事情。

夫妻组合，最好的是夫妻两个人在个性上互为补充，在志向上又彼此相近，才能够彼此适应，做到相互谅解，自觉协调夫妻关系。

夫妻在个性上互为补充，能避免很多矛盾的产生，有时候，还可以避免灾难。

个性互补有利于夫妻生活更加和谐融洽，对婚姻生活也是有很多好处的。夫妻两个人如果做到在各个方面都互为补充，显然是有些不太现实的，但只做到大体一致，互相协调，是很有可能的。为了让今后的婚姻生活更幸福、美满，夫妻双方不妨在个性互补上多下一点功夫。

夫妻在性格方面的差异，往往成为夫妻关系冲突的一个重要原因，处理不好容易引起夫妻矛盾。据西方古老的神话传说，一开始上帝用火造了一个美女，与亚当配为夫妻。但亚当是用泥土造的，两人气味不合，秉性不投，在一起生活一段时间矛盾甚多，无法继续共同生活下去。上帝见亚当终日愁眉不展，就决定再为他造一个合适的女伴。这次，上帝是抽取亚当身上的一根肋骨造出了夏娃，这个"骨肉相附"的女人就成了亚当最忠实的生活伴侣。这个古老的神话传说告诉人们一个值得注意的问题，如果夫妻趣味、性格方面差距太大，势必会影响夫妻关系的稳定。生活中，离婚的理由多种多样，但以性格不合为由的占有相当的比重。

怎样才能避免和解决夫妻由于性格上的差异引起的矛盾呢？下面来教你如何避免这些矛盾：

1. 双方都要试图去改变自己的性格

大量科学研究表明：人的性格并不是先天注定的，主要是在后天的环境中、教育影响下和实践活动中形成和逐步强化的。因此，性格迥异的夫妻不必过多地烦恼和担心，应对彼此的性格适应与协调充满信心，以一种良好的心境去改变自己，影响对方，力争性格的相近。

2. 互相理解和尊重双方的性格

俗话说："江山易改，禀性难移。"人的个性一经形成，就有它的相对稳定性。夫妻双方都应对此有清楚的认识，并对对方的性格表示理解，注意尊重对方的个性。要在相互尊重的前提下努力创造一种平和的家庭和心理环境，促使爱人改掉不好的个性。要正确认识和评价对方的性格，不要一味地横加指责，尊重对方的性格。要做到性格上的相互尊重，必须做到承认对方的个性风格，主动适应对方的个性风格，要能够宽容，不要吹毛求疵。

3. 双方都要对自己的性格扬长避短

没有人的性格是完美的，这也就是说，任何人的性格都有长处和短处，既然如此那么对自己的性格应一分为二，长处就发扬，短处则努力克服。避短的方法是发现对方之长，善于发现配偶性格中的长处，并吸收过来补充和完善自己。扬长避短的第二层意思是在家务安排上，凡是需要讲求时间短的，不妨由性子比较急的去做；凡是质量要求高的，就让慢性子的去做，这就发扬了各自性格之"长"。

性格决定你的爱情模式

1. 女性化的你和男性化的他

你们对彼此都颇有好感，很快就坠入情网，彼此都有着深深吸引对方的特质，所以一开始就是在热恋，只要有一方展开追求攻势，马上就是情侣。他对喜欢的女生相当热情，他也很会说些甜言蜜语，让你觉得窝心。不过你们的占有欲和嫉妒心都很强，但也因为这样，才能随时都像在热恋中。不过等交往久了，彼此更习惯，关系更亲密后，可能就会时常起争执。虽然你们是因为男性化和女性化的相异点而互相吸引，一旦争吵就会觉得对方是不可理喻的人，互相指责彼此不了解对方。虽然经常吵架，也吵得很凶，但就是不会分手。

你们的危机出现在热恋后，这时候已经很习惯彼此了，感情也渐趋稳定，你会觉得无聊，但他却觉得这样稳定发展很不错。不过他可能无法察觉你的想法，约会时也不太会询问你的意见，一切都由他做主，你会觉得他不够尊重你，于是就起争执了。虽然谈恋爱了，还是要各自拥有彼此的朋友，多参加团体活动，才不会相看两相厌。不要老想要绑着他，偶尔放他单飞一下，他会更爱你，感情才能更长久。

恋爱成功三守则：

第一，彼此相互独立。

第二，多理解他，给予他关心和照顾。

第三，多花些时间陪陪她。

2. 男性化的你和女性化的他

他是你的人生最佳导师，一开始你们就互相吸引，先从朋友做起，相处久了自然就会变成情侣。女性化的他喜欢收集各种情报，兴趣广泛，会带领你见识不同的世界，让你觉得很新鲜。刚开始交往时，会觉得有这样的男朋友真好，他厨艺佳，又懂电脑，而且很有耐心，什么事都教你，不过他做事很细心谨慎，会觉得你有点粗线条，大而化之。看到你的包包乱七八糟，他会唠叨你："买个化妆包，将东西都装进去，就不会乱七八糟了嘛！"还会唠叨化妆的事，叫你不要涂睫毛膏，涂得眼睛黑黑的很难看。你可能会受不了一个大男人竟然如此唠唠叨叨。如果彼此无法包容对方的缺点，将走向分手的局面。男方比较细心，女方都会觉得自己很没用，不过你千万不能有这样的想法。他虽然擅长收集情报，但果决的你擅长下决定，最后他一定是听你的。还有，他会对你唠唠叨叨，这也是一种爱与关心的表现。你只要跟他说"谢谢你的教导"，他一定会很高兴，一定会更爱你。如果争执了，你千万不能得理不饶人，你们要好好沟通，听听他的意见，你千万不能太霸道。

恋爱成功三守则：

第一，彼此在擅长的领域里当领导者，不要干涉。

第二，要感谢他的用心与细心，谢谢他的关怀。

第三，若出现问题，要有耐心好好沟通。

3. 男性化的你和男性化的他

彼此互相吸引，看对眼，很快就陷入热恋。你是男性化的，征服力却很强，希望尽快有结果，也许由你主动追求。目的达到后，就会觉得安心。当你们的感情越来越好，越来越深后，反而不像是热恋的情侣，而像是携手走过人生路的伴侣。于是约会模式变得制度化，像情人节、纪念日之类的特别日子也忘了庆祝，彼此都忙，见面时间变少，周围人以为你们分手了。不过你们很喜欢这样的交往方式，虽不常见面，但心中都有对方，绝不会移情别恋。不过当他被女性化的女性诱惑，可能就是分手的时候了，他觉得你独立，没有他也没有关系。另一个女孩更需要他，于是就离开了你。

如果想让这段感情走得长久，你的态度一定要很女性化才行。虽然你的个性很男性化，但一定要有女性的温柔与体贴。多找他商量事情，就算你已经心有定论，还是要跟他说，说完后别忘了加上一句："你能听我发牢骚，真好！"有时候要对他吃醋发发小脾气，勇敢地向他撒娇，不要有事才找他，平常要多联络，不要光聊工作上的事，说些日常琐事更好，总之，一定要让他觉得你就是他的情人。

恋爱成功三守则：

第一，就算你已经心有结论，还是要找他商量。

第二，不要害羞，勇敢表现醋意，向他撒娇。

第三，平常多联系，聊些日常琐事。

4. 女性化的你和女性化的他

女性化的你和女性化的他，若太被动，感情便无法进一步。你们都是被动的人，即使对彼此都有好感，要迈出第一步实在很难。你在等他先开口，他也在等你先采取行动，真不知道要等到何时。所以你要多多制造两人相处的机会，你们两人很合得来，多约会。很自然就能培养出感情，拉近两人的距离。平常问他一些表面的问题，他都会很热心地给你建议，但是如果问到比较深入的问题，他可能会故作冷漠，其实他是不好意思，怕表现得太热心会让你看穿他的心思。其实他很想问你："我在你心目中是何种地位的人？"却不敢说，如果他真的问你，你千万不能故意耍酷地回答："不就是普通朋友吗？"一定要将诚意拿出来。

你们一定要有共同的兴趣。拥有相同的价值观，感情才能长长久久，才能产生亲密的感觉。还有不能让他有被束缚的感觉，你要学习欲擒故纵的技巧，才能将他自在地掌控在手中。不过也不能太冷漠，不管他的话，这段感情就会自然消减。你要主动保持联系，但是不能让他有烦的感觉，所以你要好好拿捏尺度。

恋爱成功三守则：

第一，找出共同的兴趣，一起同乐。

第二，最好不要太依赖对方。

第三，你要勤于保持联络，两人的感情才不会变淡。

不同夫妻类型的不同婚姻测试

1. 传统型夫妻的婚姻测试

这是一个非常流行的组合，因此如果不小心随便丢个石头，就会打中传统型夫妻。可能是因为原本就性情相投，或是有容易彼此互相吸引的情愫，所以就走进结婚礼堂了。

在个性有点刚直，想要营建一个普通家庭的妻子眼中，诚实、有强烈责任感的丈夫是理想的人选。而在丈夫方面，对任何事都拼命去做的妻子，是个可以共同生活一辈子的好对象。

结婚之后，丈夫在外十分活跃，而妻子觉得丈夫非常值得依靠，会更努力地经营家庭，是一对传统而又安定的夫妻。

但是，在旁观者的眼里，好像精神抖擞的妻子会不顾温和的丈夫，一手掌管全家大大小小的事，容易让人联想成典型的老婆当家的夫妻，不过事实并非如此。实际上，丈夫会巧妙地遥控指使妻子。

传统型夫妻的特征，莫过于"非常注重礼节"。婚丧喜庆就不用说了，而在中秋节、过年过节相互赠送一些礼品的时候，为了避免在背后被人家指指点点，都会做到尽善尽美，这当然是一件好事，但是有点拘泥于形式的倾向。

处理人际关系的形式的确很重要，可是别忽略了自己的心意。不要只是形式上的交往，有时候也可以呼朋引伴邀大家到家里来玩，或到别人家拜访一下，互相交流。

对个性强的丈夫而言，即使妻子有收入也不会伤到自尊。因为知道表面坚强的妻子，其实内心是很脆弱的，而且想一直受到自己的保护。做妻子的如果真的有心想做一些事，可以试着去说服丈夫。

丈夫在精神层面上都是妻子至上，而妻子不要忽略了要尊重丈夫，如此一来，是没有离婚疑虑的组合。但是如果不小心失去平衡，在乎面子的两个人则有可能会演变成"家庭内离婚"的局面，所以，在发生问题时，双方都应该努力解决才是。

2. 争吵型夫妻的婚姻测试

如果夫妻双方都是属于想说什么就说什么的直肠子型的人。尤其妻子又有什么事都喜欢夸张化的习惯，所以别人从妻子口中听到夫妻吵架的经过时，会不自觉地就担心："这样的夫妻这么会吵架，真的没关系吗？"事实上，这对夫妻的争吵是不用理的。因为就在你想"要怎么办？要不要劝架？"时，这次又听到他们夫妻的恋爱史，就会觉得"什么嘛！白担心一场"，落得如此下场。

这类型夫妻都是属于非常有活力又外向的人，只要生活过得不错，就喜欢宴请宾客，给周围的人爱好热闹的印象。很多夫妇都喜欢交际，常常招待朋友开个家庭聚会，或相邀一起到处去玩。而在别人面前依旧不改喜欢斗嘴的习惯，这对夫妻正是印证了"打是亲，骂是爱"的这句话，这是两人都没有对对方失去兴趣的证据。

若在传统型的家庭里，总是呈现坐着不动的丈夫，以及细心的妻子在周围忙得团团转的景象，这样的家庭气氛会给人有趣的感觉。嘴上喜欢念叨丈夫不是的妻子，意外的是个非常有耐心、工作勤奋的人，也许是因为丈夫是强者而妻子是弱者的关系，但依照妻子的说法是："因为丈夫总是懒惰不肯动，还不如自己动手做来得快。"

一般属于强者的丈夫会发挥独裁者的气质，而原来就很女人化、温柔贤淑的妻子是不会太在意的。反而对镇定自若的丈夫，很多妻子视为是"有男子气概、可以依靠的人"。对丈夫而言，有一位凡事不爱强词夺理又不抱怨，愿为自己付出的妻子，可以说是非常值得庆幸的。

相反的，如果传统型夫妻变得无话可说时，可能夫妻间已经存在危机。

强者的丈夫如果太过支配一切时，会造成妻子的反感而且失去活力；而一旦妻子对丈夫失去兴趣的话，甚至会连吵架的话题都找不到。所以建议这类型的夫妻，如果感到心情沉闷时，不妨重新审视两个人之间的关系。

活泼的妻子是属于一旦待在家中就会感到压力的一类人。如果能够得到丈夫的理解，就会想把目前手上的工作继续做下去。但是，爱慕虚荣的丈夫，虽然嘴上说："想做什么就去做,没关系。"但会因妻子忙于工作而忽略家务,而渐渐地表现出不满的态度。

因此建议想工作的妻子:要努力的是有效率地处理家务,尽可能不要加班比较好。当然聪明伶俐的妻子是属于能够同时兼顾家庭和事业的人,因此不需要特别担心。

不过,比起这点来,妻子更要注意的是夫妻俩对人际关系的交往方式。

不拘泥于一般礼节的妻子,对自己的朋友或熟人非常亲切;相反,对于原本应非常注重的亲戚间的往来或丈夫工作上的同事之交际,觉得"不擅长说一些拘谨的话",而有逃避的倾向;但是很重视社会地位及习惯的丈夫则无法理解妻子的态度。遇到收到人家的贺礼却忘了写感谢函,自己一个人就没办法招呼亲戚时,丈夫对妻子的不信任感就会愈来愈高。因此,对于人际关系,做妻子的最好能遵照丈夫的指示,尽力去做到。

3. 大丈夫型夫妻的婚姻测试

在外积极活跃的丈夫与支持丈夫并把他照顾得无微不至的妻子之组合,容易成为"丈夫工作、妻子家庭"这样各自扮演好自己角色的夫妻,但稍微有一点传统的大男人主义的"味道"。大男人主义后面加上"味道",是因为那并不是丈夫凭己之力造成的,而是为了满足气质强的妻子的希望所演出的缘故。

"结婚的话要辞掉工作,想当一个好太太"。有很多人认为:与其工作要半途而废才能兼顾事业与家庭,倒不如专心做个家庭主妇,建立恬静舒适的家。

在这些女人的眼中,抱有野心埋首于工作,值得依靠的男人,是个让妻子愿意全心全意付出的好对象。而且对男人来说,温柔体贴,又很会照顾人的女人正是一个理想的妻子,两个人的希望完全吻合,是个容易产生幸福组合的一对。

结婚之后,妻子就会营造一个梦想中的家,会把家装饰得非常漂亮,每天的三餐和打扫完全有条不紊,可以称得上是一个模范的家庭主妇。当然,对于丈夫的健康或是服装打扮,更是用心周到。

另一方面,丈夫也很放心地把家交给那样的妻子,而尽量地在工作上发挥所长。对自尊心很强的丈夫来说,私底下默默地支持自己,并且忘我地为自己付出的妻子的存在,是最重要的精神支柱。所以有很多会成为想让妻子开心,而对工作更拼命的丈夫。

对那样的丈夫而言,在背后鼓励支持"你一定会成功"的妻子之存在,可以说是精神上非常有力的支柱。在妻子的面前,丈夫就像一个大小孩一样。

但是,拥有像母亲一般影响力的妻子,对丈夫来说是非常庆幸的同时,有时也是会有排斥、反感的存在。如果丈夫因为工作上的一些理由而没有回家,有外遇的征兆时,妻子可能就有必要反省一下,是否自己在无意间把丈夫逼得太紧了。

原本,气质弱的人在强者的面前,总有一股被看透的感觉,容易感到喘不过气来。所以,妻子如果太过贤惠,把家中大大小小的事完全一手包办,那么也许容易让丈夫感到在家中没有立足之地。

但是若因某些变故，便抛弃丈夫，失去了一直寄托的精神支柱的丈夫，则会因遭受打击而有可能一蹶不振，甚至会放弃一切，最后变成一个懦弱、没有气魄的男人。

跟表面上看似大男人主义的人正好相反，这个家庭的主导权仍在于妻子所拿捏的分寸。对丈夫的优点都了如指掌的妻子，只要对缺点睁一只眼闭一只眼，而只看好的一面，相信就能成为一对永浴爱河的夫妻。

4. 自我型夫妻的婚姻测试

自我型夫妻的家庭让熟人朋友都能轻松来访，有活泼自在的家庭气氛。他们都那样的热情好客，家通常是他们的社交舞会现场。

但是对于一些需要受到照顾的朋友或欢迎长辈亲戚时，就不适用这种方法。所以希望容易无视社交礼仪的自我型夫妻，最好不要忘了也要注重礼貌性的人际关系。

在接待重要的客人时，需要好好地准备一番，这是待人处世最基本的礼仪。还有一些节日的赠礼及婚丧喜庆，虽然很麻烦，但却不能省略；另外，也应该要考虑到年龄适合与否的问题。如果不知道该如何处理，询问婆家或娘家也是一种方法，不要感到不好意思，一定会得到一些指示。只要不忘记一些形式上的考虑，原本就和蔼可亲的自我型夫妻，必定会得到相当不错的评价。

所以为了避免这样的情形发生，丈夫或妻子都应该在埋首于工作、家庭及孩子的教育之同时，特别去留意发掘夫妻间共同的兴趣、嗜好或话题。但是，乐天而且遇到逆境也不畏艰难的夫妻，意外地在某些地方十分脆弱，就是一旦两个人各自发展自己的兴趣时，彼此的心就会愈离愈远，而且也会减弱夫妻间的团结。如果发生这样的情形，原本就不拘泥于结婚制度的两个人，有可能很轻松地就考虑到离婚的事。

5. 依赖型夫妻的婚姻测试

爱打扮又很有个性的妻子与朴实又非常认真的丈夫让人不禁怀疑他们真的适合吗？但其实结婚后过了一阵子，丈夫会成为引导妻子而且非常值得依赖的人，而妻子会完完全全信赖丈夫，而且变得喜欢跟随在丈夫身后又非常可爱的妻子。

那样的女人，非常敏感又体贴，比她还稳重又能下正确判断的男人，对她来说是非常有魅力的人。即使婚后，仍不会隐藏他们的天真无邪，是个依然会好得十分火热的组合；就算是上了年纪，还是会牵手互相提携，就像洗洁剂广告中一直保持着新鲜感的夫妻。

很多容易受到伤害的妻子，只要能够在丈夫稳定的爱情中感受到一个安居之地的喜悦，就会把丈夫视为父兄般地完全依赖；而妻子也会守着衷心依赖的丈夫，并建立一个幸福美满的家庭。

常识派的丈夫，有很多人虽然讨厌引人注目的举止，但会尊重妻子与众不同的魅力，而且自己也会乐在其中。

不过，因为有很多的丈夫都对妻子的行动力给予高度的评价，因此只会远远地注视妻子的行动的情形很多。不管怎样，只要丈夫担任参谋顾问而由妻子去执行的话，必能让事情进行顺利，夫妻俩的感情也能发展得更稳定。

平常非常尊重丈夫判断的妻子，一旦因状况的改变而开始坚持己见时，稳重的丈夫就会变得焦躁不安，而且无法冷静地下正确的判断。只要好好地思考一番，因家中经济状况的变化，妻子想出外工作也是无可厚非的事；而跟父母同住造成一些空间使用的问题，即使原本就知道是难以处理的事，一旦感情用事，就更难处理了，因此，一定要用热情好好处理。

完全依赖丈夫的妻子，即使在日常生活中也不会改变态度，凡事都会征询丈夫的意见，并且遵照其意思去做。

其实聪明的妻子应该可以自己决定事情，但是绝对不会改变"唯丈夫是从"的立场。因为想要支持深爱的丈夫，同时自己又是个情绪善变，容易杞人忧天的人，所以，如此一来，对妻子来说，反而是件比较轻松的事。

当然丈夫也表现得非常好，每当妻子问"怎么办？"时，有很多人都能读出妻子的心思，同时给予妻子想要的答案，对丈夫来说，妻子的心情就像是拿在手上一般，很容易了解，因此意见对立、激烈辩论的事很少发生。

不同性格夫妻的和美相处之道

夫妻的社会相容性是夫妻在世界观、价值观和人生观方面的相容。在人的社会特征方面包括文化水平、职业、工作态度、社会积极性、对社会和他人的态度、道德成熟程度、需求构成等。

价值观念的一致是夫妻相互理解的稳固基础，如果缺乏这种一致，那么夫妻之间的精神交流就会遇到很多障碍。一个人的价值观同他的志向、行为特点和社会表现的种种需求是密切相连的。

在我们的社会生活中，夫妻之间在需求构成和价值观念上如果互不相容，就会导致家庭的破裂。如夫妻一方一味地追求超前的物质需求，终日忙于对住房、衣着、生活等必需品的获得，被膨胀的物质需求所征服，而另一方却追求有益于社会的创造性劳动、求知、积极从事社会活动、在道德和审美方面进行自我修养等方面的精神需求，那么这种婚姻关系是很难维持下去的。

在社会相容性中还可以包括夫妻在职业和职务方面的相容性。这种相容性并非要求夫妻必须有同样的工作。但是工作和职业的不同常常会带来很多矛盾，如一方因公长期出差在外，而另一方需要留在家中。这样在某种程度上会影响夫妻之间的关系，影响婚姻的稳定和牢固。

然而，婚姻的冲突，往往都是由初期一些潜在的小问题开始的。正因为问题小，婚姻这块"跷跷板"的倾斜不明显，夫妻都不会太在意。这种小问题，很容易因双方的退缩掩盖过去，但其实"跷向一边"的问题没有得到真正解决。久而久之，一旦发生诸如孩子出生、工作挫折等重大事件，便会成为冲突爆发的导火线。那么夫妻应怎样注意婚姻平衡并去巩固它呢？

1. 适度地让对方伤心

在两性交往的过程中，轻易承诺往往是爱情最大的杀手，因此适度地让对方伤心，可以让彼此的关系更具有弹性。但切记并不要让对方陷入绝望，其中分寸的把握要视对方能够承受多少压力而定。例如，当恋爱的其中一方问起"你会爱我很久吗？"这类问题时，你若明知未来有许多未知变数，却反而对他唱起"爱你一万年"，只怕日后感情生变，徒然落下薄幸之名。然而，如果你的回答是"我会尽量，但不保证"。也许对方在乍听之时，心里会有些伤心，但是坦白的态度，将会助长情感转往更理性的路途发展及避免不必要的争吵。

2. 打情骂俏让人陶醉

谈起爱情，每个人都以为自己是最认真的，然而在两人亲密相处的过程里，太严肃反而会造成不必要的压力。带点幽默感的恋爱，反而让人回味无穷。对于有意交往或热恋中的男女，适度地打情骂俏，不时说些甜言蜜语，的确有助于情感的升华。

3. 在丈夫面前不妨愤怒一下

在男女交往的互动关系上，只有一方暗自生闷气或过度包容，只会更加招致心中怨气日渐堆积，终会爆发。其实，只要时间、地点、方式恰当，适时地发顿脾气可以发挥很大的效用，因为小小的愤怒，有助于管理及调整两性的关系。比起酸溜溜的冷嘲热讽，突如其来却适可而止的一顿脾气，对于爱情的主导权，反能收到立竿见影的效果。

4. 时常充实和更新自己

爱情也需要不断地给予对方新鲜感、惊奇感，因为恋人的关系若没进展，就是退步。所以若要建立情人对你的爱情忠诚度，最好是时常给对方新鲜、惊奇的感觉，就好比突如其来的一份礼物，便能叫爱人倍感无限温馨。

夫妻相互的容忍，是婚姻平衡不可缺少的因素。夫妻间最忌讳的是两个人都大声说话，只要多顾忌对方的想法，就不会闹得不可开交。就好像"情侣"的"侣"，这个字有两个口，但两个口是不一样大的，也就是一个"大口"，一个"小口"，这告诉我们，夫妻或情侣间当有一方大声讲话时，另一方就要小声一点。如果两个人都一样大声，恶语相向，最后演变成"言语暴力"，很容易就会出现大问题，到了后来，很可能一发不可收拾。

因此，夫妻双方就像坐在跷跷板的两端一样，各自都必须不断调整自己的位置，否则就无法达到稳定的关系。婚姻破裂的最主要因素，不是夫妻间的差异，而是无法适当地处理这些差异。所以，唯有相互的容忍和适应，才能建立平衡的婚姻。

如何做个丈夫眼里完美的妻子

不同性格的女性都有着各自的光彩和缺陷，她们本身的差异反映到婚姻生活中，当然也会有所不同。不同的男人对自己的爱人有不同的需求。对男人而言，适合的就是最好的。以下是男性期望的女性性格：

1. 做个细心的女人

做事细心入微，是一个好妻子不可缺少的好性格。

心细的女人在各个方面都能为男人招来好运气。对于心细的女人来讲，丈夫不用多费口舌，她们能清楚地记得丈夫喜爱什么、不喜爱什么，知道丈夫需要什么、不需要什么。她们不仅在家庭生活中把自己的丈夫照顾得无微不至，即使在职场上，她们也能给予丈夫及时的帮助。

细心的女人往往在最关键的时刻显现出她的独到之处，她们平时并不张扬，显得深藏不露。比如细心的女人在家庭开支上精打细算，在家庭出现危机的时候，能把平日里积攒下来的钱拿出来帮助整个家庭和丈夫渡过危机。俗语说，细微处见真情，细心的妻子是丈夫最坚强的后盾。

2. 做个善解人意的女人

在传统观念中，虽然男性被赋予了坚强、刚毅、勇敢等性格特征，但是男人有时比女人更加脆弱和敏感，他们在人生的关键处也会迷茫、彷徨甚至误入歧途，但是他们固有的形象不允许他们在人前哭喊、吵闹或显露自己的脆弱和痛苦。现实生活中，激烈而残酷的竞争，使得男人同样在工作中备受煎熬，他们也有很多不如意的事和不开心的情况，这时就需要有一位善解人意、温柔体贴的妻子来安慰和鼓励他们。男人是永远不会把自己的痛苦外露的，他们习惯给自己戴上坚强的面具，但是过重的压力，有时也会让他们崩溃，所以一个与他们有共同语言、能不时开导他们的好妻子对于他们来讲就是缓压剂，能在言谈间让他们放松心情，重新展露笑颜。

3. 做个宽容的女人

如果让男人选择终身伴侣，大部分男人可能会选择宽容大度的女人。宽容大度的女人不喜欢和别人斤斤计较，在和丈夫发生争吵时，不容易记恨，而且总是首先退让，向对方道歉。这样的女人其实很懂得生活。宽容大度的女人，懂得什么时候退让，她们有眼光，知道把握分寸，也能理解男人爱脸面的特点。在夫妻生活中，越是固执己见、不肯退让的女人，越是让人心烦，她们这样的做法只会让丈夫更加烦恼，更加不愿回家，而不会有别的结果。宽容大度的女人让丈夫既不能忽略自己的存在，又不让自己的丈夫难堪，在大家都开心的情况下解决了问题，使家庭越来越和谐、美满。

4. 做个会撒娇的女人

恋爱中的女人喜欢向男人撒娇，在她们看来，能被一个有着阳刚之气的男人爱着是值得自豪的事情。看着男人为自己做这做那，内心觉得暖洋洋的。而对于男人来说，有一个娇小、美丽的小女人在自己身边依偎，也是件很享受的事情，而能当美丽女人的护花使者更是值得夸耀的事。

撒娇是恋爱中不可缺少的调味料，它让女人变得更加娇媚，同时也激起了男人的保护欲，增强了他们的自尊心。现实生活中，有很多男人是因为自己的爱人有一副娇滴滴的声音而迷恋上对方的。进入婚姻生活以后，夫妻双方虽然没有了神秘感，但在男人看来，妻子仍然是娇小和需要保护的，所以很多男人对于婚后妻子变得坚强和不需要自己感到迷惑，他们会觉得婚前妻子的娇弱形象是一种假象，而自己也有一种上当受骗的感觉。针对这种情况，妻子应该懂得适时地向丈夫撒一下娇，而夫妻双方会感到初恋的温馨又回到了心间，烦闷的家庭生活又会焕发不一样的光彩。

5. 做个擅长烹饪的女人

俗话说："要想拴住男人的心，最先拴住男人的胃。"对于男人来说，口腹之欲是他们最难以割舍的情怀。许多男人可以抛弃七情六欲，但却难以抗拒一顿美味佳肴的诱惑。好太太必备的因素之一就是有着一手好厨艺。许多男人们在劳累了一天之后，看到自己家里的温暖灯光就会感到胸中有一股暖流流过，这是因为他们知道在那灯光里有着自己爱的家人和一顿根据自己口味做的可口饭菜。男人其实是很容易满足的，一顿美味就能让他们对你念念不忘。

6. 做个能同甘共苦的女人

"风雨同舟"这个成语应该说的是与自己共患难的情况，每个人一生中能真正与自己共患难的也只能是自己的伴侣，夫妻二人在复杂的人世间一起艰难地摸索，无论是顺利或是不顺都将是人生的宝贵财富。事实上，再坚强的男人都希望与自己的爱人分享自己的成功与失败,他们在成功之时,最希望的就是自己的爱人能为自己感到骄傲;而在受到挫折后,又希望自己的爱人能给自己几句最真挚的话语来抚慰自己受伤的心灵。

而且社会学者特曼曾就夫妻生活的状况,向许多夫妻进行过调查。后来,他又进行了个性测验和兴趣测验等,从而找到了"关于婚后幸福的心理学要素"。现在,将夫妻生活过得美满幸福的妻子的性格介绍如下:

①待人和蔼。
②希望别人对待自己也态度和蔼。
③不轻易发怒。
④不过分介意于自己给别人的印象。
⑤不认为社会上人与人之间的关系就是竞争关系。
⑥始终愿意与人协作。
⑦即使被分配担任从属性的工作也不抱怨。
⑧能老老实实地听从别人的忠告。
⑨愿意为国家、社会和公众服务。
⑩能使人得到教益和愉快。
⑪愿意帮助需要帮助的人和不幸的人。
⑫对待工作一丝不苟、全力以赴。
⑬处理钱财小心谨慎。
⑭在宗教、道德和政治方面有点保守,表现出维护传统的倾向。

如何做个妻子眼里完美的丈夫

少女在刚开始接触爱情时,可能会被对方英俊、帅气的外形所吸引。但是对于成熟一些的女性来讲,男人表面的东西远不能满足女性精神内核中对他们最本质的寻求。也就是说成熟的女性在选择对方时,更加注重内在的素质,以下是女性期望的男性性格。

1. 沉稳内敛的男人

不沉稳的男人本身就还像一个孩子,怎么可能去照顾别人呢?内敛是表现在为人处世、待人接物的方式上。沉稳是内在的修养,是具有很强包容心和忍耐力的性格特征。它需要丰富的人生阅历和生活经验,拥有这种特质的男人是饱尝了人生和事业艰辛的人,他们懂得珍惜眼前得来不易的成果,也拥有面对将来更多坎坷和挫折的勇气与力量。因此,他们也容易获取女人的信任。

2. 意志坚强的男人是女人坚实的靠山

意志坚强的男人总能让女性产生好感，因为在女人看来，意志坚强的男人是真正的男人，他们拥有最强的责任感和信任度。女性一般都很敏感，自己的情绪容易受外界的影响，显得多愁善感；她们容易被周围的环境所左右，本来决定好的事情到时候也会发生变化；她们通常意志不坚强，对于任何事都缺乏坚持到底的毅力。这样的性格特征决定了女人们都希望自己的男友或者丈夫意志坚强，对事情有自己独立的观点和看法，不受环境与他人的影响。

3. 事业心强的男人带给女人安全感

事业心强的男人通常都很受女性的欢迎。在女性看来，事业心强的男人更能使自己有安全的感觉。这种类型的男人都很理智，他们清楚地知道自己寻求的目标是什么，他们往往都相信逻辑、计划和提纲能解决一切问题。他们对任何事情都能全身心地投入，对工作的专注并不影响他们对爱情和婚姻生活的努力经营。在他们看来，事业和爱情是他们人生中都不可缺少的部分。这种类型的男人常常希望找一个与自己同样独立和专注于工作的女人，这样他们可以保持彼此的独立空间，即使有时分离也不会影响双方的感情。他们对过分依赖自己的女人没有好感，因为他们不希望为了照顾对方的情绪而影响自己的工作和心情。

事业心强的男人也有缺陷，那就是过度专注于自己的事业，而忽略了女友或是妻子的感情，使得双方没有交流的时间。这样时间一长，他们的伴侣也会因无法容忍他们的漠不关心而提出分手或是离婚。

4. 冷静独立的男人是所有女性心中最完美的伴侣

每一个女人都希望自己的丈夫像《英雄本色》里的小马哥一样，在任何情况下，都能冷静处理并且愿意用他们的生命保护自己。这样的男人是女人心目中典型的白马王子，是女人从十几岁就开始梦想的理想恋人。一般人在突发情况下，都可能会惊慌失措，所以冷静独立的男人就显得分外迷人了。

性格独立的男人也很有吸引力。一般时候，女人对男人的要求并不在于他们是否适应了周围的环境，而是看他们是不是能够表达出自己的主张或意见，也就是说女人更看中这个男人是不是有自己独立的想法，是不是能自己独立地完成一件事情。独立性弱、任何时候都无法自己独立的做出决定而习惯依赖身边的人的男性是不会讨女人喜欢的。

5. 敢于面对挑战的男人最具活力

敢于面对挑战的男人通常都对自己很有信心，任何时候他们都精神饱满地迎接新事物的到来。他们不惧怕变化，甚至期盼变化的到来，在他们看来，一成不变、死气沉沉的生活才是最无法容忍的。在这种类型的男人身上随时都可能有意想不到的情况出现。他们永远不会被困难压倒，在困难面前，他们从来都是越挫越勇，而绝不会退缩不前的。这样的男人始终生活在不安定的因素中，他们身上仿佛有着用不完的精力，永不知疲倦。"生命不息，奋斗不止"是对这种性格的男人的最好诠释。现实生活中，这种例子也很多见。年轻女性在面对事业有成、沉稳内敛的男性和精力充沛、勇于面对挑战的男性时，总是最先被后者所吸引。在女性看来，后者身上有着不能忽视的热情和青春，和这样的男人在一起，自己的心永远都是年轻和充满活力的；而和前者在一起，虽然有着更多的安全感，但是生活容易走向程序化，没有激情。特曼在指出美满婚姻中妻子性格特征的同时，也指出了美满婚姻丈夫的性格特征：

①情绪稳定，不反复无常。
②凡事愿意与人协作。
③对女性能平等相待。
④对下属、晚辈和不幸的人抱有同情心。
⑤不过分考虑自己，性格有点外向。
⑥具有领导能力。
⑦能主动承担责任。
⑧对于细枝末节也能予以充分的注意。
⑨喜欢一丝不苟的工作作风和一本正经的人。
⑩花钱节俭而慎重。
⑪有点保守。
⑫对宗教有好感。
⑬恪守习俗和其他种种社会习俗。

第三节

身心健康才是真正的健康——性格拉动健康的纤绳

完美的健康，应该是身体与心理的双重健康，因此，健康与性格有着千丝万缕的关系。情绪的时涨时落，原本是正常现象，愉快、喜悦给人以正面的刺激，有益于健康；而苦恼消极会给人以负面影响，诱发各种疾病，使原有的病情加重。如何调控好喜怒哀乐，让内在力量"性格"有利于我们的健康，便成了值得深究和学习的课题。

性格与健康密切相关

研究资料表明，各种精神疾病，特别是神经官能症往往都有相应的特殊性格特征为其发病基础。例如强迫性神经症，其相应的特殊性格特征称为强迫性性格，其具体表现是谨小慎微、求全完美、自我克制、优柔寡断、墨守成规、拘谨呆板、敏感多疑、心胸狭窄、事后易后悔、责任心过重和苛求自己等。又如，与癔症相联系的特殊性格特征是富于暗示性、情绪多变、容易激动、耽于幻想、以自我为中心和爱自我表现等。有人以癔症为例，对精神刺激因素和特殊性格特征这两种因素在造成心理障碍过程中所起作用的相互关系，用一个长方形来表示。长方形中的一条对角线将其分为两个三角形，上方的三角形表示精神刺激因素，下方的三角形表示特殊人格特征。如果与癔症相联系的性格特征越明显，则只要有较轻微的精神刺激因素即可致病；相反，与癔症相联系的特殊性格特征越不明显，则需要有较强烈的精神刺激因素的作用才能致病。此外，精神分裂症被认为是与孤僻离群、多疑敏感、情感内向、胆小怯懦、较爱幻想等特殊性格特征密切相关。

有些人平时特别容易激动，生活中一遇到困难或稍有不如意的事情，就整天焦虑、紧张，还有恐惧感，这种性格的人很容易得高血压疾病。

有的人生来乐观，而有的人却容易悲观失望，抑郁性格的人遇到一点不顺心的事就容易情绪消沉，对工作、活动丧失兴趣和愉快感，忧心忡忡，有时还有自杀念头，很容易得抑郁症。

性格与健康之间应该是互动的关系，我们常说的身心平衡，就是这个意思。一个人心情好了健康状况就会好，人的身体健康了心情也就自然会舒畅。

坚强的意志和毅力，能增强人体的免疫力。而免疫力又受到神经系统和内分泌系统的调节和支配。神经系统是由中枢神经（大脑）和周围神经组成。由这两个系统通过神经纤维与激素来调节和支配免疫系统，而免疫系统同样对神经、内分泌系统有调节作用，相互调控使机体与外界保持动态平衡、维护身体健康。一旦某个环节发生故障，自身调节障碍，都可能对其他系统的功能产生影响而致病。

比如，妇女因精神情绪紊乱、生活不规律可导致月经失调，在哺乳期可导致泌乳停止。美国抗癌协会曾有统计资料说明，约有10%的癌症病人可以自愈，这说明坚强的意志和毅力能激发体内产生"脑啡呔"样物质，增强机体免疫力，在体内产生了很强的抗癌力甚至自愈力。

乐观、知足、友善的个性和恬淡、平和的心态，能刺激人体释放大量有益于健康的激素。大脑可以合成50余种有益物质，指令自身免疫功能，其功能状况往往决定人对疾病的易感性和抵抗力。乐观、知足、友善的个性和恬淡、平和的心态能刺激机体释放大量有益于健康的激素、酶，促进新陈代谢。

恐慌、自我封闭、敏感多疑、多愁善感，或过于争强好胜，或过分追求完美，都容易造成内心冲突激烈、人际关系紧张，这种状况会抑制和打击免疫监视功能，诱发或加重疾病。

俗话说："人非草木，孰能无情。"在我们生活的大千世界中，每个人都要面对许多人和事的变化，都要受到各种各样的刺激和影响。针对某一事物，不同的性格会表现出不同的情绪反应。情绪反应不仅要通过心理状态而且要通过生理状态的广泛波动实现。祖国医学把人的情绪归纳为七情：喜、怒、忧、思、悲、恐、惊。当这些精神刺激因素超过人的承受限度，或长期反复刺激，便会引起中枢神经系统的失控，内脏功能紊乱，从而引发疾病，甚至会使脏器发生器质性病变。

人的心态，尤其是情感和情绪是生命的指挥仪和导向仪。在一切对人不利的影响中，最使人颓丧、患病和短命夭亡的就是不良情绪和恶劣心境。相反，心理平衡、笑对人生，特别有利于身心健康。所以有人说："自信而愉快是大半个生命；自卑和烦恼是大半个死亡。"愉快的情感会使健康人不容易患病，而使患病者乃至危重病人也能得以康复，创造奇迹。

因此，我们说性格是生命的指挥仪和导向仪。保持良好的性格是促进健康的重要因素，是保证健康的重要秘诀。

心理影响生理

所谓"健康"是包括身体健康和心理健康两大方面的，而这两方面又是相互影响的，身体会影响到心理，而心理也会影响到身体。从科学的角度来说，不仅我们的心理上不允许我们流露出脆弱来，我们的身体也不允许。如果你放任自己的不良情绪，身体就会乱了套。这是身体因你不够坚强而在"惩罚"你。

有这样的个案：考试即将来临，紧张繁重的学业压得小王喘不过气。这些天，她常莫名其妙地烦躁和焦虑，到了晚上，终于可以一个人静下来时，她却失眠了。

专家给小王安排了一个特殊的游戏课程。一种类似于耳机的微电极戴在小王的头部，耳机另一头用连线接在电脑上。启动程序，电脑屏幕上出现了游戏界面，随着轻松的音乐，小王逐渐放松，并进入游戏中，面对屏幕上滑稽可爱的动画，还有富有趣味性的提问，小王的脑电波信号传输到电脑设备上，用自己头脑中传出来的电波操纵着游戏进程，一路过关。

游戏结束后，紧张烦躁的症状没了，整个人也彻底放松了一次。经历过几次这样的游戏课程，小王笑着说："这几天睡得可真香！"

这是生物反馈治疗。目前这种治疗已经在国内试用，通过这种类似控制大脑思想的治疗，可以稳定患者的情绪，调整控制身体功能。

其实，早在20世纪就有学者对情绪波动对人体脑运动的影响做过研究。研究显示，当患者情绪忧郁、恐惧或易怒时，可显著影响脑的正常功能，脑活动也明显受到抑制。据统计，功能性的脑功能障碍患者中符合抑郁症诊断标准的占30%以上，脑功能紊乱患者中50%以上伴有抑郁。

由于人们对心理、精神障碍可以引起诸多的躯体症状认识不足，所以，很难想到这些消化不良、胃痛、腹泻等症状会是由心理、精神障碍引起的，其实如果能及时到医院就诊，经医生鉴别，如果消化道症状是由于抑郁引起的而非躯体器质性疾病所致，这些症状的消除就需要抗抑郁的治疗。抗抑郁治疗一般常用心理治疗与药物治疗相结合的方法。患者可以从医生那里得到真诚的解释、劝告、建议和纠正一些不正确的认识。当心理治疗效果不理想时，经医生诊断后可遵医嘱服用抗抑郁药物，一般都会取得较好的疗效。随着情感障碍的纠正，因它引起的身体的各种不适症状也会随之好转。

目前，医学上关于人的性格对一些心理疾病有很大的影响是十分肯定的。而且，现在较公认的有以下四种性格与身体疾病关系密切：

1. 急躁好胜型

快节奏、竞争性强、易激怒、敌意、反应敏捷。这类性格的人容易得冠心病、中风、高血压、甲亢。

2. 知足常乐型

节奏慢、安静、顺从、知足、缺少抱负、不喜竞争、中庸、缺乏主见、多疑。这类性格的人容易得失眠、抑郁、疑病、强迫症。

3. 忍气吞声型

过度克制压抑情绪、生闷气、有泪往肚里流。这类性格的人容易得肿瘤、促进肿瘤转移、内分泌紊乱。

4. 孤僻型

冷漠、消极、悲观、独处、没有安全感。这类性格的人容易得心脏病、肿瘤、精神疾病。

因此无论健康或患病，都要学会在紧张的生活节奏和沉重的负担中放松自己，在恶劣的精神刺激下解脱自己。

沮丧会影响你的心脏

我们在日常生活中常常会遭受到坏情绪侵袭：忧郁、焦虑、恐慌、空虚、烦躁等。由于这些情绪时常存在，我们也习惯了，并不会对此加以重视。

但你有没有想过坏情绪可以损害你的心脏——这绝不是危言耸听。美国俄亥俄州立大学的一项研究报告指出，无论男人或女人，心情沮丧与心脏病皆有关系，但男人因心脏病死亡的概率较高。

这项报告的作者说，他们发现，沮丧的妇女较不沮丧的妇女罹患心脏病与其他心脏疾病的机会多73%，但因心脏病死亡的机会并未增加。沮丧的男子较不沮丧的男子罹患心脏病的机会多71%，因心脏病死亡的机会多2.34倍。

研究说明："目前尚不清楚为何女性沮丧与冠状动脉心脏病有关，但却不一定会死亡。"

那为什么男人比女人会更容易死于心脏病呢？这与男人和女人的性格差异有着巨大的关系。尤其是在现代社会，社会对男人的要求很高。其压力也很大，而自古就有"男儿有泪不轻弹"的思想束缚着男人的情绪和压力的发泄，他们总是把压力和沮丧一直封闭在内心深处，久而久之，一旦爆发后果将不堪设想。而女人则不同，女人较男人更加感性，她们在面对压力或沮丧时可以毫无顾忌地大哭，而哭又正是一个人情绪和压力发泄的最好途径，也正因为如此，她们的心理往往比男人更健康。

沮丧与心脏病间显然有许多关联因素，包括沮丧的人更可能会有高血压的危险，也可能有更多心悸的问题等。

因此，一旦你沮丧的时候，一定要及时调整，早日从这种坏情绪中走出来。下面几种方法也许会对你有所帮助。

1. 自我设问法

通过自己设问自己回答，寻找产生沮丧的原因。

2. 元气恢复疗法

在心情特别沉闷时，为了驱散它，就要爽朗行事，行动要有自信，不要愁眉不展，而要挺胸、扬眉、谈笑风生、考虑振奋人心的事，提起精神，驱散心头沉闷，直到真正恢复元气。

3. 自我调整法

人们常因思考方法不对，学习习惯、工作习惯及生活方式不良而屡遭挫折，感到沮丧。对自己的思考、行为习惯和生活方式进行适当调整，以使自己适应变化的环境，也能有效地治愈沮丧症。

4. 色彩疗法

当一个人感到沮丧时，他会觉得眼前一片灰暗。一个沮丧的人如若老是待在屋里，更会产生被禁锢的感觉。色彩疗法对沮丧症患者能起到心理松弛的作用。有利于控制沮丧情绪，因此，应该在感到沮丧时多出来走走，在大自然中感受艳丽的颜色，从而驱赶沮丧的情绪。

失眠的困扰

据卫计委1999年公布的一份统计资料披露，我国失眠症患病人数已达120万～140万。在我国城市居民中，失眠症的发病率已高达10%～20%。估计有睡眠障碍的人数还要在这之上。

人更多的是由于情绪紧张不安、心情抑郁、过于兴奋、生气愤怒等引起失眠。有学者研究发现，在300例失眠患者中，85%的人是由于心理因素引起的。忧郁症、神经衰弱、精神分裂症的病人大多失眠。心理因素对失眠有着重要的影响，反过来失眠又影响到人的心理。

失眠使人精力不足、精神萎靡、注意力不集中、情绪低沉，使人急躁、紧张、易发脾气，降低人的学习效率与工作效率。长期失眠有可能使人的感受能力降低，记忆力减退，思维的灵活性减低，计算能力下降，还会使人的情绪状态发生一些改变。失眠对人的心理影响程度不仅取决于失眠的长短和严重的程度，而且在相当大的程度上取决于失眠患者的心理状态和对失眠的认识态度。

在诸多因素之中，最重要的是心理、精神因素，它约占慢性失眠患者的半数。短时间失眠，常是因环境应激事件引发，而一旦这种应激逐渐消退，就可恢复正常睡眠；而长期失眠者，忧虑是失眠的最常见的病因。恐惧症、焦虑症、疑病症、强迫症与失眠的关系都很密切。

因此，我们如果要保持健康的睡眠，除了要有合适的环境外，我们的个人心态很重要。环境通常很难改变，而心态却可以做一定的调节，以有利于我们更好地休息。

睡眠最主要的还是一个质量问题。每天能够很好地睡上三四个小时要比脑子里乱七八糟地睡上10小时都好。不管你再怎么倒霉，遇到再烦恼的事，也应该睡个好觉，保持一个好的精神状态。

以下几种是有利于正常睡眠的合适心态和方法：

①拥有平静的心态、放松的心境、稳定的情绪。
②出自关心个人健康，愿意有规律地生活，遵守按时睡眠习惯。
③意识到一天的生活和工作已结束，有休息的愿望，不把烦恼问题带到床上。
④临睡前喝一杯浓牛奶，牛奶有催眠的作用。
⑤放一些薰衣草香味的饰物在床头，熏衣草的香味可使人放松。
⑥可以在睡眠中进行数数一直到不知不觉地睡着。
⑦保证充足的睡眠时间，8小时为宜。

紧张性头痛

国外专家研究表明，长期处于紧张状态会对人体健康产生致命的影响。在一个讲究高效率的现代社会里，人们实际上不仅要在工作中承受这种高效率所带来的巨大压力，同时还要承受一个高度发达的社会环境给人们的生活所带来的压力。在压力日益增大的环境中，许多人已不知不觉地成了工作和生活的奴隶，而且他们长期处于紧张状态的身体也开始不断发出不和谐的抱怨。最近发表的一项科学研究报告表明，长期处于紧张状态可以对人体健康产生致命的影响。

一项最新科学研究结果表明,当一个人由于工作和生活压力所迫长期处于紧张状态时,其体内有一种叫作 IL-6 的免疫蛋白的浓度会超过正常值。存在于血液中的 IL-6 免疫蛋白是一种能够引发炎症的物质。研究证明,这种免疫蛋白与一些中年人易患的疾病如心脏病、糖尿病、骨质疏松症、虚弱和某些癌症有关。研究结果还表明,紧张对人体健康产生的影响与人的年龄增长成正比,岁数越大的人,紧张状态对其健康所产生的损害也就越大。此外,研究人员还发现,那些工作或生活在紧张环境中的人容易做出一些会使 IL-6 浓度升高的事情,例如抽烟或猛吃猛喝,而吸烟和发胖都会使 IL-6 浓度上升。同时,研究人员告诫说,那些身处紧张环境中但尚未出现严重疾病的人千万不要以为自己的"抗压能力"很好,因为紧张对人体健康的影响有个累积的过程。

而紧张对身体所造成的最常见也是最直接的不良影响则是紧张性头痛,而且,几乎在每个人的一生中都有过头痛体验。据统计,40 岁以前经历过严重头痛的人为 40%。而在医院的神经科门诊,因被头痛折磨得束手无策而不得不来就诊的人数,占了全部就诊人数的 40%。

这是现代都市人较易染上的一种时髦病,头痛频率没有规律,受人的性格、年龄和教育程度等影响,性格比较封闭内向,受教育程度相对较高的 30 余岁的年轻人最易发生,且往往形成惯性,每遇压力即会不同程度地出现头痛。

紧张性头痛好发于"白领"阶层中的年轻职员,尤其是青壮年女性多见。而且去医院就诊的头痛病人中,绝大多数都是紧张性头痛,其中 75% 的头痛者为女性。另外,由于工作压力太大了,情绪经常处于紧张状态;工作时的坐姿不当,睡觉时的枕头高度不合适,造成了颈部肌肉紧张;过度疲劳,睡眠欠佳。

因此,适当地学会"诉苦",减轻心中的郁闷。人们在工作中和生活中所遇到的压力是各种各样的。减轻这些压力有一个通用配方,这就是"诉苦"。每当自己感到有压力时,不妨找自己的好朋友倾诉一下。如果一时找不到合适的朋友听自己倾诉,自己对自己倾诉对减轻所遇到的压力也是有帮助的。有不少人认为向别人倾诉自己的苦处是一种懦弱的表现。实际上,倾诉内心的郁闷是一种科学的心理排遣方式,与勇敢与否没有任何联系。

学会做自己的心理医生

生活中的每一个人,承担各自的社会责任,都存在不同程度的心理卫生问题。随着社会不断变革,人们的情感、思维方式、知识结构、人际关系在发生变化,诱发心理问题的因素也是多种多样的。据专家介绍,由于现代人的生活方式的改变、生活节奏的加快,一些人的盲目行为增多，加之过分追求短期效益，失败的概率较高，造成内心失去平衡。容易产生心理问题。心理专家认为：一个人的心理状态常常直接影响他的人生观、价值观，直接影响到他的某个具体行为。因而从某种意义上讲，心理卫生比生理卫生显得更为重要。从理论上讲，一般的心理问题都可以自我调节，每个人都可以用多种形式自我放松，缓和自身的心理压力和排解心理障碍。面对"心病"，关键是你如何去认识它，并以正确的心态去对待它。虽然我们找心理医生看病还不能像看感冒发热那样方便，但只要提高自己的心理素质，学会心理自我调节，学会心理适应，学会自助，每个人都可以在心理疾患发展的某些阶段成为自己的"心理医生"。

第一，要加强修养，遇事泰然处之。要清醒地认识到生命总是由旺盛走向衰老直至消亡，这是不能抗拒的自然规律。应当养成乐观、豁达的个性，平静地接受生理上出现的种种变化，并随之调整自己的生活和工作节奏，主动地避免因生理变化而对心理造成的冲击。事实上，那些拥有宽广胸怀、遇事想得开的人是不会受到灰色心理疾病困扰的。

第二，要合理安排生活，培养多种兴趣。人在无所事事的时候常会胡思乱想，所以要合理地安排工作与生活。适度紧张有序的工作可以避免心理上滋生失落感，令生活更加充实，而充实的生活可改善人的抑郁心理。同时，要培养多种兴趣。爱好广泛者总觉得时间不够用，生活丰富多彩就能驱散不健康的情绪，并可增强生命的活力，令人生更有意义。

第三，尽力寻找情绪体验的机会。一是多想想你所从事的事业，时时不忘创新，做出新的成绩，跃上新的台阶；再者要关心他人，与亲朋、同事同甘共苦，无论悲欢离合，都是对心理的撼动，它会使人头脑清醒、心胸开阔；三是多参加公益活动，乐善好施，为子孙造福。最好是学会一门艺术，无论唱歌弹琴、写作绘画、集邮藏币，都会使你进入一种新的境界，产生新的追求，在你的爱好之中寻找乐趣。

第四，保持心理宁静。面对大量的信息不要紧张不安、焦急烦躁、手足无措，要保持心情宁静，学会吸收现代科学信息的方法，提高应变能力。还要尽量多的设想出获取它们的可行途径，并选择一个最佳方案行动，从而减轻个人的心理负担，收到事半功倍之效。

第五，适当变换环境。一个人在一个缺乏竞争的环境里容易滋生惰性，不求有功但求无过，过于安逸的环境反而更易引发心理失衡。而新的环境，接受具有挑战性的工作、生活，可激发人的潜能与活力，变换环境进而变换心境，使自己始终保持健康向上的心理，避免心理失衡。

第六，正确认识自己与社会的关系。要根据社会的要求，随时调整自己的意识和行为，使之更符合社会规范。要摆正个人与集体、个人与社会的关系，正确对待个人得失、成功与失败。这样，就可以避免心理失衡。

走出心理牢笼

就人本身的生物属性而看，人整个身心在不停运转的过程中，不可能总是一帆风顺，而是会不同程度地呈现出一种周期性情绪起伏现象，在某些时候心理状态趋于异常。

为什么正常的人也会间歇性地发生心理异常现象呢？其"病因"主要有如下几个方面：

其一，人本身固有的"情绪积累"（兴奋或压抑）达到一定程度，就容易出现身心失衡，这时就需要通过某种适当的方式来发泄。

其二，工作和生活压力所迫，超过了身心所能承受的负荷，激起了情绪的"抗议"。

其三，天象的影响，如风雨雷电阴晴雨雪等，而比较明显的则是"月亮·潮汐"。一般而言，月亮的盈亏不仅会让海洋出现"潮汐"，也会使人的情绪之海出现"起伏"。

间歇性轻度情绪失控、轻度心理异常虽然不属于"疾病"之列，但它毕竟是一种消极的心理现象。因此，我们同样要引起重视并对其进行积极的缓解和引导，无论对于"患者"还是其家人、朋友，一旦遭遇上这种"莫名其妙"的轻度心理异常现象，都应该首先正视它，然后再"对症下药"，尽快让其走出心理误区。

著名心理健康专家乔治·斯蒂芬森博士总结出11条保持心理健康的方法，可供参考：

①当苦恼时，找你所信任的、谈得来、同时头脑也较冷静的知心朋友倾心交谈，将心中的忧闷及时发泄出来，以免积压成疾。

②遇到较大的刺激，或遭到挫折、失败而陷入自我烦闷状态时，最好暂时离开你所面临的环境，转移一下注意力，暂时回避以便恢复心理上的平静，将心灵上的创伤填平。

③当情感遭到激烈震荡时，宜将情感转移到其他活动上去，忘我地去干一件你喜欢干的事，如写字、打球等，从而将你心中的苦闷、烦恼、愤怒、忧愁、焦虑等情感转移、替换掉。

④对人谦让，自我表现要适度，有时要学会当配角和后台工作人员。

⑤多替别人着想，多做好事，可使你心安理得、心满意足。

⑥做一件事要善始善终。当面临很多难题时，宜从最容易解决的问题入手，逐个解决，以便信心十足地完成自己的任务。

⑦性格急躁的人不要做力不从心的事，并避免超乎常态的行为，以免紧张、焦躁，心理压力过大。

⑧对别人要宽宏大量，不强求别人一定都按你的想法去办事，能原谅别人的过错，给别人以改过的机会。

⑨保持人际关系的和谐。

⑩自己多动手，破除依赖心理，不要老是停留在观望阶段。

⑪制定一份既能使你愉快，又切实可行的休养身心的计划，给自己以盼头。

现代社会要求人们心理健康、人格健全，不仅要拥有良好的智商，还要有良好的情商。在出现心理问题时，人们开始重视并寻求咨询和医疗，这是社会文明进步和人们文化素质提高的一种表现。据专家介绍，生活条件越好，文化层次越高，人们对心理卫生的需求也就越迫切。随着科学文化知识的普及和心理卫生服务的完善，解决"心病"会有更多更好的渠道和办法。

身心健康的"营养素"

现代人在很多时候很多场合都会产生一些异常心理，虽说这些异常心理人人都有，是正常的心理现象，但是必须在其尚未完全异常前加以调适。现代人的心理失衡是一种不健康状态，已经成为一种严重的社会问题，因此，必须设法摆脱心理失衡使思维正常运作，走出心灵的误区。

健康包括身体和心理两个方面，身体健康和心理健康一直是互相影响的。有个故事说，有两个人同去医院检查身体，一个查出患胃癌，一个查出患胃溃疡。被查出患胃癌者觉得死期将至，因此心如死灰，病情迅速加重，很快一命呜呼；而被查出患胃溃疡者因为觉得身体无大碍，心情顿觉轻松，病情也得到了缓解。一次他去复查，医生惊呼他创造了"癌症治疗的医学奇迹"，他这才知道自己原来得的也是胃癌，上次医生将他的检查结果弄错了。惊愕之后他恍然大悟，依然保持乐观态度，积极治疗和生活，继续创造新的"医学奇迹"。

这个故事很有启发性。临床上常见一些患者，总觉得身体到处都是病痛，做了无数次检查却查不出问题，最后转到精神科，诊断为"躯体化障碍"。"躯体化障碍"通俗地讲，就是心理毛病转化为躯体不适。高血压、冠心病、牛皮癣等许多躯体疾病，其起因和发展都与心理因素密切相关，医学上称为"心身疾病"，即心理因素引起的躯体疾病。

一般人都知道，身体的生长发育需要充足的营养，事实上，心理"营养"也非常重要，若严重缺乏，则会影响心理健康。那么，人重要的心理健康"营养素"有哪些呢？

1. 最为重要的精神"营养素"是爱

爱能伴随人的一生。童年时期主要是父母之爱，童年是培养人心理健康的关键时期，在这个阶段若得不到充足和正确的父母之爱，就将影响其一生的心理健康发育。少年时期增加了伙伴和师长之爱,青年时期情侣和夫妻之爱尤为重要。中年人社会责任重大,同事、亲朋和子女之爱十分重要,它们会使中年人在事业、家庭上倍添信心和动力,让生活充满欢乐和温暖。至于老年人,晚年幸福是关键。

2. 重要的精神"营养素"是宣泄和疏导

无论是转移回避还是设法自慰,都只能暂时缓解心理矛盾,而适度的宣泄具有治本的作用,当然这种宣泄应当是良性的,以不损害他人、不危害社会为原则,否则会恶性循环,带来更多的不快。心理负担若长期得不到宣泄或疏导,则会加重心理矛盾,进而成为心理障碍。

3. 善意和讲究策略的批评,也是重要的精神"营养素"

一个人如果长期得不到正确的批评,势必会滋长骄傲自满、固执、傲慢等毛病,这些都是心理不健康发展的表现。过于苛刻的批评和伤害自尊的指责会使人产生逆反心理。遇到这种"心理病毒"时,就应提高警惕,增强心理免疫能力。

4. 坚强的信念与理想也是重要的精神"营养素"

信念与理想对于心理的作用尤为重要。信念和理想犹如心理的平衡器,它能帮助人们保持平稳的心态,渡过坎坷与挫折,防止偏离人生轨道,进入心理暗区。

5. 宽容也是心理健康不可缺少的"营养素"

人生百态,万事万物不可能都顺心如意,无名之火与萎靡颓废常相伴而生,宽容是脱离种种烦扰,减轻心理压力的法宝。

第四节
从性格去发现你的财富密码
——性格决定你所拥有的财富

在这个世界上没有天生的富翁，即使你可能会是富人的后代，但若你不善持家或不再努力，而是去吃上辈所留下的老本，那么，总有一天，你还会变回一个穷人。

没有人是天生的富翁

天下还有许多赤贫者，由于各种原因，使自己和家人一直生活在为生存忙碌的世界里。终日奔波，一刻也不得闲，但收获甚微。他们是别人眼里的穷人。穷人受穷总是有各种各样的理由，但有一条理由不要被忘记，那就是谁也没有理由贫穷，谁也不是生来就是富翁。

时代也给人们提供了过上好日子的良机。可以说现在是一个天高任鸟飞、海阔凭鱼跃的时代。千万富翁不是梦想，亿万富翁也不是神话。上帝青睐每一个想成为富人的人，只要你憎恨贫穷，只要你渴望富有，只要你脚踏实地，那么你就会成为富人。

富人都是由穷人变为富人的，这同时也是一个质的转变，这场转变应该是非常深刻的，它包含着的不仅仅只是金钱的多少，更关键的是对穷与富的理解和认识。

不可否认，许多穷人一直为自己能够富有而努力着，他们渴望一夜暴富，更渴望用最小的努力换取最大的财富。于是他们参加各种各样的赌博，比如，赌球、买彩票、玩股票……

天上不会掉馅饼。即使是偶尔掉一次，也不会砸在穷人的头上。《福布斯》排行榜上的富人，没有一个是靠买彩票排上去的，也没有一个是靠投机富甲天下的。

一个富人，一个由赤贫者演变而来的富人，是什么事都做过的，包括穷人不屑一顾的，也包括穷人梦想做的事情。他是把这些事情都做成了，才成为富人的。

世界上就有这么一个人，曾经是赤贫者，通过不断地做事，认真地做事，成为受人瞩目的巨富。在他成为真正的富人的过程中，他没有动谁的奶酪，天上也没有掉一个馅饼砸到他，而是他亲手为自己做了一个巨大的奶酪。

这个人就是中国妇孺皆知的王永庆。

过去的王永庆是一个不折不扣的穷人。从穷人转变到富人的过程中，他是一步步地走过来的，甚至可以说是爬过来的。通过努力王永庆不仅富甲天下，而且富得让人心服口服，这是让我们值得研究和学习的。从他的身上，穷人应该看到自己还缺什么，看出自己与富人还有多大的距离。

王永庆虽然教子严厉，但是儿女对他却是诚心佩服，因为他本身的言行就是儿女最好的楷模。

一个人的财富可以被剥夺，一个人的肉体可以被摧残，唯一不可被战胜的就是一个人的意志品质。作为一个真正的富人，王永庆送给后代的不是一大笔一辈子都花不完的钱财，而是给他们铸就一种意志与精神。他知道，一个人只有有了坚如磐石的意志、赴汤蹈火的气魄、滴水穿石的精神、宠辱不惊的心态，才能成为一位真正的富人。

所有白手起家的富人，都曾经穷过，有的还曾经穷得苦不堪言。可后来他们富了，富甲天下。仅凭这一点，穷人就应该有理由相信自己，只要努力奋斗，奋斗的方法和方向不错，到时候一定会有收获的，到时候自己也能成为富人。

穷，不是我们成为富人之后炫耀的资本，而是我们前进的动力。靠别人可怜与施舍的人，是成不了真正的富人的，而且也不可能享受到创业的乐趣！

顽强与坚韧造就财富的卓越

美国前总统柯立芝在其晚年的人生回忆录中写道："世界上没有一样东西可以取代顽强和坚韧。才能不可以——怀才不遇者比比皆是，一事无成的天才也到处可见；教育也不可以——世界上充斥着学而无用、学非所用的人；只有顽强和坚韧，才能无往而不胜。"

坚韧性指具备挫折忍耐力、压力忍受力、自我控制和意志力等；能够在艰苦的、不利的情况下，克服外部和自身的困难，坚持完成任务；在巨大的压力下坚持目标和自己的观点。

坚韧性表现为一种坚强的意志，一种对目标的坚持。"不以物喜，不以己悲"，无论遇到多大的困难，仍千方百计完成。

相反，那些做事三心二意、缺乏韧性和毅力的人，没有人愿意信任和支持他，因为大家都知道他做事不可靠，随时都会面临失败，沦为穷人。

但是，富人却随时随地都坚持"自己拯救自己"的人生信条，因为，一个人要想成功，必须依靠自己的力量把自己变成坚韧者，因为人生本来就不会是很舒适的。

人生能使懦弱的人变得刚强，也使悻强的人变得柔顺。

富人都是以极大的忍耐力和意志力忍受着困苦，在艰辛中一点点地向前迈进，跌倒了再爬起来，最终达到成功的顶峰。

通常，人们往往信任那些意志最坚定的人。意志坚定的人同样也会遇到困难、碰到障碍和挫折，即使他失败了，也不会一败涂地、一蹶不振。我们经常听到别人问这样的话："那个人还在奋斗吗？"也就是说："那个人对前途还没有绝望吧。"

永不屈服、百折不挠的精神是获得成功的基础。库雷博士说过："许多青年人的失败都可以归咎于恒心的缺乏。"的确，大多数年轻人颇有才学，具备成就事业的种种能力，但他们的致命弱点是缺乏恒心、没有忍耐力，所以，终其一生，只能从事一些平庸的工作。他们往往一遭遇微不足道的困难与阻力，就立刻退缩，裹足不前，这样的人怎么可以担当重任呢？

因此，意志的刚柔相济、顽强进取，是一个富人意志良好的表现。所以，要想成为一个真正的富人，就一定要意志坚韧，在果断性、忍耐性和顽强性上磨炼自己是十分必要的。

也正因为如此，穷人就更没有必要去放弃、去认命、去选择做穷人，创业固然难，但没有富人不是从艰难开始的。

穷人创业，开始时会有很大的付出，因为你做的事情并不是一个安稳的事情，没有保障，充满风险。你经常会遇到挫折，经常会失望，可能经常处于痛苦和沮丧之中。但是这却是一个充满刺激的过程，在这个过程中，你的能量得到最大限度的发挥，你会渐渐地变得顽强而坚韧。

对白手起家的人来说，如果拥有第一个100万花费了10年的时间，那么从100万到1000万，也许只需要5年，再从1000万到1亿，只要3年就够了，说不定更短。这是因为你已经有了丰富的经验和启动的资金；你的性格已经被苦难磨炼得异常顽强而坚韧。

富人成功以后最爱回忆的总是最初那段日子。想起打地铺，已经松垮的肌肉就会马上收紧；想起用洗脸盆盛回锅肉，马上就会口水四溢。因为那是最艰难的，但也是最值得骄傲的。

诚信是一种无价的资本

让我们先来看这样的一个故事：

1835年，摩根先生成为伊特纳火灾保险公司的股东，因为这家小公司不用马上拿出现金，只需在股东名册上签上名字即可成为股东。这正符合摩根先生当时没有现金的境况。

然而不久，有一家投保的客户发生了火灾。按照规定，如果完全付清赔偿金，保险公司就会破产。股东们一个个惊慌失措,纷纷要求退股。

摩根先生认为自己应该为客户负责。于是他四处筹款并卖掉了自己的房产,并以低价收购了所有要求退股的股东的股份。然后他将赔偿金如数返还给了投保的客户。

一时间,伊特纳火灾保险公司声名鹊起。

几乎身无分文的摩根先生濒临破产。无奈之下他打出广告,凡是再想参加伊特纳火灾保险公司的客户,保险金一律加倍收取。

不料客户却蜂拥而至。因为在很多人的心目中,伊特纳公司是最讲信誉的保险公司。伊特纳火灾保险公司从此崛起。

许多年后,摩根先生的孙子 J.P. 摩根主宰了美国华尔街金融帝国。

其实成就摩根家族的并不仅仅是一场火灾,而是比金钱更有价值的信誉,也就是对客户的诚信。还有什么比让别人都信任你更宝贵的呢?有多少人信任你,你就拥有多少次成功的机会。信誉是无价的,用信誉获得成功,就如你用一块金子换取同样大小的一块石头一样容易。

忠诚守信的人不吃亏;自以为聪明、自以为得意、爱骗人的伪君子,最终会成为倒霉蛋。

忠诚、守信能帮助你的人生之舟在波涛汹涌的大海上移步航行,能让你得到更多成功的机会。

对于商人而言,如果从小没有养成遵守信用的习惯,那么就不可能取得别人的信任,生意也就很难做。李嘉诚曾戏言自己不是"做生意的料",因为他觉得自己不会骗人,令人感叹的是偏偏是这么一块"废料"做成了全亚洲独一无二的大生意。

成功的商人经商就会把顾客当成上帝,当作衣食父母,是如何也不能欺骗的。他们经商也是为了赚钱,但他们希望他们的钱是顾客心甘情愿地送到自己的腰包里的。他们认为顾客的利益是第一位的,只有维护顾客的利益,自己才有利益可言。

顾客对这种人,是心怀感恩的心情来他这里消费的,并视为是自己最大的快乐。顾客也会把他们这种快乐告诉自己的亲友,让他们也来分享这种快乐。成功的商人永远都清楚,他的银行账户上的数字是他的顾客一笔一笔地写上去的,只有顾客越多,他账户上的数字才会不断地增加。为了这个,他必须对客户诚信。

成功的商人经商,经营的是人品。他知道,连人都做不好的人,是什么也做不成的。他知道,只有能舍,才能得,付出和收获是他的手心和手背。他用自己的忠诚换取顾客的信任,他用自己的信誉赢得顾客的支持,把自己看作鱼,把顾客看作水。鱼的生命与生存都离不开水,这是富人经商的第一要义。

成功的商人对顾客诚信一次,就等于往自己的小舟之下注了一次水。本来很窄多礁的经商之航道,就会一帆风顺,使自己的小舟变成大船,漂河过海驶入大洋,最后把自己的大船变成超级航母。

这就是典型的成功的商人做生意。他们做生意，首先是把自己经营好，然后再去经营他的生意，他不但做有形的东西，更注重无形的东西。

切记："小富靠谋，大富靠德。"

成功者的字典里没有"失败"

可以说，在这个世界上，我们每一个人都经历过无数次的失败。成功者也不例外。他们的成功也并非是一帆风顺的，然而，如果将暂时所面临的困难、挫折称之为"失败"则是人生最大的失败。

没有人不想成为成功者，也没有人不想去拥有财富，但很多人在追求财富的过程中要么被困难打败，要么对挫折望而却步、半途而废、前功尽弃，其实世界上根本就没有所谓的失败，只有暂时的不成功。这也正是成功者的信条，正是因为在他们的字典里没有"失败"，他们才不会放弃，才会继续努力，因为他们知道，他们现在只是暂时的不成功，但有一天他们会成功！

韦特斯真正开始创造自己的事业是在17岁的时候，他赚了第一笔大钱，也是第一次得到教训。那时候，他的全部家当只有255美元。他在股票的场外市场做掮客，在不到1年的时间里，他第一次发了大财，一共赚了16.8万美元。拿着这些钱，他给自己买了第1套好衣服，在长岛给母亲买了1幢房子。但是这个时候，第一次世界大战结束了，韦特斯却因聪明过头，而犯了一个大错误。他以为和平已经到来，就拿出了自己的全部积蓄以较低的价格买下了雷卡瓦那钢铁公司。"他们把我剥光了，只留下4000美元给我。"韦特斯最喜欢说这种话，"我犯了很多错，一个人如果说他从未犯过错，那他就是在说谎。但是，我如果不犯错，也就没有办法学乖。"这一次，他学到了教训，"除非你了解内情，否则，绝对不要买大减价的东西"。

他没有因为一时的挫折而放弃，相反，他对此总结了相关的经验并相信他自己一定会成功。后来，他开始涉足股市，在经历了股市的成败得失后，他已赚了一大笔。

1936年是韦特斯最冒险的一年，也是最赚钱的一年。一家叫普莱史顿的金矿开采公司在一次大火中覆灭了。它的全部设备被焚毁，资金严重短缺，股票也跌到了每股3美分。有一位名叫陶格拉斯·雷德的地质学家，知道韦特斯是个精明的人，就游说他把这个极具潜力的公司买下来，继续开采金矿。韦特斯听了以后，拿出3.5万美元做开采计划。不到几个月，黄金挖到了，离原来的矿坑只有65米。

刹那间，普莱史顿股票开始往上飞涨，不过不知内情的海湾街上的大户还是认为这种股票不过是昙花一现，早晚会跌下来，所以他们依然纷纷抛出原来的股票。韦特斯抓住了这个机会，他不断地买进，买进，等到他已经买进了普莱史顿的大部分股票时，这只股票每股的价格已超过了 2 美元。

这座金矿，每年毛利达 250 万美元。韦特斯在这只股票继续上升的时候把普莱史顿的股票大量卖出，自己留了 50 万股，而这 50 万股等于他一个钱都没有花就得到了。

节约是种美德

节约是种美德。节约不仅意味着对社会负责，也意味着对人的尊重。在企业中一件产品要经过很多道工序才能完成，后面工序的点滴浪费，都会抹杀掉前面很多人的劳动成果。在社会上也是一样，一点一滴的事物都是别人劳动的结晶，任何浪费都是对别人劳动的不尊重。

当然节约更直接地体现为朴素、现实、严谨的生活态度。节约的人能够理解一件事物的价值，并且懂得珍惜和利用，这与华而不实正好相反。懂得惜物者往往也懂得惜人，所以在与人相处中更能尊重人、理解人，有更细腻的感情色彩，这就是节约的人使人感到更加值得信赖的原因。

日本三菱财团创始人岩崎弥太郎是个神话般的人物，在明治时代，日本海运由他一人独占，财力可影响整个日本，号称明治时代财界第一人。就是这样一个人物，岩崎在公益、慈善事业上相当慷慨，自己的生活却很简朴，公司里也绝不允许有一点浪费。他的得力干将近藤廉平，曾用公司的信笺写私信，被岩崎发现后，立即将他的月薪减了三分之一。

岩崎经常说："酒桶塞子一掉下，任何人都会急急忙忙把它塞紧。但桶底如果有缝隙漏酒，往往就没有人发现，也不会把它当回事。渗漏虽然是微不足道的损失，但长年累月就可观了，比塞子掉落事态严重得多。"

其实，很多时候，节约并不完全是为了降低成本，严格说来，它是一种意识，是境界和习惯的产物。

节约首先是有责任心的表现。穷人对公共财物并不是很爱惜，因为在他的意识里，那不是他的。用公家的电话，拉自己的家常；用单位的电脑，做自己的私事；用工作的时间，办自己的私事。如此种种，不胜枚举。至于浪费一点材料，或者采购的时候价格买得高点，只要在制度许可的范围内，他是不会有太多心痛的。

不是自己的，就可以随便乱整，显然这是种极不负责、极其自私的表现。无恒产者无恒心，穷人常常把自己所处的团体仅仅作为一种生存的环境，把工做当做自身发展的手段，对团体只有利用之心，而无奉献和爱护之意。这种意识一旦成为习惯，推而广之到对待整个社会的态度，就难免表现出对整个社会资源的不负责任。

地球的资源是有限的，每一样事物都有它正常的作用和寿命，浪费一样东西无异于把它们的生命扼杀掉，对于地球资源来说也是一种额外的负担，对依赖地球生存的人类来说，就是一种潜在的威胁。一些世界著名的大公司，非常注重节约，就是打印纸也规定要双面使用。而大量的小公司，岂止是打印纸，浪费的现象随处可见，这就是一种境界的区别了。

瑞士是世界上最富裕的国家之一，但瑞士人却非常节约，他们不买名车，而坐普及型的汽车；他们生产"劳力士"，自己却戴普通表；在餐馆点菜太多，超出了胃口的承受能力，店方不是给你优惠，而是罚款……

因此，不管你是穷人还是富人，都应该懂得去节约，这不是吝啬，也不是作秀，而是一种品德，它能让一个人真正懂得财富的意义，而事实也证明，世界上很多的富翁都是十分注重节约的，节约非但没有给他们带来吝啬的骂名，反而使他们的富有变得十分亲切。

敢于冒险才能抓住更多的财富

没有人不想成为富有的人，也没有人不想拥有财富。但太多的人只是停留在"想"这个层面上，他们没有勇气去行动，因为他们害怕，他们害怕冒的风险太大，但是，他们却不知道：不冒险怎么成为百万富翁？

如果你也想成为百万富翁，那你最好多一点冒险精神。

在不确定的环境里，人的冒险精神是最稀有的资源。

世上没有万无一失的成功之路，世界是变幻莫测、难以捉摸的。所以，要想在波涛汹涌的人生中自由遨游，就非得有冒险的勇气不可。甚至有人认为，成功的主要因素便是冒险，它是致富的重要心理条件。

在富人的眼中，生意本身对于经商者就是一种挑战，一种想战胜他人赢得胜利的挑战。所以，在生意场上，人人都应具有强烈的冒险意识。"一旦看准，就大胆行动"已成为许多商界成功人士的经验之谈。

电影界的骄子"华纳四兄弟"就是敢于冒险、不怕失败的强者。作为补锅匠的儿子，他们从做小生意起家。1904 年，兄弟合伙搞了一架电影放映机，从此开始与电影结缘。1912 年，迁居美国之后，虽然几经失败，大起大落，但仍不灰心，1927 年终于成功地摄制了电影史上的第一部有声电影《爵士歌手》，华纳兄弟电影公司从此蜚声全球。商家的法则就是冒险越大，赚钱越多，特别是对于一个前人尚未涉足的市场领域，作为开拓者就更要冒风险。富人就是这样的冒险家,当然,称冒险家不太时髦了,应该叫"风险管理者"。当机会来临时,他们会毫不犹豫。因为机不可失,时不再来,当一次风险管理者,说不定就会一鸣惊人!

其实,很多时候,挑战意味着机遇,冒险则意味着机会,所谓"风险越高,机遇越大",而且好的机遇常常藏在风险的背后,而往往一个很小的机会也会改变命运。抓住这个机会也许成功,也可能失败,成功与失败都不是可以预见的,动手去做就意味着冒险,而当失败与成功都不可把握时,就更意味着风险。那么,如果遇到这样的机会,我们该怎么办?我们要抵上身家性命,成与不成在此一搏。赢了,我们的人生就此改变;输了,也许是一败涂地,但同样也可以东山再起。一般的人,往往会望而却步,甘愿放弃机会,而勇敢的人就会知难而上,激流勇进。俗话说"谋事在人,成事在天",只要我们在充分估计了自己的能力和各方面状况的情况下,不盲目冒进,大胆地去尝试,就一定能够取得令我们满意的结果。

没错,"幸运喜欢光临勇敢的人",冒险是表现在富人身上的一种勇气和魄力。

险中有夷,危中有利,要想有丰硕的结果,就要敢冒风险。冒险与收获常常是结伴而行的。有成功的欲望,却不敢冒险,怎么能够实现伟大目标?希望成功又怕担风险,往往就会在关键时刻失去良机,因为风险总是与机遇联系在一起的。可以说,风险有多大,成功的机会就有多大。由贫穷走向富裕需要的是把握机遇,而机遇是平等地铺展在人们面前的一条通道。不敢冒险的人常常会失掉一次次发财的机会。

理性的人拥有金钱的嗅觉

想要赚钱,就需要一定程度的直觉判断,也就是金钱的嗅觉。而这种嗅觉常常跟你的经营技巧无关。也许有人说:"这种想法是错误的。生意必须依照经营理论或经营心理学才算科学,合理的经营方法对生意是绝对有必要的。"这固然有道理,但直觉也相当重要,有时甚至起决定性作用。

面对激烈的社会竞争和经济竞争,没有金钱的嗅觉、缺乏赚钱的本领,是不会在激烈的经济竞争中取胜的。一般而言,金钱的嗅觉包括诸如心理的、言语的、交际的等方面,是一种适于经济竞争和社会竞争的综合素质,并不限于精通一门技艺。

而理性的人之所以能拥有金钱的嗅觉是因为他们具有以下的一些特征和能力:

1. 兴趣产生动力

作为一个会赚钱的人,他首先必须具备的条件是对金钱的执着追求。对从事的事业有兴趣的人,才能在激烈的竞争中感受到无限的乐趣。同时,兴趣也是创意的根源,它会使我们发现无穷的改善方法。对金钱没兴趣的人,绝对不能做经营者,就是做了,也不会成功。而且一个理性的人能对自己有一个理性的分析，知道自己的优势在哪里，兴趣在哪里，这样就不会盲目。

2. 理性的人懂得科学地理财

理财，一方面要胆大，另一方面要心细，这就是所谓的胆大心细。把握事物轻重缓急，且具有敏锐的分析与处理能力，必能赚大钱。和金钱有关的事都有危险性存在。因此，如果你时时刻刻都战战兢兢，那就不可能成功。同时，也需要你有极大的耐心来细心地处理与金钱相关的事情。

3. 理性的人讲究商业信誉

的确，每个人都希望有钱，这并没有错，但要获得钱财，必须有原则：不能违背人情义理和政策法规去牟取利益。在商海中奋斗，信用和商誉非常重要。而信用和商誉，必须经过长时间的努力才能获得。

4. 理性的人能在瞬间把握机会

在瞬息万变的商业社会里，把握时机、当机立断，比拖拖拉拉、一天开几次会议来得实际。与其把时间浪费在空谈上，不如看准机会，发挥决断的能力。如果过于慎重，反而会错失良机。虽然慎重是做生意的重要条件，但绝不是成功的必要因素。

5. 理性的人拥有对数字的敏感性

熟悉数据，加强数字观念，是赚钱的根本素质。假如你有意于经营之道，那么平常就应熟悉数据，若临时抱佛脚，那就为时已晚。心算迅速，也可以促使你迅速地做出判断。

6. 理性的人懂得积累的重要

每个人都知道，小钱可以攒成大钱。但要实行，就有困难了，这需要持久的毅力和不变的决心。如果我们把每年收入的10%储蓄起来，不到几年就会是一个可观的数字。请注意，即使当我们非常需要钱用的时候，也尽量不要动用储蓄的钱，这对于我们长期维持储蓄的计划十分重要。

和气生财

和气生财。这是一句古老而百试不爽的生意经。待人和气，如果用于经商，则可以受到顾客的欢迎，改善商店与顾客的关系，提高商店信誉，促进成交，扩大销售，增加盈利。待人客气，才能增进个人的信誉度，改善个人的人际关系，人缘好了，机会自然滚滚而来。

而和气在实际中则主要表现为微笑和礼貌用语两大方面。圣人曾说过:"人之初,性本善。"因此,人与人之间的心灵是可以相通的,而和气地对待他人是打开人与人之间心门的一把钥匙。只要你在日常生活中处处做到对人和气,那么,你一定会财源丰满,旅馆大王康拉德·希尔顿就是一个和气生财的人。

美国"旅馆大王"希尔顿于1919年把父亲留给他的1.2万美元连同自己挣来的几千美元投资出去,开始了他雄心勃勃的经营旅馆生涯。当他的资产奇迹般地增值到几千万美元的时候,他欣喜而自豪地把这一成就告诉母亲,想不到,母亲却淡然地说:"依我看,你跟以前根本没有什么两样……事实上你必须把握比5100万美元更值钱的东西:除了对顾客诚实之外,还要想办法使来希尔顿旅馆的人住过了还想再来住,你要想出这样一种简单、容易、不花本钱而行之久远的办法去吸引顾客,这样你的旅馆才有前途。"

母亲的忠告使希尔顿陷入迷惘:究竟什么办法才具备母亲指出的"简单、容易、不花本钱、行之久远"这四大条件呢?他冥思苦想,不得其解。于是他逛商店、串旅店,以自己作为一个顾客的亲身感受,得出了答案:用微笑和礼貌用语及身体语言来和气地对待顾客,哪怕是发生争执的时候,甚至可能是顾客的错误的时候,都必须牢记"和气第一"的原则。

从此,希尔顿实行了微笑服务这一独创的和气经营策略。每天他对服务员的第一句话是:"你对顾客微笑了没有?"他要求每个员工不论如何辛苦,都要对顾客投以微笑,即使在旅店业务受到经济萧条的严重影响的时候,他也经常提醒职工记住:"万万不可把我们心里的愁云摆在脸上,无论旅馆本身遭受的困难如何,希尔顿旅馆服务员脸上的微笑永远是属于旅客的阳光。"

因此,经济危机中幸存的20%的旅馆中,只有希尔顿旅馆服务员的脸上带着微笑。结果,经济萧条刚过,希尔顿旅馆就率先进入新的繁荣时期,跨入了黄金时代。

美国《商业周刊》主编卢·扬大谈到企业管理中顾客问题时说:"大概最重要、最基本的经营管理原则乃是接近顾客,同顾客保持接触,从而满足他们今天的需要并预见他们明天的愿望。可是现在普遍忽视了这个基本前提。"美国的许多学者也通过对美国许多优秀公司的研究,总结出这样一句格言:优秀公司确实非常接近他们的顾客。企业如何接近顾客,微笑服务是法宝。

这也正好应了中国那句"和气生财"的古话。因此,让自己的性格中多一些和气将有利于人缘和财缘的建立,这对成功也是一种助推剂。

第五节
良好性格打造成功人际关系
——性格左右你的人际交往

良好的人际关系是一个人走向成功的软资本，同时也会是生活健康愉悦的调味剂。

人际关系良好的人往往拥有许许多多的朋友，并且经常相互帮助，在关键时刻往往能左右逢源。因此，良好的人际关系对任何一个人来说都是至关重要的，它就像是一座座桥梁，建得多了、广了，你就能到达更远、更好的地方。

建立良好的人际关系

良好的人际关系总是能让你远离挫折所带来的伤害，在最短的时间内给你最好的慰藉。然而，挫折实际上是不可避免的。

因此，每一个正常的人，总要有几个思想上、学习上或生活上志同道合的挚友，经常能从他们那里获得鼓励、信任、支持和安慰等。在与周围的人相处时，其肯定的态度(如尊敬、信赖、友爱等)一般总多于否定的态度(如憎恶、怀疑、恐惧等)。对其所属的集体，也有一种休戚相关、安危与共的情感，并愿意牺牲个人欲望或利益去谋取集体的发展。

这样，他就能被他所处的集体所容纳和认同，避免由于人际关系的紧张而导致的心理挫折，即使偶尔出现这种挫折，也能很快消除。

美国杰出的人本主义心理学家罗杰斯这样说过：

"我希望人们能听我倾诉自己的心里话。在我的一生中，有好几次我感到自己因无法解决问题而火冒三丈，或者陷入苦恼不堪的恶性循环中而不能自拔，或者一时被绝望的心情和认为一切都毫无价值和意义的心情所压倒。可以肯定，在这时候我已经处于病态的心理状态。我比大多数人有幸的是，在这些时候我总能找到人倾诉自己的苦衷，由此使我从精神纷乱中解脱出来。最幸运的是，他们往往能够比我自己更深刻地倾听和理解我的意思。然而，使人万分惊讶的是，如果有人倾听并理解你，那些可怕的情感就会立刻变得可以忍受，那些似乎不可思议的因素都会变得合乎情理易于理解，那些看来永远无法澄清的迷惘困惑也都变成比较清澈透明的涓涓细流。我一直很珍视别人能以敏感的、充满感情的、聚精会神的方式听我倾诉的可贵时刻。"

当你满腹冤屈的时候，到朋友那里，滔滔不绝地说出来，得到同情和安慰，也许，朋友给你物质上的帮助是有限的，但给你精神上的帮助是无法计算的。

要建立和谐的人际关系，要使自己受人喜爱，受人欢迎，让他人觉得跟你做朋友十分有趣，这需要花些心机和时间，同时又要关心别人，要友好相处。有朋友，便有支持，有鼓励，便一定能振作精神。

如果说，人的一生就像拼凑一片片的拼图，那么，唯有能充分享受拼凑过程中"找寻与思考"乐趣的人，才能充分体验生活的乐趣与领悟生命的真谛。

切莫清高孤傲

一个清高而孤傲的人往往把自己抬得太高而将别人看得很低，这样，他们总是以一副高高在上、盛气凌人的架势去对待别人，势必会引起别人的反感。这种人在社交中很难交到朋友，而且容易自己去孤立自己，拒他人于千里之外，久而久之则会形成社交障碍，成为一个不为人们喜欢的人。

中国的传统文化素来鄙视傲慢，崇尚平等待人。一般来说，知识越多，学问越广的人就会越谦虚；文化越低，气量越小的人就会越傲慢。被奉为千古宗师的孔子说过这样的话：要知之为知之，不知为不知。莫忘三人行必有我师。谦逊的态度会使人感到亲切；傲慢的架子会使人感到难堪。

相传南宋时江西有一名士傲慢之极，凡人不理。一次他提出要与大诗人杨万里会一会。杨万里谦和地表示欢迎，并提出希望带一点江西的名产配盐幽菽来。名士见到杨万里后开口就说："请先生原谅，我读书人实在不知配盐幽菽是什么乡间之物，无法带来。"杨万里则不慌不忙地从书架上拿下一本《韵略》，翻开当中一页递给名士，只见书上写着："豉，配盐幽菽也。"

原来杨万里让他带的就是家庭日常食用的豆豉啊！此时名士面红耳赤，方恨自己读书太少，后悔自己为人不该傲慢。

要做到不傲慢需要注意做到如下两点：一是认识自己；二是平等待人。防止傲慢首先要认识自己。一个人要正确认识自己是很不容易的。傲慢的人要么自以为有知识而清高,要么自以为有本事而自大,要么自以为有钱财而不可一世,要么自以为有权势而压人。殊不知,山外有山,楼外有楼,还有能人在前头。人贵有自知之明,古今中外成大事业者,都是虚怀若谷,好学不倦,从不傲慢的人。宋代文学家欧阳修,其晚年的文学造诣可说是达到了炉火纯青的地步,但他从不恃才傲物,仍一遍遍修改自己的文章。他的夫人怕他累坏了身体,劝他说:"何必这样自讨苦吃?又不是小学儿,难道还怕先生生气吗?"欧阳修回答说:"不是怕先生生气,而是怕后生笑话!"虚心自知,才是医治傲慢的一剂良方。

与人交往一定要做到平等待人。平等待人不仅是文明礼貌的行为,也是人品修养的天平。平等待人是针对傲慢无理而言的。它要求人们在社会交往中,不管彼此之间的社会地位和生活条件有多大的差别,都要一视同仁。待人要切忌"势利眼"。古人言"不谄上而慢下,不厌故而敬新",就是告诉我们待人时不应用卑贱的态度去巴结逢迎有权势、有钱财的人,而怠慢经济条件较差、社会地位不高的人。人本无高低贵贱之分,每个人都有自己的人格,人格作为人的一种意识和心理深深地附着在人的身上。维护人格的基本要求是不受歧视,不被侮辱,即要求平等。

如果你不愿遭到别人的反感、疏远,那你要在做人上多个"心眼",切勿傲慢和过分强调自我,要注意加强品德修养,谨防傲慢,那你的人际关系就会变得很和谐,你的生活会更加幸福和愉快。

因此,在别人面前,我们切不可清高孤傲、不可一世,一定要懂得去平等地对待我们身边的每一个人。对别人的尊重也是对自己的尊重,要记住:我们期待别人怎样对待我们,那么,我们也要去怎样对待别人。

学会赞美他人

真诚的赞美,于人于己都有重要意义。对别人来说,他的优点和长处,因你的赞美显得有光彩;对自己来说,表明了你已被别人的优点和长处所吸引了。生活中,我们应该学会去称赞别人。

渴望赞扬是每一个人内心的一种基本愿望。美国心理学家威廉·詹姆士说:"人类本性上最深的企图之一是期望被赞美、钦佩、尊重。"

社交场合中,赞美他人已成为一门独立的学问,能否掌握和运用这门学问,使之符合时代的要求,这是衡量现代人的素质的一个标准,也是衡量一个人交际水平高低的标志之一。

很多老师都有这样的经验:对落后的学生,过多的处罚和批评是无济于事的。这些学生粗一看简直一无是处，但你只要找到一件值得赞美的事，对他们予以赞美，他们就会好上一阵子，似乎有了一种脱胎换骨的变化。

赞美固然不能给你的生活带来实质性的改变，但往往对人产生深刻的影响，有的赞美甚至能改变人的一生。由于小小的误会或久未接触，人与人之间难免会产生一定的距离。消除这些距离的很有效的方法就是恰到好处地赞美对方，这样，双方的关系和感情将会更加融洽。

"称赞对温暖人类的灵魂而言，就像阳光一样，没有它，我们就无法成长开花。但是我们大多数的人，只是敏于躲避别人的冷言冷语，而我们自己却吝于把赞许的温暖阳光给予别人。"著名的心理学家杰丝·雷耳如是说。

19世纪初，伦敦有位年轻人立志做一名作家。他好像什么事都不顺利。这位年轻人还时常受饥饿之苦。他几乎有4年的时间没有上学。他的父亲锒铛入狱，只因无法偿还债务。最后，他找到一份工作，在一个老鼠横行的货仓里贴鞋油底的标签，晚上在一间阴森静谧的房子里，和另外两个男孩一起睡，他们两个人是从伦敦的贫民窟来的。他对自己的作品毫无信心，所以他趁深夜溜出去，把他的第一篇稿子寄出去，免得遭人笑话，一个接一个的故事都被退稿，但最后他终于被人接受了。虽然他一先令都没等到，但是一位编辑夸奖了他。这位编辑发现了他的才华。他的心情太激动了，为此他漫无目的地在街上乱逛，泪流满面。

你也许听说过这个男孩，他的名字叫查尔斯·狄更斯。因为一个故事的付梓，他所获得的嘉许，改变了他的一生。假如不是那位编辑的夸奖，他可能一辈子都在老鼠横行的工厂做工。

史金纳的基本观点是用赞美来代替批评和冷漠，这位伟大的心理学家以动物和人的实验来证实，当批评减少而多多鼓励和夸奖时，人所做的好事会增加，而那些消极堕落的事会减少。

谈到改变人，假如你我愿意激励一个人来了解他自己所拥有的内在宝藏，那我们所能做的就不只是改变人了，我们能彻底地改造他。人人都渴望被赏识和认同，而且会不计一切去得到它。但没有人会要阿谀这种不诚恳的东西。

威廉·詹姆斯是美国有史以来最有名、最杰出的心理学家之一，他认为："往大处讲，每一个人离他的极限还远得很。他拥有各种能力，但未能运用它。若与我们的潜能相比，我们只是半醒状态。我们只利用了我们的肉体和心智能源的极小的一部分而已。"

在这些没能开发的能力之中，有一种重要的能力，那就是赞美别人、鼓励别人、激励人们发挥潜在的能力。我们有时候会感觉大部分朋友对我们表现良好的地方好像都不置一语，视为理所当然，可是当我们犯了错误，马上就有人来提醒我们，责备我们，甚至训斥我们。

能力会在批评下萎缩，而在赞美下绽放花朵。要成为人类有效的领导者，我们要赞美最细小的进步，而且是赞扬每一次的进步。要诚恳地认同和慷慨地赞美。

但是，若在赞美别人时，不审时度势，不掌握一定的技巧，即使你是真诚地赞美，也会使好事变为坏事。因此，赞美是件好事情，但并不是一件很容易就做到的事情。

所以，要注意使用正确的赞美方法：

1. 尊重事实，用词得体

赞美只能在事实的基础上进行。在开口称赞别人之前，先要掂量一下，这种赞美有没有事实根据，对方听了是否会相信，第三者听了是否不以为然。一旦出现异议，你有无足够的证据来证明自己的赞美是站得住脚的。

2. 曲线赞美他人

在赞美别人时，如果太直截了当，有时反而会使他感到虚假，或者会使人疑心你不是真诚的。一般来说，曲线赞美无论在大众场合，或在个别场合，都能传达到所赞美的对象，除了起到赞美和鼓舞作用外，还能使对方感到你的赞美是发自肺腑的。

3. 内容热忱具体

缺乏热诚的空洞的称赞并不能使对方感到高兴，有时甚至会引起对方的反感，进而认为你是一个虚伪的人，因为你不真诚的态度说出敷衍的话是赞美别人时最忌讳的。因此，一定要牢记，在赞美别人的时候去发现对方身上的闪光点，然后再真诚地对他的闪光点进行赞美。这样你的赞美才是真诚而有效的。

4. 把握赞美的度

合理地把握赞美的"度"，是一个必须重视的问题。这一点十分重要。因为适度的赞美，会使人心情舒畅；否则，使人难堪、反感，或觉得你在拍马屁。

当然，应将"赞美"和"拍马屁"区别开来。赞美是一门艺术，可以使别人和自己快乐；而"马屁功夫"则是阿谀奉承且庸俗的东西，一旦落入"拍马屁"的陷阱内，那么你的赞美便不是成功的赞美。一般来说，必须做到：

①赞美他人要实事求是，恰如其分。

②赞美的方式要适宜，即针对不同的对象，采取不同的赞美方式和口吻去适应对方。如对年轻人，语气上可稍带夸张些；对德高望重的长者，语气上应带有尊重的口吻；对思维机敏的人，要直截了当；对有疑虑心理的人，表达要尽量明显，把话说透。

③赞美的频率要适当，在一定时间内，赞美他人的次数越多，赞美的作用就越小，尤其是对同一个人。

所谓"送人玫瑰，手有余香"，因此，不要吝啬你对他人的真诚的赞美，要知道，你在赞美他人的同时也是对自己的一种肯定。

算来算去算自己

中国有句古话："聪明反被聪明误。"说的就是一个人不要太算计，因为你算来算去还是在算计你自己，你并没有从中得到什么，而通常爱算计的人都是心机较重的人，他们十分看重得失，总喜欢和他人计较。但这种人往往也活得很累，算计来、算计去，到头来还是一场空。《红楼梦》中的王熙凤就是这样一个精于算计的人，但也正是她的算计最终误了自己的性命。

天天想算计别人的人，最终肯定会被别人算计，做人要有"心眼"的目的不是用"心眼"去算计别人，而是用"心眼"去保护自己，以防被他人算计。

社会上就是有那样一帮人，心术不正搞歪门邪道，堵塞别人的道路，以破坏别人的成功为乐，让许多人深受其害。

会算计的人既称不上纵横家的"家"，也算不上走私犯之类的"犯"，在专家们与罪犯们之外，生活在我们中间，就是人们常说的"会算计的人"。会算计的人，虽无专长，但也能算计来一官半职。他们不会为民解忧，但会把别人干的功劳归自己；自己不会写小说写诗歌写散文，但会写批判文章，把别人的成果一笔抹杀；自己不会盖楼房，但会找两个钉子户，让你连地基也甭想打……这类人，不显山露水，好处捞够了就行。这类人犯错也不会大。这类人总占好处，得名得利，但到头来也什么都没留下。这类人你见过，我见过，他也见过，像蚊子苍蝇，虽说闹不了大事，但也绝不了种。

有了会算计的人，我们会增长许多生存能力。学会与这类人打交道，一不上火，二不生气，也会知道什么东西不值得让你变得与这类人一样下作。该丢的丢了就是，该舍的舍它而去，并不使你活得更差。因此，你不妨把此类人当作心理健康教师，让你时时有个标准：这样做会让我也变成"这类"了吗？

有了会算计的人，社会也有了一些"环保信息"。蚊子苍蝇闹不了大事，但蚊子苍蝇成了气候，得了势，那就说明这里有了腐败之气了，可以下大功夫清除这些垃圾了。所以说做人不要算计人，你的"心眼"要用于正道，一样可以有所作为，功成名就。如做一个小人，不但事业不成，还会留下骂名，实乃做人的大失。

与人交往保持适度的弹性

人们知道,松软、富有弹性的东西可以避免或减轻物体之间的碰撞或挤压。人际交往也是同样的道理。交际如果带上了一定的"弹性",就可以缓和彼此的矛盾,消除相互之间的误会,还给自己留下了慎重考虑、再做选择的余地,从而更好地达到交际的目的。

1. 和初次接触的人交往

因为是初交,彼此不怎么了解,心灵尚未沟通,如果过急地亲密,则很容易让人产生交际动机不纯或交际态度轻薄的看法。

生活中有许多人和别人打交道时总是"见面熟",使人大惑不解,其真诚程度往往大打折扣。相反,如果在初次交往时过于冷淡,又易使人产生你目中无人或深不可测、老谋深算的感觉,使人望而生畏。一般来讲,许多人不愿与过于"老成"的人交往,因为和这类人交往总得带着戒备的心理,以防被对方捉弄。所以,在初次与别人交往时,应通过逐步的接触,视了解的程度和可不可交的情况来确定交往的深度和关系的疏密。当然,因过于谨慎、过于冷漠而失去交友的良机,也是让人遗憾的事情。在初次交往时最聪明的做法是让你的交往带上"弹性",有伸缩自由的余地,这样就既能把握住良机,又能慎重、充裕地来进行交往。

2. 和有隔阂的人交往

人与人之间总是难免存在着隔阂,一旦隔阂存在,在交往时必然会产生一定的戒备心理。

所以,和与自己有隔阂的人交往时,一般应既主动接近,又保持适当的距离;既"察言观色",掌握对方心理,又不过于敏感,捕风捉影,胡猜乱疑。一切都应处理得从容不迫,富有"弹性",留有余地,随着交往的增多,彼此重新认识并意识到过去的误解或认识上的差异,那么,双方的隔阂或矛盾就会自然消除。

3. 在一些特定场合下的交往

有些场合的交往也需要讲究点弹性,比如,在公关活动中,在商业、外交谈判中。这些特殊的交往如果不讲究"弹性"策略,就会操之过急或失之偏颇,一般来讲,在公关活动中,双方既是竞争对手,又是合作伙伴;既可能是敌人,也可能是朋友,在这种情况下的交往,就是要在双方既矛盾又统一的状态中,寻找双方都需要和乐于接受的东西。这就需要"弹性"策略,既把关系处理得松紧适度,易于回旋,又能保证不增加矛盾冲突,便于进一步增进联络、加强合作。

4. 在特定情形下的交往

人们进行交往总离不开语言。有些特定语境使人们在言语交际中不可把话说得太肯定、太绝对，而应该灵活多变，可上可下，可宽可窄，可进可退，这也需要在言语交际中带上一定的"弹性"。

吃亏是福

聪明的人能从吃亏中学到智慧，悟透人生。在中国传统思想中，有"吃亏是福"一说。这是中国哲人所总结出来的一种人生观——它包括了愚笨者的智慧、柔弱者的力量，领略了生命含义的旷达和由吃亏退隐而带来的安稳与宁静。与这样貌似消极的哲学相比，一切所谓积极的哲学都会显得幼稚与不够稳重，以及不够圆熟。

"吃亏是福"的信奉者，同时也一定是一个"和平主义"的信仰者。林语堂在《生活的艺术》中对所谓"和平主义者"这样写道：

"中国和平主义的根源，就是能忍耐暂时的失败，静待时机，相信在万物的体系中，在大自然动力和反动力的规律运行之上，没有一个人能永远占着便宜，也没有一个人永远做'傻子'。"

大智者，常常是若愚的。而且，唯有其"若愚"，才显其"大智"本色。其中的"若"这个字在这里很重要，是"像"的意思，而不是"是"的意义。以下是唐代的寒山与拾得（他们二人实际上是一种开启人的解脱智慧的象征）两个人的对话。

一日，寒山谓拾得："今有人侮我、笑我、藐视我、毁我、伤我、嫌恶恨我、诡谲欺我，则奈何？"拾得曰："子但忍受之，依他、让他、敬他、避他、苦苦耐他、不要理他。且过几年，你再看他。"

那个高傲不可一世的人的结局就可想而知了，而我们也一定可以想象得出寒山的胜利的微笑——尽管这可能是一种超脱圆滑者的微笑。不过，它的确会给我们的生活带来一些好处。

就如我们用瓷或泥做的储钱罐。在小时候，我们常将父母给的一些零用钱放进去，当这个储钱罐满的时候，我们就将它打破，而将其中的钱取出来。然而，当它是空的时候，它却可以保全它的自身。

所以，如果我们知道福祸常常是并行不悖的，而且福尽则祸亦至，而祸退则福亦来的道理，那么，我们就真的应采取"愚""让""怯""谦"这样的态度来避祸趋福。所以，像"愚""让""怯""谦"这样道气十足的话，即使不是出于孔子之口，也必定是哲人之言，也是中国传统思想中的一部分。

"吃亏"也许是指物质上的损失，但是一个人的幸福与否，却往往是取决于他的心境如何。如果我们用外在的东西，换来了心灵上的平和，那无疑是获得了人生的幸福，这便是值得的。

若一个人处处不肯吃亏，则处处必想占便宜，于是，妄想日生，骄心日盛。而一个人一旦有了骄狂的态势，肯定会侵害别人的利益，于是便起纷争，在四面楚歌之下，又焉有不败之理？

因此，人最难做到的，即"吃亏是福"的前提，一个是"知足"，另一个就是"安分"。"知足"则会对一切都感到满意，对所得到的一切，内心充满感激之情；"安分"则使人从来不奢望那些根本就不可能得到的或根本就不存在的东西。没有妄想，也就不会有邪念。所以，表面上看来"吃亏是福"以及"知足""安分"会予人以不思进取之嫌，但是，这些思想也是在教导人们要成为对自己有清醒认识的人，做一个清醒正常的人。因为，一个非常明白的事实——即不需要任何理论就可以证明的是，一切的祸患，不都是在于人的"不知足"与"不安分"，或者说是不肯吃亏上吗？

因此，当你在生活中，在人际交往中感觉自己吃了亏的时候，不要去抱怨什么，以平静的心态去对待这一切，曰：吃亏是福。

见什么样的人，说什么样的话

正是由于人的性格多种多样且差别甚大，所以，我们在人际交往的过程中将会与各种各样的人打交道，而不同的人又有着不同的性格，如果我们想建立一个良好的人际关系，那么我们就必须针对不同人的不同性格采取不同的对待方式。

1. 寻找死板人的兴趣点

这种类型的人，就算你很客气地和他打招呼、寒暄，他也不会做出你所预期的反应来。

遇到这样的情况，你就要花些时间，仔细观察、注意他的一举一动，从他的言行中，寻找出他所真正关心的事来。你可随便和他闲聊，只要能够使他回答或产生一些反应，那么事情也就好办了。接下来，你要好好利用此话题，让他充分表达自己的意见。

每一个人都有令他感兴趣、关心的事，只要你稍一触及，他就会开始滔滔不绝地说下去，此乃人之常情，故你必须好好掌握并利用这种人的心理。

2. 简言应付傲慢无礼的人

有些人自视清高、目中无人，时常表现出一副"唯我独尊"的样子。

对付这一类型的人，说话应该简洁有力才行，最好少跟他啰唆，所谓"多说无益"。因此，你要尽量小心，以免掉进他的圈套里去。

不要认为对方客气，你也礼尚往来地待他，其实，他多半是缺乏真心诚意的。你最好在不得罪对方的情况下，言辞尽可能"简省"。

3. 面对沉默寡言的人要直截了当

和不爱开口的人交涉事情，实在是非常吃力的。因为对方太过沉默，你没办法了解他的想法，更无从得知他对你是否友好。

对于这种人，你最好采取直截了当的方式，让他明确表示"是"或"不是"，"行"或"不行"，尽量避免迂回式的谈话，你不妨直接地问："对于A和B两种办法，你认为哪种较好？是不是A方法好些呢？"

4. 瞻前顾后应对草率决断的人

这种类型的人，乍看好像反应很快：他常常在交涉进行到最高潮时，忽然做出决断，予人"迅雷不及掩耳"的感觉。这种人多半是性子太急了，因此，有的时候为了表现自己的"果断"，决定就会显得随便而草率。

从事交涉，总是要按部就班地来，倘若你遇到上述这种人，最好把谈话分成若干段，说完一段（一部分）之后，马上征求他的同意，没问题了再继续进行下去，总之你要瞻前还要顾后，如此才不致发生错误，也可免除不必要的麻烦。

5. 适可而止打发冥顽不灵的人

顽强固执的人是最难应付的，因为无论你说什么，他都听不进去，只知坚持自己的意见，死撑到底。跟这种顽固分子交手，是最累人且又浪费时间的，结果往往徒劳无功。因此，在你和他交涉的时候，千万要记住"适可而止"，否则，谈得愈多、愈久，心里愈不痛快。

对付这种人，你不妨及时抱定"早散""早脱身"的想法，随便敷衍他几句，不必耗时自讨没趣。

6. 耐心应对行动迟缓的人

对于行动比较缓慢的人，最是需要耐心。与人交际时，可能也会经常碰到这种人，此时你绝对不能着急，因为他的步调总是无法跟上你的进度，换句话说，他是很难达到你的预定计划的。所以，你最好按捺住性子，拿出耐心，尽可能配合他的情况去做。

此外，应该注意的是：有些人言行并不一致，他可能话语明快、果断，只是行动不相符合罢了。

7. 遇见自私自利的人能忍则忍

这世上自私自利的人为数不少，无论你走到哪儿，总会遇到几个。这种人心目中只有自己,凡事都将自己的利益摆在前头,要他做些于自己无利的事,他是绝不会考虑的。

当我们不得不与其接触、交涉时,只有暂时按捺住自己的厌恶之情,姑且顺水推舟、投其所好。当他发现自己所强调的利益被肯定了,自然就会表示满意,如此,交涉就会很快获得成功。

8. 不要揭穿深藏不露之人的"伪装"

我们周围存在有许多深藏不露的人,他们不肯轻易让人了解其心思,或知道他们在想些什么,有时甚至说话不着边际,一谈到正题就"顾左右而言他"。

双方进行交涉,其目的乃在了解彼此的情况,以使任务圆满达成。因此,要经常挖空心思去窥探对方的情报,期待对方露出他的"庐山真面目"来。

但是,当你遇到这么一个深藏不露的人时,你只把自己预先准备好的资料拿给他看,让他根据你所提供的资料,做出最后决断。

人们多半不愿将自己的弱点暴露出来,即使在你要求他说出答案或提出判断时,他也故意装作不懂,或者故意言不及义地闪烁其词,使你有一种"高深莫测"的感觉。其实这只是对方伪装自己的手段罢了。

难得糊涂

中国自古就有"大智若愚""傻人傻福"一说,其意思也在于在该糊涂的事上糊涂,在不该糊涂的事上是坚决不能糊涂。其实,真正的糊涂并非是不明是非、不辨真理,而是洞察世事,一切大彻大悟后的一种宁静与置之不理;同时也是一种不去计较、从容的生活态度。一个真正懂得糊涂的人能在生活中更能站在生活之外观察生活。因为不计较得失而更容易过得快乐,因此,一个人若在为人处世上也"难得糊涂",他一定会在以下方面受益。

1. 避免矛盾和纷争

生活中总是不可避免地存在着这样或那样的各种各样的矛盾和纷争,而这些矛盾和纷争又往往是由一些生活中的小事所引起的,如果我们采取难得糊涂的态度,睁一只眼闭一只眼,很容易小事化了。而如果你一点都不糊涂,一是一,二是二,矛盾、纷争,甚至流血牺牲都有可能发生。

生活中有很多精明的人总是喜欢揪别人的辫子,抓别人的缺点,以为这样做就会显示自己比他人高明,实际上这种语言、行为上的丝毫不糊涂却是造成两个人关系疏远、分道扬镳,甚至成为仇敌的根本原因。因此,糊涂一点对于一个人而言没有什么不好,在该糊涂的地方糊涂也是人生至高的一种智慧。

2. 可以使自己心态平和

与人交往、处世的关键是使心情愉快，但在现实人际交往中，似乎我们很难做到，我们的心情总是受到人际关系的牵制。心态平和是心情愉快的前提，难得糊涂就可以使一个人心态平和。

如果你是一个牙尖嘴利、眼尖手快的人，你必然会发现一些别人注意不到的东西，如果你一笑置之，不加追究，不久你就会忘掉这些东西，而一旦你觉得自己无法不指出来，非要给他人一个昭示，既弄得他人满心不快活，恐怕你自己的心也难以平静下来。因此，与其让自己陷入其中难以自拔，那远不如糊涂一点，不去追究那么多，让自己活得更加轻松一点。

3. 于己方便

人常说："给人方便，于己方便。"难得糊涂无非就是给人方便，给人方便，人就会对你也方便。两个过于精明的人就像两只正在酣斗的公鸡一样，非要分出个你胜我败来，这于身心健康是没有什么益处的。

如果你是一个处处不糊涂的人，总是圆睁双眼，提高警惕地生活，那你累不累呀？你有没有身心疲惫的时候？你何不像一个大智若愚的人那样难得糊涂一下！

要做到难得糊涂，一个人就应具备宽容的美德。有了宽容心，你完全可以对那些鸡毛蒜皮之类的小事付诸一笑，你完全可以对并不重要的事糊涂一下，你完全可以对无关紧要的事网开一面。

如果你这样做了，你会处于一个快乐的心境之中，正如人们常说的："原谅使人快活。"

像宋代的吕端一样"小事糊涂，大事不糊涂"。要分清什么是大事，什么是小事。如果你是一个法官，对于贪污腐败、行贿受贿之类的事绝不能糊涂；而对同事把你一盒烟拿了、不小心碰了你一下这种小事完全可以糊涂一下。

别成为一个过于精明的人。过于精明的人常好为人师，指手画脚，求全责备，对人苛刻，眼睛里容不得半点不合意之处。这种精明人为了显示其精明处，常常是横挑鼻子竖挑眼，从来都不会难得糊涂一下，这种人属于招人厌的那一类。

内方外圆的处世之道

相信大家都见过中国古代的铜钱，也一定注意到了它外圆内方的特征，这也正是中国辩证哲学在人际关系的处理上的集中体现：内心刚正而处世圆滑。一枚小小的铜钱将中国内方外圆的处世之道演绎得淋漓尽致。

内心刚正自然是指内心的正直与善良，而处世圆滑而绝不是圆滑世故，更不是平庸无能，这种圆是圆通，是一种宽厚、融通，是大智若愚，是与人为善，是居高临下、明察秋毫之后，心智的高度健全和成熟。不因洞察别人的弱点而咄咄逼人，不因自己比别人高明而盛气凌人，任何时候也不会因坚持自己的个性和主张让人感到压迫和惧怕，任何情况都不会随波逐流，要潜移默化影响别人而又绝不会让人感到是强加于人……这需要极高的素质，很高的悟性和技巧，这是做人的至高境界。

圆的压力最小，圆的张力最大，圆的可塑性最强。

这圆好做又不好做。好做是因为如果人真正有大智慧、大胸襟，真正能自强自信，心态平和，心地善良，凡事都往好的一面想，凡事都能站在对方的立场为他人着想，人的弱点皆能原谅，即便是遇见恶魔也坚信自己能道高一丈，如真能那样，人还有什么做不好呢？

如若不是这样，凡内心孤独的人必喜虚张声势；内心弱小的人必好狐假虎威；心中有鬼的人必爱玩弄伎俩；没有自信的人必会尖酸刻薄，试问这样的做人又从何谈圆？

当然也不乏有人为了某种利益和目的而不惜敛声屏息，不惜八面讨好，不惜左右逢"圆"。但这种圆和那种圆绝对有本质的区别，这种"圆"的后面是虚伪和丑恶。而我们所提倡的"圆"则并非是虚伪和丑恶，而是在人际交往中要懂得变通，能与任何性格的人较畅通地打交道，并且在与人交往的过程中不断地提高自身并收获人脉。它更是一种与人进行交流的技巧，有利于人与人之间更加畅通的沟通和交流。

任何成功的后面都包含着牺牲。如果说有人能做到内方外圆的话，那也肯定包含了许多的牺牲。比如说，做事要方，做事要有规矩、有原则，那就意味着许多事不能做、许多事又非要做，那无疑也就意味着会得罪许多人，惹恼许多人，意味着要舍弃许多利益甚至招来杀身之祸。

做人圆，那也会有牺牲。有时要牺牲小我；有时要忍辱负重，忍气吞声；还有更多的时候要承受屈辱、误解，甚至来自至亲至爱的人的伤害。如明明你在履行一项神圣的职责，别人却以为你好大喜功；明明你是深谋远虑，别人却认为你是哗众取宠。

小牺牲换来小成功，大牺牲换来大成功。能做到"方""圆"的，同时却没有感到那是一种牺牲、痛苦的才是大成功、大境界；能为了"方""圆"去承受牺牲的是小成功、小境界；不愿牺牲也做不到"方""圆"的是不成功。如果截然相反，只要有利，不择手段，什么都敢干，心狠手辣的话，那这个人一定会糟糕透顶，不能容于天下了。

做人若能做到像一枚小小铜钱一般，也就达到了人生的一个境界，内心的正直、善良、美丽均通过那"圆"的外在形式委婉地表达出来，让所有的人都能接受，这有利于良好的人际交往。

逆耳忠言与善意谎言

　　人际关系其实可以说是人世间最脆弱的东西，这或许是因为它建立在脆弱的人性基础之上吧。在办公室中，与大家和谐相处，也是搞好人际关系的重要一环。能做到与同事关系融洽，有利于消除刚到一个新的环境中所产生的不适应感和孤独感。因为大家都有着相对更接近的情感和对事物的看法，往往更容易找到共同的话题。与同事相处，也不能太随便，一定要有章法。

　　善于接纳别人的良言以及利用善意谎言的艺术，共同的目的都是在办公室竞争中处理矛盾，防范陷阱，利于自身发展。

　　在办公室与同事相处，对年长、资深的要客气、尊重。这种尊重应当把握好"度"，毕竟他不是上司。工作中不懂的事要虚心向前辈请教，学习他们的经验。虚心请教还可以树立起你好学的良好形象，有利于在同事间建立较好的人际关系。

　　和他们沟通，听听他们的金玉良言，对你的好处往往是多方面的。即使他们的观点和做法与你的理解有偏差，仍会对你有借鉴作用。这种情况下，你最好不要辩论、驳斥他。一旦伤了对方的自尊，就不利于日后合作了。把他的观点和你的想法进行比较，综合分析后做出的决定可能会更加完美一些。

　　若你发现领导或上司的错误并想指出或给出自己的建议，虽然你的是忠告，但要注意方式不要让你的忠言逆耳，应该用非常委婉的方式来指出领导的错误，使你的忠言叫起来更加顺耳，而不是逆耳，这样才能让领导接受。忠言固然是好的，但它未必一定要逆耳，有的时候我们让它变得顺耳将会收到意想不到的效果。

　　有时使用善意的谎言，也是一种不错的交际方式。当然，这种谎言尽管是善意的，但绝不是交际的主要手段。它只是一种不得已而为之的最后手段，而且还要符合道德规范。不应以欺骗为目的来制造谎言，而应以顾及他人的感受为目的。

　　通常情况下，当你的利益被他人侵犯，真诚相待无法得到维护时，不妨计划一个小小的"阴谋"，编造谎言来震慑他或哄骗他，使自己的正当利益得到维护，挽回损失。

　　在人际交往中，实话实说往往会得罪别人，而生活中的恭维和奉承话，虽然许多都是虚伪和带欺骗性的，但是却可以使人高兴，如果你说实话，就会招致别人的臭骂。有一个富人给自己晚年生的独子过生日，很多亲戚朋友都来庆贺，每个人见面都祝福富人的儿子长命百岁。富人很开心，热情地接待他们。这时来了一个人，见面却没说祝福长命百岁之类的话，而是说了一句实话："你儿子会死的……"于是他当场被富人叫佣人赶出去了。因此，应该针对当时的具体情况，选择最佳的方式来表达自己的实话。

在工作中，假如你的一位朋友因事业受到挫折或精神受到打击，痛苦不堪、悲伤不已。正面的安慰可能更会加深他的伤痛。这种情况下，你可以编造一些谎言，促使他摆脱痛苦，重新振作起来。

另外，在生活中难免会遇到一些尴尬的局面，如果实话实说，势必造成对方的难堪，影响气氛。假如能够根据情况，迅速反映说出几句谎话，反倒效果会更好。

现实中许多地方可以运用谎言来掩饰，只要使用恰当，必定能使你的社交活动大放异彩，步步成功。但同时，我们也一定要注意凡事都有个度，即使是善意的谎言也要有一定的标准，要用得恰到好处。

像士兵一样服从

在军队中，服从从来都是士兵的天职，上级一声军令便如山倒，士兵的条件反射便是无条件地服从，然后去执行，最后完成任务。

在下属和上司的关系中，服从是第一位的，是天经地义的。下属服从上司，是上下级开展工作，保持正常工作关系的前提，是融洽相处的一种默契，也是上司观察和评价自己下属的一个尺度。因此，下属要想得到上司的重用，必须以服从上司命令为天职。

在办公室中，有的人纪律观念淡薄，服从意识差，他们是上司最感头疼的职员。这些人，有的身无所长，进取心不强，对上司的命令满不在乎；有的自以为怀才不遇，恃才傲物，目无上司。他们昂着自己高贵的头，什么事都可存储在大脑里，唯有上司的命令例外。这些都很不利于一个想有作为的下属的发展与进步，是应坚决予以戒除的。

因对上司求全责备而不服从上司是为人处世的大忌。特别是和你的上司相处，千万不能对上司要求过高，把上司理想化、偶像化，希望上司完美无缺。在现实中，往往越有才干的上司，其缺点失误也越多。而你如果反驳和指责上司的话，就会发生不良后果。你必须明白，服从上司是天职，即使他的命令是错的，你也要先应承下来。然后找适当的机会慢慢和他沟通。否则，你如果直来直去，只讲原则，最终吃亏的是自己。

如果上司确实有错，那么，批评上司要讲究方式、方法、场合、时机。而且对上司的批评也应该是以对上司的服从为前提条件的。在讨论会上，你可以发表一些独立的见解，但一定要对上司的工作予以充分的肯定，甚至为他做一些解释。这不仅是维护上司威信和尊严的需要，也是工作的需要。找个适当的时机，委婉地阐述一下自己的看法。这样上司一定会意识到自己工作中的失误并愉快地加以改正。你在他的心目中，既是一个有才干的人，又是一个亲近他的人。你的升职任命很快就会下来。

假如因为上司的短见与固执，造成了公司的经营持续几个月不景气，在经营讨论会上，你看到上司依然不听取大家的意见，而且有意向管理层隐瞒自己的失误，缺乏涵养的人会忍无可忍，拍案而起，指责上司的种种不是，同事们为你的勇气惊讶。你也自认为这样做是为了公司的利益，没有什么个人恩怨掺杂其中。看到上司在大家的注视下，脸色十分难看，紧紧地咬着嘴唇，以为上司可能开始悔悟了。其实，这时你已经在上司心里埋下仇恨的种子。在以后的工作中，将会遇到很多无形的阻碍。这是极不明智的行为。

因此，你一定要记住，上司是权威，上司的意志不可逆转。即使在上司的错误面前，你也必须先服从。如果你的确对上司有意见，上司本来就看不上你，你也打算破罐子破摔，吵闹完一走了之，也可理解。但如果本是出于好心，想替"老虎"拔掉"病牙"，却不善表达，或者一时激动拍了桌子，与上司发生争吵，那就大失其策了。与上司伤了和气，坏了感情，再想挽回、弥补可就难上加难了。你也许永远失去了上司的信任，失去了晋升的机会。因此，与上司相处，一定要记住，在任何情况下，服从都是第一位的。

作为一名员工、一名下属，最重要的天职便是服从，服从除了服从命令之外，更重要的是在第一时间内采取行动。任何一个上司都喜欢服从且执行力强的下属，不管当时的情景如何，服从永远都是第一位的。

喜怒不形于色

在人际交往中，有很多人都很容易喜怒形于色，其实这样是很不好的，给人的感觉是你情绪化、不稳定，甚至不成熟，久而久之，会让人害怕与你打交道。

不管你心里有多大波涛在起伏，你都不要表现出来，都要藏在心里。这样做的原因有二：其一是你心里的事是你自己的，让别人来一同承受是不公平的。其二，你都表现出来人家会觉得你这个人太浅薄，没有"心机"，什么事都藏不住。

因此，我们在任何场合和任何情况下一定要懂得控制自己的情绪，一旦喜怒形于色则很容易就让别人掌握了你的心理，处于被动的地位。一个聪明的人是不会把自己的喜怒哀乐轻易写在脸上的，更不会随便让人看出自己的心理。

在生活中，喜怒不形于色的人是能够成大事的。

此种人并非是卑躬屈膝，装出笑脸，更不是为了奉承上司，强露笑颜，而是始终保持自然的神态，喜怒不形于色。

自古以来，凡是成功者很少有因外界的事物而亦喜亦忧的。当然，人有时会高兴，有时候不免忧愁，但千万不要被情绪所左右。有高兴的事，表现在脸上无妨，但悲哀的事就不要表现出来。因为将一切都表现在表面上，更会促使情绪强烈化，而不能忍受悲哀。如把愤恨表现在脸上，恨也会加倍。因此，成功立业之人，对这方面都尽量不形于色。

当你有不愉快的事，突然被上司看到，并因你不形于色而感到奇怪，你应该高兴。因为上司会觉得：这个人遇到这种情况仍脸色不变，究竟此人是怎样的一个人呢？而无法透知你的底细。

当你被大家认定是不会随便改变脸色的人，你的上司可能早已在心里对你敬畏三分。无论上司如何骂你、嘲讽你、冷淡你，你都能默默忍受，连眉头都不皱一下，这种修养需要有相当的自信才可做到。

当你失意或得意时，都能泰然自若，不表现出不悦之色或骄矜之色，旁人看来，会觉得你很了不起。

与上司交涉时，要堂堂正正地与之正面接触，谈论的道理要有证据，如此上司便不敢不重视你。且在争辩时，你必须说一声："我不敢跟你强争，否则会伤感情，但请你多多考虑。"

如此一来，上司会觉得你替他保留了一点面子，抗拒心就会减少。如你逼他太甚，一定会激起他的怒火，他势必不肯认输，而跟你争辩到底，一场争斗就免不了了。然而没有一定的知识和阅历的人，尤其是刚工作不久的人，对于喜怒不形于色还是很难做到的。但只要你想做，并不是不可能做到。你每天起床后，或睡觉之前，对自己说一声："我绝不表现出不耐烦的神色。"以此警惕自己。或者是在日记上，仔细写出来，要每天持续不断地做。还可以在每次自己想发或者即将要发脾气的时候，有意识地对自己进行提醒，并有意识地让自己降降火气，冷静下来。这样久而久之，自己便也慢慢改掉了喜怒形于色的毛病，在任何事情面前都能做到镇定自若。而这一点无论是在人际交往、还是在办事上都是极其重要的。

人总是把面子看得很重，十分注重面子问题。而面子问题也是一个极其敏感的问题。俗话说："树活一张皮，人活一张脸。"人的面子观念可谓是深入人心，也由此可以看出面子问题在人们的为人处世方面是非常重要的。

改变在人际交往方面的消极态度

拥有丰富多彩的人际关系世界是每一个现代人的需要。可是，现实生活中，很多人的这种需要都没有得到满足。他们总是慨叹世界上缺少真情，缺少帮助，缺少爱，那种强烈的孤独感困扰着他们，折磨着他们。其实，很多人之所以缺少朋友，仅仅是因为他们在人际交往中总是采取消极的、被动的退缩方式，总是期待友谊从天而降。这样，虽然他们生活在一个人来人往的工作场所，却仍然无法摆脱心灵上的孤寂。这些人，只做交往的响应者，不做交往的始动者。

要知道，别的同事是没有理由无缘无故对我们感兴趣的。因此，如果想赢得别人的友情，与别人建立良好的人际关系，摆脱孤独的折磨，就必须主动交往。而主动交往的第一步便是对建立良好的人际关系抱有较好的态度，这样才能迈开人际交往的第一步。但遗憾的是很多人就是在这一点上出了问题。出于很多种的原因，他们总是对人际交往采取一种十分消极的态度，有排斥、恐惧、厌烦，进而远离人群，将自己封闭在自己的个人世界里。

心理学家研究发现，有两点原因影响人们不能主动交往，而采取被动退缩的交往方式：

一方面是生怕自己的主动交往不会引起别人的积极响应，从而使自己陷入窘迫、尴尬的境地，进而伤及自己脆弱的自尊心。而实际上，在现实生活中，每一个人都有交往的需要，因此，我们主动而别人不采取响应的情况是极其少见的。

试想，如果别人主动对你打招呼，你会采取拒绝的态度吗？比如，生活中会有这样一种非常有趣的现象：在硬座火车上，坐在一个"隔间"里面有6个人，如果这6个人里面至少有一个是主动交往的人，那么他们总是谈得热火朝天，一路上充满欢声笑语；如果这6个人没有一个人主动和别人交往，那么，从起点坐到终点，他们会始终处在无聊的气氛中，看书也没劲，对望又很尴尬，所以干脆闭上眼睛养神。与其尴尬地面面相觑，还不如主动打招呼，换得一路不寂寞，不是很好吗？当你尝试着主动和别人打招呼、攀谈时，你会发现，人际交往是如此容易。

另一方面，人们心里对主动交往有很多误解。比如，有的人会认为"先同别人打招呼，显得自己低贱"，"我这样麻烦别人，人家肯定会烦的"，"我又没有和他打过交道，他怎么会帮我的忙呢？"等。其实，这些都是害人不浅的误解，没有任何可靠的证据能证明其正确性。但是，这些观念却实实在在地起着作用，阻碍了人们在交往中采取主动的方式，从而失去了很多结识别人、发展友谊的机会。

当你因为某种担心而不敢主动同别人交往时，最好去实践一下，用事实去证明你的担心是多余的。不断地尝试，会积累你成功的经验，增强你的自信心，使你在工作中的人际关系状况越来越好。

其实，社交对一个人建立良好的人际关系是非常重要的第一步，因此，克服社交的消极心理是大为重要的。那么，克服社交的消极心理，建立和谐的人际关系就从现在开始吧！

1. 列出一张人名表

表上记载着同你所希望接触的社会领域有联系的人。在需要的时候去挑选能够助你一臂之力的人。

2. 把自己同别人联系起来

为了建立关系网，你应该善于把自己同别人联系起来。你可以通过公司的同行或者是合作伙伴，建立更广的人际圈。

3. 让更多的人了解你

不论你想向哪一个方面发展，最重要的是使决定你命运的人了解你。如果你从早到晚只是埋头待在办公室，那么你根本无法实现你的目标。

4. 显得更忙碌些

今后你不论到哪里都带上点东西，文件、表格、书等。让其他人都注意到你的忙碌。因为这足以表现出你的抱负和进取心，更容易获得他人的信任和帮助。

5. 找机会与高层领导接触

尽量错开公司内部的邮件来往，把需要报送的材料亲自送去。这样做有两个好处：一是提升了自己在别的部门的知名度，最终把自己同其他的同事联系起来，建立自己的信息渠道。二是你将有更多机会接触到高层领导。

6. 把自己同组织、团体联系起来

记住，你现在的工作不是你非要干一生的岗位，今后你还会有更理想、更适合自己的岗位。因此你应该把自己同本行业或者相关行业的组织联系起来，树立自己在其中的人缘。今后你准备换工作的时候将大有益处。

其实，上面说了这么多无非想让我们知道与人打交道，进行人际交往是件很简单的事，并没有我们想象中的那样可怕。只要我们敢于打开心扉，用一种积极的心态去主动地与别人建立良好的人际关系，就一定能够在短时间内建立起良好的人际关系。

不要再犹豫了，也不要再被内心消极的社交态度所左右了，从现在开始，彻底改变和摆脱内心的消极态度，以积极的态度开始你的人际关系吧！

第四章
塑造良好性格，成就辉煌人生

第一节
成功必备的 15 种优良性格

为什么我们要相信自己？因为在这个世上，每个人都是独一无二的，所以你该相信自己。

那为什么你会是这个世上独一无二的呢？因为你所做的事，别人不一定做得来；而且，你之所以是你，必定是有一些相当特殊的地方——我们姑且称之为特质吧！而这些特质又是别人无法模仿的。

自信是开启人生成功之门的金钥匙

既然别人无法完全模仿你，也不一定做得来你能做得了的事，试想，他们怎么可能给你更好的意见？他们又怎能取代你的位置，来替你做些什么呢？所以，这时你不相信自己，又有谁可以相信？

坚强的自信，常常使一些平常人也能够成就神奇的事业，成就那些天分高、能力强但多虑、胆小、没有自信心的人所不敢尝试的事业。

你的成就大小，往往不会超出你自信心的大小。假如拿破仑没有自信的话，他的军队不会爬过阿尔卑斯山。同样，假如你对自己的能力没有足够的自信，你也不能成就重大的事业。不企求成功、期待成功而能取得成功，是绝不可能的。成功的先决条件，就是自信。

自信心是比金钱、权势、家世、亲友等更有用的条件。它是人生可靠的资本，能使人努力克服困难，排除障碍，去争取胜利。对于事业的成功，它比任何东西都更有效。

假如我们去研究、分析一些有成就的人的奋斗史，我们可以看到，他们在起步时，一定有充分信任自己能力的坚强自信心。他们的心情、意志，坚定到任何困难险阻都不足以使他们怀疑、恐惧，他们也就能所向无敌了。

我们应该有"天生我材必有用"的自信，明白自己立于世，必定有不同于别人的个性和特色，如果我们不能充分发挥并表现自己的个性，这对于世界，对于自己都是一个损失。这种意识，一定可以使我们产生坚定的自信并助我们成功。

然而，没有人天生自信，自信心是志向、是经验、是由日积月累的成功哺育而成的。它来自经验和成功，又对成功起极大的推动作用。

也正因为自信并非天生，所以，自信可以从家庭中逐渐灌输，或是自我培养。有些人认为成功者对自己的信心比较强，其实不见得。没有一个成功者不曾感到过恐惧、忧虑，只是他们在恐惧时，都有办法克服恐惧感。大多数成功者有办法提升自己的自信。成功的人知道如何克服恐惧、忧虑，第一个方法就是唤起内心的自信。

成功者也并不是经常都能够击败恐惧与忧虑的，但是重要的是他们能够建立自信。一个阶段成功之后，接着才能想象下一个阶段。随着成功的不断累积，自信就会成为你性格的一部分。

幼时父母双亡的19世纪英国诗人济慈，一生贫困，备受文艺批评家抨击，恋爱失败，身染痨病，26岁即去世。但济慈一生虽然潦倒不堪，却从来没有向困难屈服过。他在少年时代读到斯宾塞的《仙后》之后，就肯定自己也注定要成为诗人。一次他说："我想，我死后可以跻身于英国诗人之列。"济慈一生致力于这个最大的目标，并最终成为一位永垂不朽的诗人。

相信自己能够成功，成功的可能性就会大为增加。如果自己心里认定会失败，就很难获得成功。没有自信，没有目标，你就会俯仰由人，终将默默无闻。

由此可知，自信对于一个人来说是多么重要，而它对于我们人生的作用也是多元而重要的，这主要表现在：

①自信心可以排除干扰，使人在积极肯定的心态支配下产生力量，这种力量能推动我们去思考、去创造、去行动，从而完成我们的使命，促成我们的成功。

②面对人欲横流的世界，面对许多不确定的因素，有信心的人，能坚守自己的理想、信念而不动摇，从而按自己的心愿，找到通向成功和卓越的道路。

③信心赢得人缘。信心可以感染别人，一方面激发别人对你的认可，另一方面使更多的人获得信心。这样就容易赢得他人的好感，具有良好的人缘。而人缘好，是人生的一大财富。

从古至今，人们出于创造更美好的生活的目的，对人的信心抱着崇高的期望。自信心的力量是巨大的，是追求成功者的有力武器。信心是成功的秘诀。拿破仑·希尔说："我成功，因为我志在战斗。"

不论一个人的天资如何、能力怎样，他事业上的成就，总不会超过其自信所能达到的高度。如果拿破仑在率领军队越过阿尔卑斯山的时候，只是坐着说："我们是很难翻过这座山的。"无疑，拿破仑的军队永远不会越过那座高山。所以，无论做什么事，坚定不移的自信心，都是通往成功之门的金钥匙。

自信比金钱、势力、出身、亲友更有力量，是人们从事任何事业的最可靠的资本。自信能排除各种障碍、克服种种困难，能使事业获得完满的成功。有的人最初对自己有一个恰当的估计，自信能够处处胜利，但是一经挫折，他们却又半途而废，这是因为他们自信心不坚定的缘故。所以，树立了自信心，还要使自信心变得坚定，这样即使遇到挫折，也能不屈不挠、向前进取，绝不会因为一时的困难而放弃。

那些成就伟大事业的卓越人物在开始做事之前，总是会具有充分信任自己能力的坚定的自信心，深信所从事之事业必能成功。这样，在做事时他们就能付出全部的精力，破除一切艰难险阻，直达成功的彼岸。

美国有一位身高仅 1.60 米的运动员，他就是蒂尼·博格斯——NBA（National Basketball Assoceatteon 美国全国篮球协会）最矮的球星。博格斯这么矮，怎么能在巨人如林的篮球场上竞技，并且跻身大名鼎鼎的 NBA 球星之列呢？这是因为博格斯的自信。

博格斯从小就喜爱篮球，可因长得矮小，伙伴们都瞧不起他。有一天，他很伤心地问妈妈："妈妈，我还能长高吗？"妈妈鼓励他："孩子，你能长高，长得很高很高，会成为人人都知道的大球星。"从此，长高的梦像天上的云在他心里飘动着，每时每刻都在闪烁希望的火花。

"业余球星"的生活即将结束了，博格斯面临着更严峻的考验——1.60 米的身高能打好职业赛吗？

蒂尼·博格斯横下一条心，要靠 1.60 米的身高闯天下。"别人说我矮，反而成了我的动力，我偏要证明矮个子也能做大事情。"在威克·福莱斯特大学和华盛顿奇才队的赛场上，人们看到蒂尼·博格斯简直就是个"地滚虎"，从下方来的球 90% 都被他收走，他越是个儿矮越是飞速地低运球过人……

后来，蒂尼·博格斯进入了黄蜂队（当时名列 NBA 第 3），在他的一份技术分析表上写着：投篮命中率 50%，罚球命中率 90%……

一份杂志专门为他撰文，说他个人技术好，发挥了矮个子重心低的特长，成为一名使对手害怕的断球能手。许多广告商推出了"矮球星"的照片，上面是博格斯淳朴的微笑。

他曾多次被评为该队的最佳球员。

博格斯至今还记得当年他妈妈鼓励他的话，虽然他没有长得很高很高，但可以告慰妈妈的是，他已经成为人人都知道的大明星了。

后来，这位球星说，他要写一本传记，主要是想告诉人们："要相信自己，只有相信自己，才能成功。"

这个故事告诉我们,名人也不是完美的,他们也不是生来就是自信的,他们也有过不自信的时候,但是,他们的成功在于他们不断地磨炼和提升了自己的自信,因此,只有把自信深深扎根于我们心中,我们才能更好地利用自信,那么,我们应该如何来培养自己的自信呢?

①建立自信,首先要了解自己,认识自己,根据自身的条件和现实环境,使自己的长处得到发挥。

②不论什么集会,都要鼓足勇气,坐到最前排。

③当别人和自己说话时,要正视对方的眼睛,要让对方感觉到你们是平等的,你有信心赢得他的敬重。

④通过提高自己走路的速度,来改变自己的心情。

⑤养成主动与别人说话的习惯来增强自己的自信心。

⑥经常默读"有志者事竟成","积少成多,聚沙成塔","黑暗中总有一线光明"等励志的谚语,增强自己的自信心。

⑦经常放声大笑。

乐观的性格让你笑对人生风云

人生如同一只在大海中航行的帆船,掌握帆船的航向与命运的舵手便是自己。有的帆船能够乘风破浪,逆水行舟,而有的却经不住风浪的考验,过早地离开大海,或是被大海无情地吞噬。之所以会有如此大的差别,不在别的,而是因为舵手对待生活的态度不同。前者被乐观主宰,即使在浪尖上也不忘微笑;后者是悲观的信徒,即使起一点风也会让他们胆战心惊,祈祷好几天。一个人或是面对生活闲庭信步,抑或是消极被动地忍受人生的凄风苦雨,都取决于对待生活的态度。

生活如同一面镜子,你对它笑,它就对你笑;你对它哭,它也以哭脸相示。

一个人快乐与否,不在于他处于何种境地,而在于他是否持有一颗乐观的心。对于同一轮明月,在泪眼蒙眬的柳永那里就是:"杨柳岸,晓风残月。此去经年,应是良辰好景虚设。"而到了潇洒飘逸、意气风发的苏轼那里,便又成为:"但愿人长久,千里共婵娟。"同是一轮明月,在持不同心态的人眼里,便是不同的,人生也是如此。

上天不会给我们快乐,也不会给我们痛苦,它只会给我们生活的佐料,调出什么味道的人生,那只能在我们自己。你可以选择从一个快乐的角度去看待它,也可以选择从一个痛苦的角度去看待它,同做饭一样,你可以做成苦的,也可以做成甜的。所以,你的生活是笑声不断，还是愁容满面，是披荆斩棘，勇往直前，还是缩手缩脚，停滞不前，这不在他人，都在你自己。

一个人如果心态积极，乐观地面对人生，乐观地接受挑战和应付麻烦事，那他就成功了一半。

在人生的旅途上，我们必须以乐观的态度来面对失败。因为在人生之路上，一帆风顺者少，曲折坎坷者多，成功是由无数次失败构成的，正如美国通用电气公司创始人沃特所说："通向成功的路就是把你失败的次数增加一倍。"但失败对人毕竟是一种"负性刺激"，总会使人产生不愉快、沮丧、自卑。那么，如何面对、如何自我解脱，就成为能否战胜自卑、走向自信的关键。

面对挫折和失败，唯有乐观积极的心态，才是正确的选择。其一，做到坚韧不拔，不因挫折而放弃追求；其二，注意调整、降低原先脱离实际的"目标"，及时改变策略；其三，用"局部成功"来激励自己；其四，采用自我心理调适法，提高心理承受能力。

既然乐观的性格对于我们每一个人来说是如此之重要，那么，我们更应该注意加强对乐观心态的培养：

1. 要心怀必胜、积极的想法

当我们开始运用积极的心态并把自己看成成功者时，我们就开始成功了。但我们绝不能仅仅因为播下了几粒积极乐观的种子，然后指望不劳而获，我们必须不断给这些种子浇水，给幼苗培土施肥，才会收获成功的人生。

2. 用美好的感觉、信心与目标去影响别人

随着你的行动与心态日渐积极，你就会慢慢获得一种美满人生的感觉，信心日增，人生的目标也越来越清晰，而别人也会被你所吸引，进而被你所影响。

3. 学会微笑

微笑是上帝赐给人类的专利，微笑是一种令人愉悦的表情。面对一个微笑着的人，你会油然感到他的自信、友好，同时这种自信和友好也会感染你，使你也油然而生出自信和友好来，使你和对方亲切起来。微笑可以鼓舞对方，可以融化人们之间的陌生和隔阂。

永远也不要消极地认为什么事都是不可能的。首先你要认为你能，然后去尝试、再尝试，最后你发现你确实能。所以，把"不可能"从你的字典里去掉，把你心中的这个观念铲除掉。谈话中不提它，想法中排除它，态度中去掉它，抛弃它，不再为它提供理由，不再为它寻找借口，用"可能"代替它。

4. 经常使用自动提示语

积极心态的自动提示语不是固定的，只要能激励我们积极思考、积极行动的词语，都可

以成为自我提示语。经常使用这种自我激发行动的语句，并融入自己的身心，就可以保持积极心态，抑制消极心态，形成强大的动力，进而达到成功的目的。

宽容的性格是滋补心灵的鸡汤

古希腊神话中有一位大英雄叫海格里斯。一天他走在坎坷不平的山路上，发现脚边有个袋子似的东西很碍脚，海格里斯踩了那东西一脚，谁知那东西不但没有被踩破，反而膨胀起来，加倍地扩大着。海格里斯恼羞成怒，操起一条碗口粗的木棒砸它，那东西竟然长大到把路堵死了。

正在这时，山中走出一位圣人，对海格里斯说："朋友，快别动它，忘了它，离它远去吧！它叫仇恨袋，你不犯它，它便小如当初，你侵犯它，它就会膨胀起来，挡住你的路，与你敌对到底！"

我们在茫茫人世间，难免与别人产生误会、摩擦。如果不注意，在我们轻动仇恨之时，仇恨袋便会悄悄成长，最终会导致堵塞了通往成功之路。所以我们一定要记着在自己的仇恨袋里装满宽容，那样我们就会少一分烦恼，多一分机遇。宽容别人也就是宽容自己。

学会宽容，对于化解矛盾，赢得友谊，保持家庭和睦、婚姻美满，乃至事业的成功都是必要的。因此，在日常生活中，无论对子女、对配偶、对同事、对顾客等都要有一颗宽容的爱心。

哲人说，宽容和忍让的痛苦，能换来甜蜜的结果。这话千真万确。古时候有个叫陈嚣的人，与一个叫纪伯的人做邻居。有一天夜里，纪伯偷偷地把陈嚣家的篱笆拔起来，往后挪了挪。这事被陈嚣发现后，心想，你不就是想扩大点地盘吗，我满足你，他等纪伯走后，又把篱笆往后挪一丈。天亮后，纪伯发现自家的地又宽出了许多，知道是陈嚣在让他，他心中很惭愧，主动找陈家，把多侵占的地统统还给了陈家。

忍让和宽容说起来简单，可做起来并不容易。因为任何忍让和宽容都是要付出代价的，甚至是痛苦的代价。人的一生谁都会碰到个人的利益受到他人有意或无意的侵害的事情。为了培养和锻炼良好的素质，你要勇于接受忍让和宽容的考验，即使感情无法控制时，也要管住自己的大脑，忍一忍，就能抵御急躁和鲁莽，控制冲动的行为。如果能像陈嚣那样再寻找出一条平衡自己心理的理由，说服自己，那就能把忍让的痛苦化解，产生出宽容和大度来。

生活中有许多事当忍则忍，能让则让。忍让和宽容不是怯懦胆小，而是关怀体谅。忍让和宽容是给予，是奉献，是人生的一种智慧，是建立人与人之间良好关系的法宝。一个人经历一次忍让，会获得一次人生的靓丽，经历一次宽容，会打开一道爱的大门。

宽容是一种艺术，宽容别人，不是懦弱，更不是无奈的举措。在短暂的生命中学会宽容别人，能使生活中平添许多快乐，使人生更有意义。当我们在憎恨别人时，心里总是愤愤不平，希望别人遭到不幸、惩罚，却又往往不能如愿，一种失望、莫名烦躁之后，使我们失去了往日那轻松的心境和欢快的情绪，从而心理失衡；另一方面，在憎恨别人时，由于疏远别人，只看到别人的短处，言语上贬低别人，行动上敌视别人，结果使人际关系越来越僵，以致树敌为仇。我们"恨死了别人"。这种嫉恨的心理对我们的不良情绪起了不可低估的作用。

而且，今天记恨这个，明天记恨那个，结果朋友越来越少，对立面越来越多，严重影响人际关系和社会交往，成为"孤家寡人"。这样一来，不仅负面生活事件越来越多，而且自身的承受能力也越来越差，社会支持则不断减少，以致情绪一落千丈，一蹶不振。可见，憎恨别人，就如同在自己的心灵深处种下了一粒苦种，不断伤害着自己的身心健康，而不是如己所愿地伤害被我们所憎恨的人。所以，在遭到别人伤害，心里憎恨别人时，不妨做一次换位思考，假如你自己处于这种情况，会如何应付？当你熟悉的人伤害了你时，想想他往日在学习或生活中对你的帮助和关怀，以及他对你的一切好处，这样，心中的火气、怨气就会大减，就能以包容的态度谅解别人的过错或消除相互之间的误会，化解矛盾，和好如初。这样，包容的是别人，受益的却是自己。自己就能始终在良好的人际关系中心情舒畅地学习与工作。

无论你一生中碰到如何不顺利的事情，遭遇到如何凄凉的境界，你仍然可以在你的举止之间，显示出你的包容、仁爱，你的一生将受用无穷。

春秋时期，楚庄王是个既能用人之长又能容人之短的人。

在一次庆功会上，楚庄王的爱妾许姬为客人们倒酒。忽然一阵风吹来，把点燃的蜡烛刮灭了，大厅里一片漆黑。黑暗中有人拉了许姬飘舞起来的衣袖。聪明的许姬便趁势摘下了那个人的帽缨，接着便大声请求庄王掌灯追查。胸怀大度的庄王认为，这个臣子可能是酒后失态，不足为怪。庄王对许姬说："武将们是一群粗人，发了酒兴，又见了你这样的美人，谁能不动心？如果查出来治罪，那就没趣了。"他立即宣布，此事不必追查。还让在座的人都在黑暗中取下帽缨，并为这次宴会取名为"摘缨会"。

后来，楚国攻打郑国。有个叫唐狡的将军作战英勇，屡立战功。事后，他找到庄王，当面认罪说："臣乃先殿上绝缨者也！"

由于楚庄王胸襟开阔，宽厚容人，对下属不搞求全责备，于是才保住了人才，调动了他们最大的积极性。

其实，学着去宽容地对待别人和自己并没有我们想象中的那么难，在我们生活中的一些细节之处能做到以下几点就很不错了：

1. 得理且饶人

不要抓住他人的错误或缺点不放，得饶人处且饶人，这样不仅会减少矛盾，也会提升自己的善良品质，进而会形成一种良好的社会风气。这种与人为善、悲悯众生的品德，正是人类生存所需要的美德。有缺陷，有急难，甚至有罪的芸芸众生，谁没有一处两处需要别人帮助呢？从根本上说，谁又有资格装出天主的样子来审判和惩罚他人呢？谁没有偶尔疏忽或急中出错，需要别人宽恕的时候呢？如果我们拘泥于这种低层次的偏执，则不仅会使他人尴尬难堪，悲从中生，也会让自己无端生仇。而且在人的这种相互计较中，社会阴暗面上升了。从某种意义上来说，向善大于任何对错是非和人间法律。记住这些话，不为难人，得饶人处且饶人。不仅对一般人，也包括那些与我们结有仇怨，甚至是怀有深仇大恨的人。做人要给他人善缘，对他人宽容。

2. 爱我们的敌人

爱我们的敌人是一个颠扑不破的真理。在这个世界上，充满包容的心灵里是不会有任何敌人的。"爱我们的敌人"，这一处世之道包含了真知灼见，因为如果憎恨我们的敌人，只会使正在燃烧的怒火火上浇油，而宽容则能熄灭我们的仇恨之火。

在我们身上有这样一种规则：用善意来回应善意，用凶残来回应凶残。即使是动物也会对我们的各种思想做出相应的反应。一个驯兽员通过亲切友好的善意，用一根细绳便能指挥一头野兽，但如果靠暴力，也许十个人都不能将这只野兽动一下。一个佛教信徒说："如果一个人对我不怀好意，我将慷慨地施予我的包容、仁爱之意。他的邪恶意图越强，我的善良之意也就越多。"

3. 善于自制

我们要宽容一个侵犯我们尊严、利益的人，这宽容中本来就包含着自制的内容。一个不能控制自己的人，往往情绪激动，指手画脚，就会把本来可以办成的事办砸了。这是成大事者的大戒。

因此，为人处世要以身作则。只有自己做好了，才能让别人信服，同样，只有自制力的人，才能很好地宽容他人。

4. 求同存异

人与人之间的冲突，很多是因为个性上的差异。其实，只要我们用宽容的心态求同存异，人际关系肯定会有很大改观的。和人相处，如果总是强调差异，就不会相处融洽。强调差异会使人与人之间距离越来越远，甚至最终走向冲突。

要减少差异，就要设身处地为别人着想，以达成共识。为别人着想，就会产生同化，彼此间的关系就会更加融洽。如果把注意力放在别人和自己的共同点上，与人相处就会容易一些。同化就是找共同点。

用宽容之心把自己融进对方的世界，这个时候，无须恳求、命令，两人自然就会合作做某件事情。没有人愿意和那些跟自己作对的人合作。在人与人交往的过程中，每一个人都会有意无意地在想："这人是不是和我站在同一立场上？"人与人之间的关系，要么非常熟悉，要么非常冷漠，要么立场相同，要么南辕北辙，不管人和人有多么不同，在这一点上，你和你眼中的对手倒是一致的。唯有先站在同一立场上，两人才有合作的可能。就算是对手，只要你找出和他的共同利益关系，你们就可以走到一起来。

谦逊的空杯才能盛更多的水

自古以来，我国人民就有谦虚的美德，有许多这方面的格言警句启迪后人。如"谦受益，满招损"，"谦虚使人进步，骄傲使人落后"，"虚心竹有低头叶，傲骨梅无仰面花"。

事实上也是如此，没有一个人能够有骄傲的资本，因为任何一个人，即使他在某一方面的造诣很深，也不能够说他已经彻底精通，彻底研究全了。"生命有限，知识无穷"，任何一门学问都是无穷无尽的海洋，都是无边无际的天空……所以，谁也不能够认为自己已经达到了最高境界而停步不前、趾高气扬。如果是那样的话，则必将很快被同行赶上、很快被后人超过。

爱因斯坦是20世纪世界上最伟大的科学家之一，他的相对论以及他在物理学界其他方面的研究成果，留给我们的是一笔取之不尽、用之不完的财富。然而，即使这样，他还是在有生之年不断地在学习、研究，活到老，学到老。

有人去问爱因斯坦，说："你老可谓是物理学界空前绝后的人才了，何必还要孜孜不倦地学习呢？何不舒舒服服地休息呢？"

爱因斯坦并没有立即回答他这个问题，而是找来一支笔，一张纸，在纸上画上一个大圆和一个小圆，对那位年轻人说："在目前的情况下，在物理学这个领域里可能是我比你懂得略多一些。正如你所知的是这个小圆，我所知的是这个大圆，然而整个物理学知识是无边无际的。对于小圆，它的周长小，即与未知领域的接触面小，你感受到自己的未知少；而大圆与外界接触的这一周长大，所以更感到自己的未知东西多，会更加努力去探索。"

"宽阔的河流平静，学识渊博的人谦虚。"凡是对人类发展做出巨大贡献的伟大人物，都有着谦逊的美德。

曾经有人问牛顿："你获得成功的秘诀是什么？"牛顿回答说："假如我有一点微小成就的话，没有其他秘诀，唯有勤奋而已。"他又说，"我之所以比别人望得远些，是因为我站在巨人的肩膀上。"这些话多么意味深长啊！晚年的牛顿曾经这样总结过自己："在我自己看来，我不过就像是一个在海滨玩耍的小孩，为不时发现比寻常更为光滑的一块卵石或比寻常更为美丽的一片贝壳而沾沾自喜,而对于展现在我面前的浩瀚的真理的海洋,却全然没有注意。"

我国的大科学家竺可桢,在离他逝世两个星期前的一天里,当他得知外孙女婿来到他家,便迫不及待地叫他讲授高能物理基本粒子的基本知识。老伴劝他:"你连坐都支持不住,还问这些干什么?"竺老听了老伴的话儿,一边咳嗽一边说:"不成,我知道得太少。"

好一个"我知道得太少"!竺可桢在气象学上辛勤耕耘,数十年如一日地进行长期观察研究,一生硕果累累。谁能想到,一个蜚声中外的科学家,竟还在84岁的高龄,在生命处于垂危之际,先后5次向晚辈求教"补课",孜孜不倦。这正是谦逊好学、不耻下问、甘拜人师,永不满足这一科学传统美德在一个大科学家身上的生动体现,也正是他能走向人生光辉顶点的基本要求。有如此之卓越成就的人都如此之谦虚,那么作为平凡人的我们又有什么理由去骄傲自大呢?所以,每当你骄傲自满时,一定别忘了提醒自己去丈量一下巨人的肩膀,这样你便会发现自己是多么的渺小而微不足道,这样,你才会用一颗空杯的心更加的充实自身。

诚信为成功打造金字招牌

诚信是面镜子,能映照出你性格中的许多闪光点,这比获得财富更重要,比拥有美名更持久。

像乔治·皮博迪一样,在年轻的时候就开始坚持一诺千金,不说一句谎话,并把自己的声誉看作是无价之宝。因此,乔治·皮博迪受到全世界人的关注,获得无上的声誉,并赢得了人们的信任。

在19世纪中期有一个正义与诚实的代名词——"诚实的亚伯拉罕·林肯"。

在林肯还没有成为总统的时候,他从事过店员这个职业,一次他为了及时把零钱还给一位夫人,摸黑跑了约10千米的路,而不是等到下次再找那位夫人,这件事体现了林肯诚实的品格,从而使人性中高贵的品质被定位为"诚实的亚伯拉罕·林肯"。

在林肯从事另一个职业——律师的时候,有一次,他在处理一桩土地纠纷案时,法庭要当事人预交1万美元,但那个当事人一时还筹不到这么多钱,于是,林肯说:"我来替你想想办法。"林肯去了一家银行,和经理说他要提1万美元,过两个小时就能归还。经理什么也没说,也没有要林肯填写借据,就把钱借给了他。正是因为林肯诚实的品德,经理才如此相信他。

一个人不仅要对他人讲诚信,对自己也要讲诚信,承诺别人的,要信守,承诺自己的,也要信守,真实地面对自己,真实地面对别人,真实地面对社会,不屈从于自己的内心欲望，不屈从于自己内心的恐惧，不掩饰自己的错误，这是不容易的。所谓人无信不立，企业无信不长，社会无信不稳。信用是经济发展的社会基础。唯有建立完善的社会信用体系，遵守市场经济秩序，才是致富的正道。

诚实、守信是无价的！没有了诚信，人们就再也不会相信你，没有了诚信，社会将抛弃你！信守诚信是走向成功的必备条件！

在许多成大事者的创业历史上，都把诚实守信作为自己事业的生命来看待，他们相信诚实守信要永远胜过辞藻华丽的广告，把事业建立在诚实信用的基础上，就会取得成功。

"顾客就是上帝，满意的顾客是最好的广告。"这个商业领域信条很好地体现出那些有着良好服务的商家，同时顾客也会非常乐意向别人推荐这样的商家。

诚实是立业之本。这是一个成功的商人向顾客展示自己的最好手法，他们要抓住每个顾客的心理，使其满意。成功的商人知道只有满意的顾客才有可能是回头客，才能扩大企业规模。如果顾客对他没有产生信任感，那扩大企业规模只是一句空话。

有很多银行家十分珍惜对方的信用，他们对那些资本雄厚，但品行不好、不值得信任的人，绝不会放贷一分钱；他们反而愿意把钱借给那些资本不多，但肯吃苦、有诚信心、小心谨慎、时时注意商机的人。

银行只有等到觉得对方实在很可靠，没有问题时，他们才肯向其贷款。在每贷出一笔款之前，一定会对申请人的信用状况研究一番：对方经营是否稳当？能否成功？信用等级如何？

罗赛尔·赛奇说："坚守诚信是成功的最大关键。"任何人都应该懂得：诚信具有无穷无尽的价值。一个人要想赢得他人的信任，就要立下极大的决心，花费大量的时间，不断努力。一般要做到以下几点：

1. 勿以恶小而为之

许多人不注意在小事上守信用，比如，借东西不还，与人约会却迟到甚至失约，答应替人办某事却迟迟不见动静……这样的小事多了，别人怎么看你且不说，你自己就会养成不守信用的习惯，以后遇到大事也会失信于人，给自己事业的发展埋下隐患。

2. 不要轻易许诺

真做不到，就真诚地说"不"，这才是诚信的态度。什么事都拍胸脯，或抹不过面子而答应别人，不但给自己增加不必要的负担，而且办不到的结果还会使自己失信于人。当然，这不是说我们不要帮助别人，而是说在做出承诺之前要量力而行。

3. 不能私欲当先

坚守信用就是对人诚实不欺，而要不欺，首先就要杜绝贪念。有的人借人钱物不还，不是因为经济困难或遗忘，而是存心占人便宜。某些商家做不到"买卖公平，童叟无欺"，是为了赚昧心钱。一个人如果一门心思钻进钱眼里，那"信用"就会成为他任意摆布的一块抹布。从答应替人买紧俏商品或办事，到拿人钱物不还，成为骗子，其间的距离并不很遥远。

4. 注意自我修养

与人交易时必须诚实无欺——这是获得他人信任的最重要条件。要善于自我克制，做事必须诚恳认真，建立起良好的信誉；应该随时设法纠正自己的缺点；行动要踏实可靠，做到言出必行。

5. 养成良好的习惯

还有一些人平日为人的确很诚实可靠，但他们有一个毛病，那就是对任何事情都太马虎，这样就容易在不知不觉中使自己的信用丧失。比如，他们明明在银行里的存款已经不多，却还是开出了一张超额的支票，结果害得收款人到银行碰壁。如果这样做生意，那么他的信用将会丧失殆尽。

一个"信"字，从人从言，表示人言可靠，是做人的立身之本。一个守信用的人，体现了一种道德力量和意志力量。在市场经济条件下，信用也是我们必须遵守的公共准则。当我们在合同上、借据上、发票上……签下我们的名字时，我们就是在以自己的人格做出保证。若非不可抗拒之因，我们一定要践约；若有违反，甘受法律制裁。当然，还有一种制裁，那就是有愧于良心。

坚忍的人才能站得比别人更高

唯有坚忍不拔才能克服任何困难。一个人有了持久心，谁都会对他赋予完全的信任；有了持久心的人到处都会获得别人的帮助。对于那些做事三心二意、无精打采的人，谁都不愿信任或援助他，因为大家都知道他们做事靠不住。

探究一些人失败的原因，并不是他们没有能力、没有诚心、没有希望，而是因为他们没有坚忍不拔的持久心，这种人做起事来往往有头无尾，东拼西凑。他们怀疑自己是否能够成功，永远决定不了自己究竟要做哪一件事，有时他们看好了一种工作，以为绝对有成功的把握，但中途又觉得还是另一件事比较妥当顺利。这种人到头来总是以失败告终，对他们所做的事不仅别人不敢担保，而且连他们自己也毫无把握。他们有时对目前的地位心满意足，但不久又产生种种不满的情绪。

坚忍，是克服一切困难的保障，它可以帮助人们成就一切事情，达到理想。

有了坚忍，人们在遇到大灾祸、大困苦的时候，就不会无所适从；在各种困难和打击面前，仍能顽强地生活下去。世界上没有其他东西，可以代替坚忍。它是唯一的，不可缺少的。

坚忍，是所有成就大事业的人的共同特征。他们中有的人或许没有受过高等教育，或许有其他弱点和缺陷，但他们一定都是坚忍不拔的人。劳苦不足以让他们灰心，困难不能让他们丧志。不管遇到什么曲折，他们都会坚持、忍耐着。

以坚忍为资本去从事事业的人，他们所取得的成功，比以金钱为资本的人更大。许多人做事有始无终，就因为他们没有充分的坚忍力，使他们无法达到最终的目的。然而，一个伟大的人，一个有坚忍力的人却绝非这样。他不管任何情形，总是不肯放弃，不肯停止，而在再次失败之后，会含笑而起，以更大的决心和勇气继续前进。他不知失败为何物。

做任何事，是否不达目的不罢休，这是测验一个人品格的一种标准。坚忍是一种极为可贵的德行。许多人在情形顺利时肯随大众向前，也肯努力奋斗。但当大家都退出，都已后退时，还能够独自一人孤军奋战的人，才是难能可贵的。这需要很强的坚忍力。

对于一个希望获得成功的人，要始终不停地问自己："你有耐性、有坚忍力吗？你能在失败之后仍然坚持吗？你能不管任何阻碍一直前进吗？"

你只有充分发挥自己的天赋和本能，才能找到一条连接成功的通天大道。一个下定决心就不再动摇的人，无形之中能给人一种最可靠的保证，他做起事来一定肯于负责，一定有成功的希望。因此，我们做任何事，事先应固定一个尽善的主意，一旦主意打定之后，就千万不能再犹豫了，应该遵照已经定好的计划，按部就班地去做，不达目的绝不罢休。举个例子来说：一位建筑师打好图样之后，若完全依照图样，按部就班地去动工，一所理想的大厦不久就会成为实物，倘若这位建筑师一面建造，一面又把那张图样东改一下，西改一下，试问这所大厦还有成功之日吗？成功者的特征是：绝不因受到任何阻挠而颓丧，只知道盯住目标，勇往直前。世上绝没有一个遇事迟疑不决、优柔寡断的人能够成功。

获得成功有两个重要的前提：一是坚决，二是忍耐。人们最相信的就是意志坚决的人，当然意志坚决的人有时也许会遇到艰难，碰到困苦、挫折，但他绝不会惨败得一蹶不振。我们常常听到别人问："他还在干吗？"这就是说："那个人的前途还没有绝望。"

如何培养坚韧的性格？很简单，只要你确定人生的目标，专注于你的目标，那么你所有的思想、行动及意念都会朝着那个方向前进。韧性是身体健康的一部分，不管发生了什么情况，你必须具有坚持工作完成到底的能力。韧性是身体健康和精神饱满的一种象征，这也是你成为领导者并赢得卓越的驾驭能力所必需的一种个人品质。韧性是与勇气紧密相关的，当真正遇到困难时你所必备的一种坚持到底的能力，是既得具有可以跑上几千米的能力还得具有百米冲刺的能力。韧性是需要忍受疼痛、疲劳、艰苦，并体现在体力上和精神上的持久力。

韧性是你在极其艰苦的精神和肉体的压力下所具有的长期从事卓有成效的工作能力，忍耐力是需要你长时间付出额外的努力的。坚韧是一种你想具备卓越的驾驭人的能力所必须培养的重要的个人品质。

勇敢为你的成功之路铺开康庄大道

一个人要想干成一番事业，不但会遭遇挫折，而且还会遭逢困难和艰辛。

困难只能吓住那些性格软弱的人。对于真正坚强的人来说，任何困难都难以迫使他就范。相反，困难越多，对手越强，他们就越感到拼搏有味道。黑格尔说："人格的伟大和刚强只有借矛盾对立的伟大和刚强才能衡量出来。"

在困难面前能否有迎难而上的勇气有赖于和困难拼搏的心理准备，也有赖于依靠自己的力量克服困难的坚强决心。许多人在困境中之所以变得沮丧，是因为他们原先并没有与困难作战的心理准备，当进展受挫、陷入困境时便张皇失措，或怨天尤人，或到处求援，或借酒消愁。这些做法只能徒然瓦解自己的意志和毅力，客观上是帮助困难打倒自己。他们不打算依靠自己的力量去克服困难，结果，一切可以征服困难的可行计划便都被停止执行，本来能够克服的困难也变得不可克服了。还有的人，面对很强的困难不愿竭尽自己的全力，当攻不动困难时，便心安理得地寻找理由："不是我不努力，而是困难太大了。"不言而喻，这种人永远也找不到克服困难的方法。

问题不仅仅是生活中可以接受的一部分，而且对于阅历丰富的人而言，它也是必不可少的。如果你不能聪明地利用你的问题，就绝不会掌握任何技能。最重要的是，任何时候，你都不要退缩。如果你现在不去面对问题，不去解决它，那么，日后你终将遇到类似的问题。把你的失望降低到最低程度，你才会认识到心灵上能够逾越困境才是受用一生的最大财富。

看到成功人士的成功，看到那份勇气，你会多少有点贪恋。正是这份勇气才使成大事者成功。他们在生活中跌倒，能够爬起来；他们在生活中被困扰，能够寻找出口。他们总是把自己过去的失败看作是一种勇气的复得。而你现在要做的就是找到这份勇气，去揭开生活的秘密。

1983年，布森·哈姆徒手攀壁，登上纽约的帝国大厦，在创造了吉尼斯纪录的同时，也赢得了"蜘蛛人"的称号。

美国恐高症康复联席会得知这一消息，致电"蜘蛛人"哈姆，打算聘请他做康复协会的顾问。

哈姆接到聘书，打电话给联席会主席约翰逊，要他查一查第1042号会员，约翰逊很快就找到了1042号会员的个人资料，他的名字正是布森·哈姆。原来他们要聘做顾问的这位"蜘蛛人"，本身就是一位恐高症患者。

约翰逊对此大为惊讶。一个站在一楼阳台上都心跳加快的人，竟然能徒手攀上400多米高的大楼，他决定亲自去拜访一下布森·哈姆。

约翰逊来到费城郊外的布森住所。这儿正在举行一个庆祝会，十几名记者正围着一位老太太拍照采访。

原来布森·哈姆94岁的曾祖母听说他创造了吉尼斯纪录。特意从100千米外的家乡徒步赶来，她想以这一行动为哈姆的纪录添彩。

谁知这一异想天开的做法，无意间竟创造了一个老人徒步行走的世界纪录。

有一位记者问她，当你打算徒步而来的时候，你是否因年龄关系而动摇过？

老太太精神矍铄，说，小伙子，打算一口气跑100千米也许需要勇气，但是走一步路是不需要勇气的，只要你走一步，接着再走一步，然后一步再一步，100千米也就走完了。恐高症康复联席会主席约翰逊站在一旁，一下明白了哈姆登上帝国大厦的奥秘，原来他有向上攀登一步的勇气。

是的，真正坚强的人，不但在碰到困难时不害怕困难，而且在没有碰到困难时，还积极主动地寻找困难，这是具有更强的成就欲的人，是希望冒险的开拓者，他们更有希望获得成功。阿拉伯民间故事集《一千零一夜》里，有一个勇敢的航海家辛伯达，他每次总是去寻求那种与大自然抗争、与海盗搏斗的惊险航行，而恰恰是这些经历使他应付危机的能力大大增强，使他一次次大难不死，安全抵达目的地。在生活和事业中，千千万万的强者，不正是从克服他们自己找来的困难中，取得了一个又一个引人注目的成就吗？

要善于检验你人格的伟大力量。你应该常常扪心自问，在除了自己的生命以外，一切都已丧失了以后，在你的生命中还剩余些什么？即在遭受失败以后，你还有多少勇气？假使你在失败之后，从此振作不起，放手不干而自甘屈服，那么别人就可以断定，你根本算不上什么人物；但假如你能雄心不减、进步向前，不失望、不放弃，则可以让人知道，你的人格之高、勇气之大，是可以超过你的损失、灾祸与失败的。

或许你要说，你已经失败很多次，所以再试也是徒劳无益；你跌倒的次数过多，再站立起来也是无用。对于有勇气的人，绝没有什么失败！不管失败的次数怎样多，时间怎样晚，胜利仍然是可期的。

当然，勇敢也是可以培养出来的：

英国现代杰出的现实主义戏剧家萧伯纳以幽默的演讲才能著称于世。可他在青年时，却羞于见人，胆子很小。若有人请他去做客，他总是先在人家门前忐忑不安地徘徊很久，却不敢直接去按门铃。

美国著名作家马克·吐温谈起他首次在公开场合演说时，说他那时仿佛嘴里塞满了棉花，脉搏快得像田径赛跑中争夺奖杯的运动员。

可是他们后来都成了大演说家，这完全是勇于训练的结果。要克服说话胆怯的心理，可以从以下几个方面做起：

①树立信心。只要树立信心，不怕别人议论，用自己的行动来鼓励自己，就肯定会获得成功。

②积极参加集体活动。参加集体活动是帮助克服恐惧感，减少退缩行为的好办法。

③客观评价自己。相信自己的才能，多肯定自己，并用积极进取的态度看待自己的不足，减少挑剔，摆脱自我束缚。

要克服与人交往、与人交谈的恐惧，以下几种方法是有效的训练手段：

①训练自己盯住对方的鼻梁，让人感到你在正视他的眼睛。
②径直迎着别人走上前去。
③开口时声音洪亮，结束时也会强有力，相反，开始时声音细弱，闭嘴时也就软弱。
④学会适时地保持沉默，以迫使对方讲话。
⑤会见一位陌生人之前，先列一个话题单子。

其实，勇气就是这么来的，越是困难的工作，越勇于承担，硬着头皮，咬紧牙关，强迫自己深入进去。随着时间的推移，会由开始的生疏到后来的熟练，由开始的紧张到后来的轻松，慢慢体会到自己的力量，增强自信心和勇气。

理智是导向成功的指南针

理智表现为一种明辨是非、通晓利害以及控制自己行为的能力。具备这种能力，并且使之成为一种持续的倾向时，你便拥有了理智的性格。

凡事具备理性格的人，性情稳定，思想成熟，思维全面，做事周密，因此成功的概率很高。

想必大家也都知道大名鼎鼎的索罗斯，就是一个十分理性的人，也正是理性助他最终成功。

1969 年，索罗斯与杰姆·罗杰斯合伙以 25 万美元起家，创立了"双鹰基金"，专门经营证券的投资与管理。1979 年，他把"双鹰基金"更名为"量子基金"，以纪念德国物理学家海森伯。海森伯发现了量子物理中的"测不准原理"，而索罗斯对国际金融市场的一个最基本的看法就是"测不准"。这个在思想上缺乏天赋却曾苦苦研读哲学的知识分子在投机行为大获成功之后再一次确定了他的观点：金融市场是毫无理性可言的。

索罗斯曾经说过："测不准理论有其合理的地方。人类发展的过程，不是直线的，而是一个反复选择的过程。这个反复选择基本上是一个循环。人类的决策在很大程度上决定了历史进程，反过来，历史的进程又影响领导人和个人做出针对这个大的社会环境的决策。"所以，测不准是金融市场最基本的原则。

他曾经坦言，在亚洲金融风暴中，他也亏了很多。因为他也测不准，他也出错了。所以，短期的投资走向他不预测，因为太容易证明自己的判断是错误的。

20 世纪 70 年代后期，索罗斯的基金运作十分成功。

1992 年 9 月 1 日，他在曼哈顿调动了 100 亿美元，赌英镑下跌。当时，英国经济状况越来越糟，失业率上升，通货膨胀加剧。梅杰政府把基金会的大部分工作交给了年轻有为的斯坦利·杜肯米勒管理。杜肯米勒针对英财政的漏洞，想建一个 30 亿到 40 亿美元的放空英镑的仓位，索罗斯的建议是将整个仓位建在 100 亿美元左右，这是"量子基金"全部资本的一倍多。索罗斯必须借 30 亿美元来一场大赌博。

最终，索罗斯胜了。9 月 16 日，英国财务大臣拉蒙特宣布提高利率。这一天被英国金融界称之为"黑色星期三"。

杜肯米勒打电话告诉索罗斯，他赚了 9.58 亿美元。事实上，索罗斯这次赚得近 20 亿美元，其中 10 亿来自英镑，另有 10 亿来自意大利里拉和东京的股票市场。整个市场卖出英镑的投机行为击败了英格兰银行，索罗斯是其中一股较大的力量。在这次与英镑的较量中，索罗斯等于从每个英国人手中拿走了 12.5 英镑。但对大部分英国人来说，他是个传奇英雄，英国民众以典型的英国式作风说："他真行，如果他因为我们政府的愚蠢而赚了 10 亿美元，那他一定很聪明。"

索罗斯曾把他的投资理论写成《金融炼金术》一书，阐述了他关于国际金融市场的"对射理论"和"盛衰理论"。他认为参与市场者的知觉已影响了他们参与的市场，市场的动向又影响他们的知觉，因此他们无法得到关于市场的完整的认识，但市场有自我强化的功能，繁盛中有衰落的前奏。

在索罗斯走向成功的过程中，理性的思考、判断、分析、选择起到了至关重要的作用。任何成功都是一个复杂的过程，缺乏这样的理性前提，成功就是无源之水，无本之木。成功在某种程度上，可以说是理智的产物。

要培养自己理智的性格，主要把握以下两个方面：

1. 学会理性思考

对于一个追求成功的人来说，培养理性思考的习惯十分重要。善于理性思考的人遇事不乱，能够保持冷静的头脑，能够具有良好的判断能力。

英国商人杰克到中国来旅游，看到大街上的人都显得很匆忙，于是问导游："为什么他们看上去这么匆忙？有很多事要做吗？需要多少时间？"导游回答说："他们早上去上班，每天工作8个小时，加上路上时间，少说也得十来个小时，这是很正常的现象啊。难道你们不忙吗？"

杰克说："并不像你想的那样，真正善于思考的人应该生活得清闲又富余，做1小时的工作所得的报酬超过一般人做10个小时的所得。这些人整天忙忙碌碌，累了就睡，醒来又工作，根本不给自己思考的时间，生活的状况也就无法改变。如果他们能多一点思考，一定不会如此忙碌，也不会平平淡淡地过完这一生。"

这位商人的话形象地说明，如果充分发挥理性思考的作用，将从本质上改变我们的人生。

2. 由表及里

一个不能通过表面现象看到事物本质的人不会是成功者。

加利福尼亚曾经出现过一股淘金热潮，年仅17岁的约翰也加入此次浪潮之中。他来到加利福尼亚以后，却发现加州并不是遍地黄金，更重要的是人们淘金的山谷水源奇缺，于是在经过理性分析后，决定避开热潮，不去淘金，而是去找水源。几经周折，约翰终于找到了水源。众多淘金者终日劳累，也不可能挖到多少金矿。而他为这些人提供饮水，却成为一位富翁。

理智的性格，应该是不为表象所迷惑，而是从现象到本质，由表及里，这样才会获得与众不同的成功。

不仅如此，理性的人还十分擅长理财，他们总是运用他们的理性来进行理财，从而让自己变得富裕，因此，运用理性进行理财也是我们应该去学习的一个方面：

①制订详细的预算计划，并养成习惯，然后按照计划去执行。

②减少手头的现金。手头的闲钱少了，头脑发热的消费、财大气粗的消费、互相攀比的消费、虚荣的消费就都少了，能免则免，小钱也能积累成大钱。

③养成勤俭节约的习惯。

从点滴做起，节省开支，不管开源做得怎么样，节流总是不错的。从现在开始，应该慢慢培养自己对金钱的感觉，理解了钱的重要性，就会注意自己的开支。没有计划和预算的花费，是对自己辛苦劳动的否定。

果断是解决问题的关键

果断，是指一个人能适时地做出经过深思熟虑的决定，并且彻底地实行这一决定，在行动上没有任何不必要的踌躇和疑虑。果断是成大事者积累成功的资本。

果断的个性，能使我们在遇到困难时，克服不必要的犹豫和顾虑，勇往直前。有的人面对困难，左顾右盼，顾虑重重，看起来思虑全面，实际上茫无头绪，不仅分散了同困难做斗争的精力，更重要的是会销蚀同困难做斗争的勇气。果断的个性在这种情况下，则表现为沿着明确的思想轨道，摆脱对立动机的冲突，克服犹豫和动摇，坚定地采纳在深思熟虑基础上拟定的克服困难的方法，并立即行动起来同困难进行斗争，以取得克服困难的最大效果。

果断的个性，能够帮助我们在执行工作和学习计划的过程中，克服和排除同计划相对立的思想和动机，保证善始善终地将计划执行到底。思想上的冲突和精力上的分散，是优柔寡断的人的重要特点。这种人没有力量克服内心矛盾着的思想和情感，在执行计划的过程中，尤其是在碰到困难时，往往长时间地苦恼着该怎么办，怀疑自己所做决定的正确性，担心决定本身的后果和实现决定的结果，老是往坏的方面想，犹犹豫豫，因而计划老是执行不好。而果断的个性，则能帮助我们坚定有力地排斥上述这种胆小怕事的、顾虑过多的庸人自扰，把自己的思想和精力集中于执行计划本身，从而加强了自己实现计划、执行计划的能力。

果断的个性，可以使我们在形势突然变化的情况下，能够很快地分析形势，当机立断，不失时机地对计划、方法、策略等做出正确的改变，使其能迅速地适应变化了的情况。而优柔寡断者，一旦形势发生剧烈变化就惊惶失措，无所适从。他们不能及时根据变化了的情况重新做出决策，而是左顾右盼，等待观望，以致坐失良机，常常被飞速发展的情势远远抛在后面。

可见，果断的个性无论是对领导者，还是对普通劳动者，无论是对于工作，还是对于生活和学习，都是需要的。

美国钢铁大王安德鲁·卡内基现在早已是成功商业精英的典范，他的事迹被众多成功学大师引为例证。他认为：机遇往往有这样的特点，它是意外突然地来临，又会像电光石火一样稍纵即逝。这个特征要求人们在资料、信息、证据不是很充足，而又来不及做更多搜集、分析的情况下，做出决断。否则，有机不遇，悔恨莫及。

安德鲁·卡内基开始做交易时，也有过犹豫。然而，随着经验的增长，他变得越来越果断，事业也因之越做越大。对铁路不计血本的大投入，就是其果断行事取得成功的极好例证。

美国南北战争结束后，联邦政府与议会首先核准联合太平洋铁路公司，再以它所建造的铁路为中心路线，核准另外 3 条横贯大陆的铁路路线。与此同时，各级政府部门还提出了数十条铁路工程计划。这一切都说明，美洲大陆的铁路革命和钢铁时代来临。

卡内基围绕怎样垄断横贯铁路的铁轨和铁桥的问题，做出了大胆的决断。他在欧洲旅行的途中买下了两项专利。他在伦敦钢铁研究所得知，道兹兄弟发明了把钢分布在铣铁表面的方法，卡内基买下了这项钢铁制造的专利。当时的铁轨制造方法是，先铸造成铣铁，再制成眼下这种铁轨，这种铁轨含有相当多的碳，缺乏弹性，极其容易产生裂纹。而在伦敦钢铁研究所发明的这种钢，采用一种特殊方法，在炉中以低温还原矿石时，除去了碳和其他杂质，这样就可以增加约 1/3 的纯度，大大地延长了铁轨的使用年限。卡内基承认，此项专利给他带来了约 2270 千克黄金的利润。

果断的个性，产生于勇敢、大胆、坚定和顽强等多种意志素质的综合。

果断的个性，是在克服优柔寡断的过程中不断增强的。人有发达的大脑，行动具有目的性、计划性，但过多的事前考虑，往往使人犹豫不决，陷入优柔寡断的境地。许多人在采取决定时，常常感到这样做也有不妥，那样做也有困难，无休止地纠缠于细节问题，在诸方案中徘徊犹豫，陷入束手无策和茫然不知所措的境地，这就是事前思虑过多的缘故。大事情是需要深思熟虑的，然而生活中真正称得上大事的并不多。况且，任何事情，总不能等待形势完全明朗时才做决定。事前多想固然重要，但"多谋"还要"善断"，要放弃在事前追求"万全之策"的想法。实际上，事前追求百分之百的把握，结果却常常是一个真正有把握的办法也拿不出来。果断的人在采取决定时，他的决定开始时也不可能会是什么"万全之策"，只不过是诸方案中较好的一种。但是在执行过程中，他可以随时依据变化了的情况对原方案进行调整和补充，从而使原来的方案逐步完善起来。"万事开头难"，许多事情开始之前想来想去，这样也无把握，那样也不保险。当减少那些不必要的顾虑后真正下决心干起来，做着做着事情就做顺了。

亨利·福特最醒目的个性之一，即是迅速达成决定的个性。也就是这一个性使得他在所有顾问的反对下，在许多购车人力促他改变下，仍一意孤行，继续制造他有名的 T 型车种(世界上最丑陋的车)。

也许福特先生在改变这一项决定的时候拖了太久，但是故事的另一面反过来说，正是他的坚定不移为他赚得巨额财富。这些财富早在 T 型车有必要改变造型之前，已使他成为汽车大王。无疑，福特先生决心之坚定，已几近刚愎自用的程度，但是这份个性还是比迟疑下决定又朝令夕改来得好。

当然，果断性格也不是天生就有的，它是通过后天锻炼得来的。我们可以通过以下六个方面来锻炼自己的果断性格。

①把握时机，学会决断。每个成功的人在关键时刻都能把握时机，对事情做出果断

的判决,而失败的人才犹犹豫豫,不能决断。

艾青说:"梦里走了好多路,醒来却依然在床上。"梦想再多也无济于事,只有敢于行动才能实现目标,这也说明了决断是事业成败的关键。

②善于独立思考,不要被别人的意见所左右,只要是自己认准的事,就全力以赴地去实施。

③当机遇出现在面前时,千万不要犹豫,因为机遇稍纵即逝。倘若犹豫不决,患得患失,只会错失良机。

④有勇气为自己的选择负责。人生是一个不断选择的过程,其中最关键的就是要有勇气承担自己选择的后果。每一次选择都有风险,即使失败也不能气馁,勇于对自己的选择负责也是一种果断的表现。

⑤做事切记瞻前顾后,让到手的好机会溜走。要充分把握机会,该下决心的时候,一定要果断、利落。

⑥要谨慎。果断下决定时也要谨慎,不要轻率、冒失,要不然害人害己。

因此,果断是一种气质,果断是一种性格,果断是一种意境,果断是一种美。让人感觉希望明朗,果断能给人更多的安全感,果断让人面临更多成功的机会。优柔寡断只能误事。有人说,犹豫不决、优柔寡断足可以毁掉一个天才。即使真正具备某种天赋,我们也要培养果断的性格,切记做事犹豫不决,优柔寡断。

自制是你的人生走向成功的保险单

华人首富李嘉诚说:"自制是修身立志成大事者必须具备的能力和条件,希望每个人都能做到自制。"

从本质上讲,自制就是你被迫行动前,有勇气自动去做你必须做的事情。自制往往和你不愿做或懒于去做,但却不得不做的事情相联系。"制"既然是规范,当然是因为有行为会越出这个规范。比如,刷牙洗脸是每天必须要做的事情,但是有一天你回到家筋疲力尽,如果你倒床就睡,是在放纵自己的行为;如果你克服身体上的疲惫,坚持进行洗漱,这是你自制的表现。人们往往会遇到一些让自己讨厌或使行动受阻挠的事情,而在这种情况下,你就应该克服情绪的干扰,接受考验。

自制的方式,一般来说有两种:一是去做应该做而不愿或不想做的事情;一是不做不能做、不应做而自己想做的事情。比如,你每天早晨坚持锻炼身体,某一天天气特别寒冷,你不想冒着寒冷继续坚持，但是你最终走出家门，继续锻炼，这就属于前者。后者的表现也较多，你喜欢抽烟，但到了无烟室，你必须强忍住内心的欲望不抽烟。

一般情况下，自制和意志是紧密相连的，意志薄弱者，自制能力较差；意志顽强者，自制能力较强。加强自制也就是磨炼意志的过程。

自制对于个人的事业来讲，发挥着重要的作用，加强自制有助于磨砺心志，有助于良好品性的形成，使人走向成功。

一个商人需要一个小伙计，他在商店里的窗户上贴了一张独特的广告："招聘：一位能自我克制的男士。每星期4美元，合适者可以拿6美元。""自我克制"这个术语在村里引起了议论，这有点不平常。这引起了小伙子们的思考，也引起了父母们的思考。这自然引来了众多求职者。

每个求职者都要经过一个特别的考试。

"能阅读吗？孩子。"

"能，先生。"

"你能读一读这一段吗？"他把一张报纸放在小伙子的面前。

"可以，先生。"

"你能一刻不停顿地朗读吗？"

"可以，先生。"

"很好，跟我来。"商人把他带到他的私人办公室，然后把门关上。他把这张报纸送到小伙子手上，上面印着他答应不停顿地读完的那一段文字。阅读刚一开始，商人就放出6只可爱的小狗，小狗跑到男孩的脚边。这太过分了。男孩经受不住诱惑要看看可爱的小狗。由于视线离开了阅读材料，男孩忘记了自己的角色，读错了。当然他失去了这次机会。

就这样，商人打发了70个男孩。终于，有个男孩不受诱惑一口气读完了。商人很高兴。他们之间有这样一段对话：

商人问："你在读书的时候没有注意到你脚边的小狗吗？"

男孩回答道："对，先生。"

"我想你应该知道它们的存在，对吗？"

"对，先生。"

"那么，为什么你不看一看它们？"

"因为我告诉过你我要不停顿地读完这一段。"

"你总是遵守你的诺言吗？"

"的确是，我总是努力地去做，先生。"

商人在办公室里走着，突然高兴地说道："你就是我要的人。明早7点钟来，你每周的工资是 6 美元。我相信你大有发展前途。"男孩的发展的确如商人所说。

克制自己是成功的基本要素之一！太多的人不能克制自己，不能把自己的精力投入到他们的工作中，完成自己伟大的使命。这可以解释成功者和失败者之间的区别。青年人，即使天掉下来，你也要克制住自己！要学会自我克制！这是品格的力量。要有克服困难的意志。能够驾驭自己的人，比征服了一座城池的人还要伟大。是"意志"造就人，造就机遇，造就成功。

拿破仑·希尔曾经对美国各监狱的 16 万名成年犯人做过一项调查，结果他发现了一个令人惊讶的事实：这些人之所以身陷牢狱，有 99% 的人是因为缺乏必要的自制，没有理智，从不约束自己的行为，以致走向犯罪的深渊。

人类是有自我意识的高级动物，只要我们有意识去进行自我控制，一定可以成功。下面是一些有效进行自我控制的方法：

1. 尽量不要发怒

庸夫之怒，以头抢地，发怒不但解决不了问题，而且容易把问题复杂化，容易伤害别人和自己。

2. 受到不公平对待时，不要怨天尤人

这是一种消极的心理，不但得不到别人的同情，反而容易引起别人的反感。

3. 要改变自己急躁的习惯

有些事情着急也是没有用的，该来的终究会来，该发生的终究会发生。保持镇定自若，稳如泰山。要知道，欲速则不达，急于求成反而深受其害。

4. 受到别人不公平待遇时，要抑制住自己的委屈

一个人可以一时受委屈，但不会一世受委屈。就像太阳一样，它是最公正无私的，然而它的光芒也无法照遍地球上的每一个角落。天总有晴空万里的时候，人总有扬眉吐气的时候，关键是自己要看得开、放得下。

5. 要抑制住自己悲愤的情绪

社会上的人各色各样，谁都免不了受到伤害。所以，在努力保护自己的同时，要冷静理智地寻求解决问题的办法，而不要悲愤难当。

6. 不要像井底之蛙一样狂妄自大

狂妄会引起别人的讨厌，会引起别人对自己的排挤。其实，任何能力都有局限性，强中自有强中手，能人背后有能人。

7. 学会自我娱乐

要经常进行自我娱乐来调节身心，使自己轻松快乐，但不可过度，因为"业精于勤荒于

嬉，行成于思毁于随"。

8. 不要放纵自己

"酒是穿肠的毒药，色是刮骨的钢刀"，切记不可放纵自己，使自己迷失方向，使自己意志涣散，走向堕落。

自制是在行动中形成的，也只能在行动中体现，除此之外，再没有别的途径。梦想自己变成一个自制的人就会变成一个自制的人吗？靠读几本关于如何自制的书就能成为一个自制的人吗？只是不停地自我检讨就能成为一个自制的人吗？答案都是否定的。

自制的养成是一个长期的过程，不是一朝一夕的事情。因此，要自制首先就得勇敢面对来自各方面的一次次对自我的挑战，不要轻易地放纵自己，哪怕它只是一件微不足道的事情。

自制，同时也需要主动，它不是受迫于环境或他人而采取的行为；而是在被迫之前，就采取的行为。前提条件是自觉自愿地去做。

在日常生活中，时时提醒自己要自制，同时你也可以有意识地培养自制精神。比如，针对你自身性格上的某一缺点或不良习惯，限定一个时间期限，集中纠正，效果比较好。

千万不要纵容自己，给自己找借口。对自己严格一点儿，时间长了，自制便成为一种习惯，一种生活方式，你的人格和智慧也因此变得更完美。

热忱是点燃你生命力的火焰

黑格尔说："没有热情，世界上没有一件伟大的事能完成。"美国的《管理世界》杂志曾进行过一项调查，他们采访了两组人，第一组是高水平的人事经理和高级管理人员，第二组是商业学校的毕业生。

他们询问这两组人，什么品质最能帮助一个人获得成功，两组人的共同回答是"热情"。

热情高于事业，就像火柴高于汽油。一桶再纯的汽油，如果没有一根小小的火柴将它点燃，无论它质量再怎么好也不会发出半点光，放出一丝热。而热情就像火柴，它能把你具备的多项能力和优势充分地发挥出来，给你的事业带来巨大的动力。

有一个哲人曾经说过："要成就一项伟大的事业，你必须具有一种原动力——热情。"

英国的乔治·埃尔伯特指出：所谓热情，就像发电机一般能使电灯发光、机器运转的一种能量，它能驱动人、引导人奔向光明的前程，能激励人去唤醒沉睡的潜能、才干和活力，它是一股朝着目标前进的动力，也是从心灵内部迸发出来的一种力量。

热情是世界上最大的财富。它的潜在价值远远超过金钱与权势。热情摧毁偏见与敌意，摒弃懒惰，扫除障碍。热情是行动的信仰，有了这种信仰，我们就会无往不胜。

如果能培养并发挥热情的特性，那么，无论你从事哪种工作，你都会认为自己的工作是快乐的，并对它怀着浓厚的兴趣。无论工作有多么困难，需要多少努力，你都会不急不躁地去进行，并做好想做的每一件事情。

热情对于有才能的人是重要的，而对于普通人，它可能是你生命运转中最伟大的力量，使你获得许多你想要的东西。

热情不是一个空洞的词，它是一种巨大的力量。热情和人的关系如同蒸汽机和火车头的关系，它是人生主要的推动力；也是一个普通人想要生活好、工作好的最关键的心态。

撰写《全美工作圣经》的斯蒂芬·柯维说："一个人若只有一点点热忱是远不够的。所以，增强热心是必须的。"

那么，怎样才能增强热心呢？以下几个步骤值得尝试：

1. 了解是热忱的开始

多年来，奥格·曼狄诺对于现代画一直没有好感，认为它只是由许多乱七八糟的线条所构成的图画而已。直到经一个内行的朋友开导以后，他才恍然大悟："说实在的，有了进一步的了解后，我才发现它真的那么有趣，那么吸引人。"

奥格·曼狄诺发现，想要对什么事热心，先要学习更多你目前尚不热心的事。了解越多，越容易培养兴趣。

所以，下次你不得不做一件事时，一定要应用这项原则；发现自己不耐烦时，也要想到这个原则。只有进一步了解事情的真相，才会挖掘出自己的兴趣。

2. 无论做什么事情，都要充满热忱

你热心不热心或有没有兴趣，都会很自然地在你的行业上表现出来，没有办法隐瞒。因此，你应该尽量让自己在做任何一件事时都充满热忱，要知道，你的热忱是别人绝对能够感受到的。

3. 与人分享好消息

好消息除了引人注意以外，还可以引起别人的好感，引起大家的热心与干劲，甚至帮助消化，使你胃口大开。

因为传播坏消息的人比传播好消息的要多，所以你千万要了解这一点：散布坏消息的人永远得不到朋友的欢心，也永远一事无成。

4. 重视他人

每一个人，无论他在印度或在美国中西部或印第安纳，无论他默默无闻或身世显赫，文明或野蛮，年轻或年老，都有成为重要人物的愿望。这种愿望是人类最强烈、最迫切的一种

目标。

只要满足别人的这项心愿，使他们觉得自己重要，你很快就会步上成功的坦途。它的确是"成功百宝箱"里的一件宝贝。这种做法虽然不值分文，但懂得使用的人却很少。

5. 你的热忱需要行动

热忱是什么？热忱就是将内心的感觉表现到外面来，让我们把重要点放在促使人们谈论他们最感兴趣的事，如果我们做到这一点，说话的人就会像呼吸一样，不自觉地表现出生机，要尽量从人们的内心着手。

大教育家兼心理学家威廉·瓦特确信并证实：感情是不受理智立即支配的，不过它们总是受行动的立即支配。

行动可以是实质的，也可以是心理的。思想将感情从消极改变为积极，行动同样具有刺激性与效力。在这种情况下，行动不论是实质的或心理的，它都领先于感情。你的感情并非经常受理智支配，可是它们却受行动的支配。

所以，要学习运用这样一个自我激发词：要变得热忱，行动须热忱。并让这个自我激发词深入到潜意识中去。那么，当你在创造过程中精神不振的时候，这个激发词就会闪入你的意识心神中，亦即时机到来，就会激励你采取热忱的行动，变消极为积极，焕发精神，"现在就做"。

6. 对自己一日三省

你对人生、对事物、对别人、对自己是持怎样的看法和态度的？若一个人的思想被迟钝、有害的各种病态心理占据着，热情就缺乏生长和生存的土壤。要改变这种状态，关键的是需要自己做出努力，要不断鼓励自己，给自己打气尝试着这样充满信心与热情去投入到工作和生活中，你就必然会走运。

因此只要我们确立的目标是合理的，并且努力去做个热情积极的人，那么我们做任何事都会有所收获。热情还可以补充精力的不足，发展坚强的个性。爱德华·亚皮尔顿是一位物理学家，发明了雷达和无线电报，获得过诺贝尔奖。《时代》杂志曾经引用他的一句话："我认为，一个人想在科学研究上取得成就，热情的态度远比专门知识更重要。"

独立的性格撑起人生的天空

"在我的生活中，我就是主角。"这是台湾作家三毛的自信之言。

你是你命运的主人，你是你灵魂的舵手。

生命当自主，一个永远受制于人，被人或物"奴役"的人，绝对享受不到创造之果的甘甜。人的发现和创造，需要一种坦然的、平静的、自由自在的心理状态。自主是创新的激素、催化剂。人生的悲哀，莫过于别人在替自己选择，这样，就会成为别人操纵的机器，从而失去自我。

你要做自己命运的主宰。

成功者总是自主性极强的人，他总是自己担负起生命的责任，而绝不会让别人虚妄地驾驭自己。他们懂得必须坚持原则，同时也要有灵活运转的策略。他们善于把握时机，摸准"气候"，适时适度、有理有节。如有时需要"该出手时就出手"，积极奋进，有时则需收敛锋芒缩紧拳头，静观事态；有时需要针锋相对，有时又需要互助友爱；有时需要融入群体，有时又需要潜心独处；有时需要紧张工作，有时又需要放松休闲；有时需要坚决抗衡，有时又需要果断退兵；有时需要陈述己见，有时又需要沉默以对；有时要善握良机，有时又需要静心守候。人生中，有许多既对立又统一的东西，能辩证待之，方能取得人生的主动权。

善于驾驭自我命运的人，是最幸福的人。在生活道路上，必须善于做出抉择，不要总是让别人推着走，不要总是听凭他人摆布，而要勇于驾驭自己的命运，调控自己的情感，做自我的主宰，做命运的主人。

你的一切成功，一切造就，完全决定于你自己。

你应该掌握前进的方向，把握住目标，让目标似灯塔在高远处闪光。你得独立思考，独抒己见。你得有自己的主见，懂得自己解决自己的问题。你不应相信有什么救世主，不该信奉什么神仙、皇帝，你的品格，你的作为，就是你自己的产物。

的确，人若失去自己，则是天下最大的不幸；而失去自主，则是人生最大的陷阱。赤橙黄绿青蓝紫，你应该有自己的一方天地和特有的色彩。相信自己创造自己，永远比证明自己重要得多。你无疑要在骚动的、多变的世界面前，打出"自己的牌"，勇敢地亮出你自己。你该像星星、闪电、出巢的飞鸟、出墙的红杏，果断地、毫不顾忌地向世人宣告并展示你的能力，你的风采，你的气度，你的才智。

自主人，能傲立于世，能力拔群雄，能开拓自己的天地，得到他人的认同。勇于驾驭自己的命运，学会控制自己，规范自己的情感，善于布局好自己的精力，自主地对待求学、就业、择友，这是成功的要义。要克服依赖性，不要总是任人摆布自己的命运，让别人推着前行。

独立自主不仅意味着行动上的自立，而且意味着思想上的自立，即凡事能独立思考。成大事者大多善于思考而且是独立思考。要成大事的青年人，只有养成了独立思考的个性，才能在风风雨雨的事业之路上独创天下。

最早完成原子核裂变实验的英国著名物理学家卢瑟福,有一天晚上走进实验室,当时已经很晚了,见他的一个学生仍俯在工作台上,便问道:"这么晚了,你还在干什么呢?"

学生回答说:"我在工作。"

"那你白天干什么呢?"

"我也工作。"

"那么你早上也在工作吗?"

"是的,教授,早上我也工作。"

于是,卢瑟福提出了一个问题:"那么这样一来,你用什么时间思考呢?"

这个问题提得真好!

拉开历史的帷幕就会发现,古今中外凡是有重大成就的人,在其攀登科学高峰的征途中,都是善于思考而且是独立思考的。据说爱因斯坦狭义相对论的建立,经过了"10年的沉思"。他说:"学习知识要善于思考,思考,再思考,我就是靠这个学习方法成为科学家的。"

达尔文说:"我耐心地回想或思考任何悬而未决的问题,即使耗费数年亦在所不惜。"

牛顿说:"思索,继续不断地思索,以待天曙,渐渐地见得光明,如果说我对世界有些许贡献的话,那不是因为别的,是由于我的辛勤耐久的思索所致。"他甚至这样评价思考:"我的成功就当归功于精心的思索。"

著名昆虫学家柳比歇夫说:"没有时间思索的科学家(如果不是短时间,而是一年、两年、三年),那是一个毫无指望的科学家。他如果不能改变自己的日常生活制度,挤出足够的时间去思考,那他最好放弃科学。"

从这些名言中我们不难得出这样一条道理:独立思考是一个人成功的最重要、最基本的心理品质。所以,养成独立思考的品质是要成大事的青年人必备的条件。

一位教授强调:"要提高你的创造能力,一定要培养自己的独立思考、刻苦钻研的良好品质,千万不要人云亦云,读死书,死读书。"

你能掌握自己,支配好自己,这本身就不失为智者的表现,不失为一种充实的表现,不失为一个称得上幸福的人。

进取让你从一个阶梯到更高的阶梯

所谓进取精神,是指人生在世,应当不断地发展自己,不断地丰富自己。在眼界上,努力求取新的知识,思考新的问题;在事业上,努力争取年年有发展和增长。换句话说,不满足于现状，不断否定自己，不断超越自己，不断给自己树立新的目标。

进取精神是一种积极心态，对于每一个人，表现为对自己眼前的成果不满。环境好，工作条件优越，业绩也不错，但不能就此驻足不前，要继续努力获取更大的成就。至于环境不好，生活困苦，工作条件恶劣，业绩不佳，则更应奋起抗争，改变自己的生存环境，为求得成功不懈努力。所以说，进取的积极心态，对于每个人都是应该具备的，这样才能赢得成功的人生。

不论你做的是什么事情，如果做到了这一点，你就可以感到满足，你便是个成功者了。

如果说成功就是把能力最大限度地发挥出来，那么，成功是没有止境的，成功后你就不会停留在顶端，像快乐的机器人那样行动，而是在成功之后取得更大的成功。

爱因斯坦说："如果有谁自己标榜为真理和知识的裁判官，他就会被神的笑声所覆灭。"即使你已经取得了很大的成功，也绝不能自满，千万不要生活在过去的荣耀之中。成功不是人生停留的归宿，也不允许昨天的成功影响今天的工作。生活在于不断地奔跑，不断地超越自己的事业，而不在于成功目的的实现。

真正伟大的人是绝不停止成长的。

19世纪英国政治家、曾连任4届英国首相的鲍尔温在70岁时还学新的语言。

俾斯麦死时83岁，但他最伟大的工作是在他70岁以后才完成的。

16世纪意大利的画家提善一直作画到99岁去世为止。

歌德是在他83岁去世的前几年才完成《浮士德》的。

天文学家拉布兰在79岁去世时说："我们知道的是有限的，我们不知道的是无限的。"

让自己成长，不断成长，不论是精神或职业上，或是人际关系上，以过去伟大的人当模范。

进取心是一种极为珍贵的美德，它能促使一个人做他自己应该做的事，而不是在被动的状态下接受任务的。胡巴特说："这个世界愿对一件事情赠予大奖，包括金钱和荣誉，那就是'进取心'。"

当一个人的进取心达到不可遏止的时候，他的成功便会具有必然性。拿破仑·希尔认为：进取心是一个成功人士首先必须具备的品质。

1944年4月7日，施罗德出生在下萨克森州的一个贫民家庭。他出生后第三天，父亲就战死在罗马尼亚。母亲当清洁工，带着他们姐弟2人，一家3口相依为命。

生活的艰难使母亲欠下许多债。一天，债主逼上门来，母亲抱头痛哭。年幼的施罗德拍着母亲的肩膀安慰她说："别伤心，妈妈，总有一天我会开着奔驰车来接你的！"40年后，终于等到了这一天。施罗德担任了下萨克森州总理，开着奔驰车把母亲接到一家大饭店，为老人家庆祝80岁生日。

1950 年，施罗德上学了。因交不起学费，初中毕业他就到一家零售店当了学徒。贫穷带来的被轻视和被人瞧不起，使他立志要改变自己的人生："我一定要从这里走出去。"他开始想学习，也在寻找机会。1962 年，他辞去了店员之职，到一家夜校学习。他一边学习，一边到建筑工地当清洁工。

4 年夜校结业后，1966 年他进入了哥廷根大学夜校学习法律，圆了上大学的梦。

毕业之后，他当了律师。32 岁时，他当上了汉诺威霍尔律师事务所的合伙人。回顾自己的经历，他说，每个人都要通过自己的勤奋努力，而不是通过父母的金钱来使自己接受教育。这对个人的成长至关重要。

通过对法律的研究，他对政治产生了兴趣。他积极参加政党的集会，最终加入了社会民主党。此后，他逐渐崭露头角、步步提升。1969 年，他担任哥廷根地区的主席，1971 年得到政界的肯定，1980 年当选议员。1990 年他当选为下萨克森州总理，并于 1994 年获得连任。政坛得志，没有使他放弃做联邦政治家的雄心。1998 年 10 月，他成为联邦德国总理。

正是进取心——这种永不停息的自我推动力，激励着施罗德朝着自己的目标前进。这是神秘的宇宙力量在人身上的体现，这种动力并不是纯粹的人为力量能创造的。为了获得和满足这种力量，我们甚至愿意放弃舒适乃至牺牲自我。我们每个人都感到，我们都需要这种激励，它是我们人生的支柱。

总是有一种神秘的力量在推动我们追求更高的理想。人类的发展就像一条永无尽头的河流，为此，我们的进取心也是无法最终获得满足的。进取心，这种内在的推动力从不允许我们停下来，它总是激励我们为了更加美好的明天而努力。我们今天所到达的境地也许足以令人羡慕，但是我们却发现，我们今日的位置和昨日的位置一样，无法让自己完全满足。一旦我们想原地踏步时，我们的耳边就会响起那个声音，听到更高目标的召唤。

梭罗说："你是否听说过这样的事：一个人以英勇般的姿态、宽广的胸襟、真诚的信念和追求真理的决心行事处世，竟然没有任何收获？一个人穷尽毕生精力向着一个目标努力，竟然会一事无成？一个人始终有所期望、受到持久的激励，竟然无法使自己提升？难道这些努力会白费吗？"

一旦养成一种不断自我激励、始终向着更高目标前进的习惯，我们身上的很多不良习性就都会逐渐消失。进取心最终会成为一种伟大的自我激励力量，它会使我们的人生更加崇高。自此以后，那些不良的恶习就再也没有滋生的环境和土壤了。在一个人的个性品质中，只有那些经常受到鼓励和培育的品质才会不断发展。因此，根除这些不良品性的最佳方式就是铲除它们赖以生存的土壤。

如果我们的身体和精神土壤得不到足够的照料和滋养，那么追求上进和完美的种子就无法生长，反而会使野草、荆棘和有毒的东西繁殖蔓延。只要我们心中具备哪怕只是一种最微弱的进取心，它也会像天堂里的一颗种子，经过我们耐心的培育和扶植，它就会茁壮成长，直至开花、结果。

进取心需要不断地培养和训练。大多数年轻人都错误地认为，进取心是一种天生的东西，无法通过后天的努力加以增进。但事实上，即使是最伟大的雄心壮志，也会由于多种原因而受到严重的伤害。比如，拖延的毛病、避重就轻的习惯都会使一个人的雄心受到严重削弱。

谨慎是人生避风的港湾

谨慎的性格，是指无论做什么事都考虑周到，事先想到困难的一面，想到失败的可能。这样是为了想方设法克服困难，避免因为盲目从事、粗心大意而招致的失败。谨慎的性格是获取成功的必要条件，是事业成败的关键，是人生必备的品质。

谨慎型性格的人常常对周围的事思考得很周全，善于三思而后行。这种人责任心较强，办事精明。谨慎型性格的人一般以女性较多，她们做事务实，不鲁莽。这种性格的人在关键时刻善于自保，不拖累别人，也不自找麻烦。但这种性格的人的缺陷也就在于思考得太过于细微。他们不敢去冒险，因此常会失去许多机会。

曾任美国陆军参谋长的五星上将马歇尔就是个谨慎型性格的人。1897年他进入了弗吉尼亚军事学院，在这个学院里有一个惯例，那就是所有的新生都必须接受老生的种种刁难。在一次老生刁难他们的"坐刺刀"活动中，马歇尔虽然身体虚弱，在刺刀上坚持不了多少时间，但是他不愿与这些老生起冲突，也不愿让这些老生看不起自己，他坚持着，直到刺刀刺破了他的屁股。从这以后，这些老生对他刮目相看，再也没有欺侮过他。

1943年，众议院提议他为陆军元帅，但是他却拒绝了，因为他考虑到这样的提升会损害他在人民中的威信，另外也会给他指挥战争带来障碍。他的这些做法使他在部队里赢得了很多人的好感。

1945年，第二次世界大战结束，他又提出了辞职的请求，虽然从此失去了政治和军事上的大好前途，但以后的事实证明他急流勇退的做法是正确的。上述这些做法都是他谨慎型性格的最好体现，对任何事他都有着精微的思考，在深思熟虑后，他就果断地采取行动。这样的个性，使得他在军事战争和为人处世上都能一帆风顺。

具备谨慎型性格的人拥有令人羡慕的逻辑思维能力，只要能根据环境果断采取行动，他们会拥有更令人艳羡的人生。

而谨慎的性格也并非天生，我们也可以通过后天的努力来培养自己的谨慎性格，这主要从以下两方面着手：

1. 谨慎言语

言语谨慎的人大多思维缜密，凡事考虑周到，他们了解言语很容易伤人又害己。说话不小心就会招惹是非。

刘伯温一生谨慎行事。当年朱元璋看重刘伯温，厚礼请求他出山，共建大业。但是朱元璋生性狡猾多疑，对许多功臣都心存戒备，包括刘伯温。刘伯温看出其中利害关系，经过一番深思熟虑，决定告老还乡。

他卸职以后，慕名前来拜访的人络绎不绝，刘伯温对来访的亲友乡邻总是非常热情，以礼相待，但他从不与他们谈论朝廷的政治和自己过去取得的功绩。

有一次，一位朋友来看刘伯温，提到朱元璋专用淮人以及胡惟庸排除异己的事情。对此刘伯温言语谨慎，还没有等朋友说完，他就大谈起垂钓的技巧与乐趣。这位朋友非常吃惊，逢人便讲刘伯温看破红尘了。刘伯温正是要给人留下这样的印象，这就是他的高明之处。

有些精明的人根本不需要你将话全部说出来，他只需要只言片语就可以推测出你潜在的意思。因此言语谨慎还要注意避免一些由于大意而间接表达出来的内容。

谨慎言语还包括谨慎承诺，就是不要轻易答应别人什么事情。在不了解客观情况的时候，要信守诺言，即使再难也要尽最大努力去履行。不自量力的承诺往往人财尽失。这样的结果是失信于人，影响了相互间的交往。

交往中离不开信誉，失信失言会失去交往的根基。因此在与人交往中应当注意谨慎言语，谨慎承诺。

2. 谨慎行事

处在纷繁复杂的社会中，你的一举一动都可能受到他人的关注。他人凭主观判断，免不了评头论足、说三道四。古人说"众口铄金，积毁销骨"，意思就是说众人异口同声地说某一个人的坏话，可以把这个人毁掉。为了让自己的生活安宁自在，就需要谨慎行事，凡事三思而后行，这样才能在这个社会站稳脚跟，干好事业。

人生的道路，是通过自己每日每时一步一步走出来的。只有一点一点地进步，才能走出光辉的足迹，其中关键就是每一步都要细心考虑，否则差之毫厘，谬以千里。

谨慎可以防止失败，但是需要提醒的是，谨慎并不代表优柔寡断和自卑。对于困难和可能的失败，从消极的角度去想，越想越担心，越想越害怕，越想越倾向于退却。这就不再是谨慎，而是一种害怕失败的心态。

当遇到挑战和严峻形势的时候，人们大多习惯于小心谨慎，保全自己。但是这种谨慎一旦失去信心，就不是必要的谨慎，而是害怕失败的精神枷锁了。结果不是考虑怎样发挥自己的优势和克服可以避免的困难,而是把注意力集中在怎样缩小自己的损失上。这必然以失败告终。

美国传奇式人物,著名拳击教练马托说:"英雄和懦夫都会有恐惧,但英雄的恐惧是谨慎,懦夫的恐惧是害怕。"

稳重是一种成熟的象征

生活丰富多彩却也纷繁复杂,人们在生活中总会遇到各种困难,这时我们一定要拥有一颗稳重的心,才能让自己不迷失人生的目标,才能成功地演绎幸福,才能拥有无憾的人生。

稳重是理性的沉淀,生活需要稳重。稳重能让我们远离厄运,远离诱惑,稳重能让我们拥有智慧。考场上,稳重是一把锁;赛场上,稳重是一面旗;碰到困难时,稳重是希望的曙光。可以说,稳重是人生的一种精髓,得到他,我们的人生就能少有挫折,多有收获。

但有的时候,我们觉得稳重很难把握,掌握不好就会变成默默无闻。那应如何培养自己的稳重型性格呢?

第一,为稳重性格画像,让自己更容易把握它的状态。

第二,给心灵一个沉淀的机会。生活中的烦心琐事就如同水中的灰尘,慢慢地、静静地,它们就会沉淀下来。

第三,保持冷静,从容镇定。生活中,总会有许多让人着急的事情经常让人手忙脚乱,结果是越急越糟糕,所以,我们要冷却性情,戒除急躁,无论何时,保持冷静、从容镇定能让我们更好地洞悉局面,从而做出正确选择。

第四,培养宠辱不惊的心态。洪自诚的《菜根谭》中有这样一句名言:"宠辱不惊闲看庭前花开花落,去留无意漫观天外云卷云舒。"著名人口学家马寅初也曾将这句名言书于自己的书房,以润泽自己的心胸,这也成为他对任何事情都宠辱不惊的心态的写照。我们也应保持宠辱不惊的心态,从容镇静。

第五,俯视人生。俯视,可以让我们看透生活的琐碎、人生的匆忙、世事的变化。同样,俯视,也可以让我们的性情变得更加稳重。

第六,给烦躁的心情一些转变的时间。当我们遇到烦恼的事情,不免焦虑不安,心急气躁,这时给心灵一个转变的时间,才能让自己渐渐地摆脱困扰,镇静下来,达到心如止水的境地。

第七,学会独处养生。独处,可以养生;独处,可以让疲惫的身心得到休息;独处,可以解脱自己。学会独处,有利于培养我们的稳重型性格。

三国时期，鼎鼎大名的谋士诸葛亮便是一个十分稳重的人，翻开《三国演义》，我们便不难发现，诸葛亮从来都不打没有准备的仗，也从来不过早地妄下结论，他做任何事情、做任何决定，都是先经过深思熟虑，并对当时的形势有一定的了解和掌握后才开始进行行动的。他稳重的性格也让他几乎是事必躬亲，而且总是将事情做得善始善终。这也难怪刘备放心地将军中大小事务一一交于诸葛亮，甚至在自己的弥留之际还将自己的儿子刘禅与蜀国一并交到他的手里。正是诸葛亮的稳重让刘备对他做事十分放心，并完全信任他。

因此，性格稳重的人往往能担负起别人的嘱托，并获得别人的信任。因为，他们总能很稳妥地将事情做好，让人不仅仅是放心，更省心。

第二节
急需克服的 15 种缺陷性格

有的人遇到一点点委屈或很小的得失便斤斤计较、耿耿于怀；有的学生听到老师或家长一两句批评的话就接受不了，甚至痛哭流涕；有的人对学习、生活中一点小小的失误就认为是莫大的失败、挫折，长时间寝食不安；有的人人际交往面窄，追求少数朋友间的"哥们义气"，只与自己水平相当或不超过自己的人交往，容不下那些与自己意见有分歧或比自己强的人。

别让狭隘禁锢你的心灵

有关专家曾针对这一现象，对不同性格的人的生理变化进行了研究，从中得到了有趣的发现：性格开朗的人，其基础代谢率较高，组织器官的新陈代谢较快，内分泌系统平衡协调，各项生命指标，如血压、脉搏等相对稳定；而心胸狭隘、忧郁的人，其结论正好相反。

这些生理现象实质上是由心理因素引起的。心胸狭隘、心情忧郁的人，好静不好动，饮食少而无规律，经常失眠，神经衰弱，爱发脾气、生闷气等。如果上述性格与生活习惯交互作用，会互相加剧，形成恶性循环，结果导致内分泌紊乱，组织器官因养分不足而过早衰老。性格开朗的人则喜爱运动，心胸开阔，乐观向上，这些良好的生活习惯与性格特点形成良性循环，有利于内分泌系统平衡稳定，他们的组织器官新陈代谢旺盛，从而使机体充满活力。

可见，不同性格的人，其生活习惯直接或间接地影响到人的健康和衰老。

狭隘性格的产生同家庭中不良因素的影响有很大关系。父母狭隘的心胸，为人处世的方法，不良的生活习惯等对子女有潜移默化的影响。有些子女狭隘的性格完全是父母性格的翻版。另外，优越的生活环境、溺爱的教育方法往往易形成子女任性、骄傲、利己主义等品质，自然受点委屈便耿耿于怀，对"异己"分子不肯容纳与接受，尤其是一些年轻人，阅历浅、经验少，遇到问题后，容易把事情想得过于困难、复杂，加之对自己的能力估计不足，对事情感到无能为力，因而容易紧张、焦虑，放心不下。

狭隘的人，不仅生活在一个狭窄的圈子里，而且知识面也往往非常狭窄。因此，开阔的视野很重要。如老师和家长多让学生参加一些社会公益活动，参观一些伟人、名人纪念馆，听英雄人物事迹报告会等。这能使学生在亲身经历中感悟很多人生道理。丰富课余文化生活，组织多种多样的文娱、体育活动，拓宽兴趣范围，使自己时刻感受到生活、学习中的新鲜刺激，感受到生活的美好，陶冶性情，从而在健康向上的氛围中增强精神寄托，消除心理压力。

狭隘的人，其心胸、气量、见识等都局限在一个狭小的范围内，不宽广、不宏大。多与人接触，使自己对不同的人有不同的认识，从而积累经验，这样会从中明白许多对与错的道理。善于宽容是人的一种美德。对任何事都斤斤计较，一定是一个狭隘的人。

怎样才能克服气量小的狭隘毛病呢？

1. 拓广心胸

陶铸同志曾经写过这样两句诗："往事如烟俱忘却，心底无私天地宽。"要想改掉自己心胸狭隘的毛病，首先要加强个人的思想品德修养，破私立公，遇到有关个人得失、荣辱之事时，经常想到国家、集体和他人，经常想到自己的目标和事业，这样就会感到犯不着计较这些闲言碎语，也没有什么想不开的事情了。

2. 充实知识

人的气量与人的知识修养有密切的关系。有句古诗说："曾经沧海难为水，除却巫山不是云。"一个人知识多了，立足点就会提高，眼界也会相应开阔，对一些"身外之物"也就拿得起，放得下，丢得开，就会"大肚能容，容天下难容之物"。当然，满腹经纶、气量狭隘的人也有的是，这并不意味着知识有害于修养。培根说："读书使人明智。"经常读一些心理卫生学方面的书籍，对于开阔自己的胸怀，裨益当不在小。

3. 缩小"自我"

你一定要不断提醒自己，在生活中不要期望过高。来点阿Q精神降低你的期望。如果你坚持抱着一成不变的期望，不愿做任何改变减少你的期望以衡量期望和现实之间的差距，那么你就会很快被激怒，让事情变得更糟。根据墨菲定律："只要事情有可能出错，就一定会出错。"这正好抓住了降低期望、明智看待事情的想法，它也说明了该如何调整期望，才不会留下满屋子的失望和挫折感。

降低你的期望不但可以减少你的生气次数和生气的强烈程度，还可以减少生气的时间。随时调整你的期望，时刻保持清醒的头脑，你才会在自负的乌云之中看到阳光。

"宰相肚里能撑船"，宽容大度是一种长者风范，智者修养。当你怒气冲天时，切记"金无足赤，人无完人"；或者多想想自己读书时也曾干过蠢事，说过错话，将心比心来提醒自己；也可多想想发怒的害处等，这样会使怒气烟消云散。

的确，当我们不再让自己"膨胀"时，我们便能用一颗平常心来面对生活，这样也就使心胸开阔了许多。因此，正确地善待自我十分有利于我们走出狭隘的境地。

4. 自然陶冶法

人们在学习和工作之余，在庭院花卉、草坪旁休息，在绿树成荫的大道上散步，在风景秀丽的幽静的公园里游玩，往往心旷神怡，精神振奋，利于忘却烦恼，消除疲劳。

远离让你永远也站不起来的自卑

自卑，就是自己轻视自己，看不起自己。自卑心理严重的人，并不一定就是他本人具有某种缺陷或短处，而是不能悦意容纳自己，自惭形秽，常把自己放在一个低人一等，不被自己喜欢，进而演绎成别人看不起的位置，并由此陷入不能自拔的境地。

自卑的人心情消沉，郁郁寡欢，常因害怕别人瞧不起自己而不愿与别人来往，只想与人疏远，他们缺少朋友，甚至自疚、自责、自罪；他们做事缺乏信心，没有自信，优柔寡断，毫无竞争意识，享受不到成功的喜悦和欢乐，因而感到疲劳，心灰意懒。

由于自卑的人大脑皮质长期处于抑制状态，中枢神经系统处于麻木状态，体内各器官的生理功能相应得不到充分的调动，不能发挥各自的应有作用；同时，内分泌系统的功能也因此失去常态，有害的激素随之分泌增多；免疫系统失去灵性，抗病能力下降，从而使人的生理过程发生改变，出现各种病症，如头痛、乏力、焦虑，反应迟钝，记忆力减退，食欲不振，性功能低下等，这些表现都是衰老的征兆所在。

也许我们每一个人都曾自卑过，这很正常，因为每一个人都或多或少有些自卑情绪。德国心理学家阿德勒认为，所有人在幼小的时候都具有自卑感。因为一个人幼时生理机制还未完全发育，一切都要依赖成人才能生存。父母在他们的眼中是无所不能的上帝，看到成人处处优于自己，每个孩子都会产生自卑感。

"不胜任感和自卑感广泛存在于我们的世界里。"正如心理学家詹姆斯·道尔皮所说，"自卑存在于我们每个人特别是青少年的生活里，并困扰着我们。"

虽然自卑总是与我们为伍，但是那些专门致力于自卑心理研究的专家们告诉我们，自卑并非坏事，相反，它是所有人发展的主要的推动力量，自卑感使人产生寻求力量的强烈愿望。

当一个人感到自卑时，就会力图去完成某些事情，以成功来克服自卑。达到成功后，人的内心会处于相对稳定的时期。而看到别人的成就之后，又会产生新的自卑，以促使自己取得更大的进步，以此周而复始。当然，自卑并不总是催人进步。如果一个人已经气馁了，认为自己的努力无法改变自己的处境，但又无力摆脱自卑感，那么，为了维护心理的健康(自我的统一)，他就会设法摆脱它们。只是这些方法不会使他进步，他会用一种虚假的优越感来自我陶醉，麻木自己，这类似于阿Q精神。由于自卑者生活在自己虚设的精神世界里，而造成自卑的情境依然没有改变，因此，他的自卑感就会越积越多，其行为也就陷入了自欺当中，形成了自卑情结。

有的社会心理学家就认为，自卑的产生是因为一个人不正确归因的结果。

一件事发生后，人总是会试图去分析产生这种结果的原因。但不同的人对同一件事情的评价往往是不同的。例如，同是输了一场篮球比赛，有的队员会认为这是己队的运气不好、或场地不行、或球不好等(外部归因)，而有的队员可能会认为这是自己的实力不行，输球是必然的(内部归因)。自卑的产生往往就是将失败归结为自身的原因，与环境无关的结果。即只看到自己的不足，看不到自己的长处。

征服畏惧，战胜自卑，不能夸夸其谈，止于幻想，而必须付诸实践，见于行动。建立自信最快、最有效的方法，就是去做自己害怕做的事，直到获得成功。

1. 认清自己的想法

有时候，问题的关键是我们的想法，而不是我们想什么事情。人的自卑心理来源于心理上的一种消极的自我暗示，即"我不行"。正如哲学家斯宾诺莎所说："由于痛苦而将自己看得太低就是自卑。"这也就是我们平常说的自己看不起自己。悲观者往往会有抑郁的表现，他们的思维方式也是一样的。所以先要改变戴着墨镜看问题的习惯，这样才能看到事情明亮的一面。

2. 放松心情

努力地去放松心情，不要想不愉快的事情。或许你会发现事情真的没有原来想的那么严重。会有一种豁然开朗的感觉。

3. 幽默

学会用幽默的眼光看事情，轻松一笑，你会觉得其实很多事情都很有趣。

4. 与乐观的人交往

与乐观的人交往，他们看问题的角度和方式，会在不知不觉中感染你。

5. 尝试一点改变

先做一点小的尝试。比如，换个发型，画个淡妆，买件以前不敢尝试的比较时髦的衣服……看着镜子中的自己，你会觉得心情大不一样，原来自己还有这样一面。

6. 寻求他人的帮助

寻求他人的帮助并不是无能的表现，有时候当局者迷，当我们在悲观的泥潭中拔不出来的时候，可以让别人帮忙分析一下，换一种思考方式，有时看到的东西就大不一样。

7. 要增强信心

因为只有自己相信自己，乐观向上，对前途充满信心，并积极进取，才是消除自卑、促进成功的最有效的补偿方法。悲观者缺乏的，往往不是能力，而是自信。他们往往低估了自己的实力，认为自己做不来。记住一句话：你说行就行。事情摆在面前时，如果你的第一反应是我行，我能做，那么你就会付出自己最大的努力去面对它。同时，你知道这样继续下去的结果是那么诱人，当你全身心投入之后，最后你会发现你真的做到了；反之，如果认为自己不行，自己的行为就会受到这个意念的影响，从而失去太多本该珍惜的好机会。因为你一开始就认为自己不行，最终失败了也会为自己找到合理的借口："瞧，当初我就是这么想的，果然不出我所料！"

8. 正确认识自己

对过去的成绩要做分析。自我评价不宜过高，要认识自己的缺点和弱点。充分认识自己的能力、素质和心理特点，要有实事求是的态度，不夸大自己的缺点，也不抹杀自己的长处，这样才能确立恰当的追求目标。特别要注意对缺陷的弥补和优点的发扬，将自卑的压力变为发挥优势的动力，从自卑中超越。

9. 客观全面地看待事物

具有自卑心理的人，总是过多地看重自己不利、消极的一面，而看不到有利、积极的一面，缺乏客观全面地分析事物的能力和信心。这就要求我们努力提高自己透过现象抓本质的能力，客观地分析对自己有利和不利的因素，尤其要看到自己的长处和潜力，而不是妄自嗟叹、妄自菲薄。

10. 积极与人交往

不要总认为别人看不起你而离群索居。你自己瞧得起自己，别人也不会轻易小看你。能否从良好的人际关系中得到激励，关键还在自己。要有意识地在与周围人的交往中学习别人的长处，发挥自己的优点，多从群体活动中培养自己的能力，这样可预防因孤陋寡闻而产生的畏缩躲闪的自卑感。

11. 在积极进取中弥补自身的不足

有自卑心理的人大都比较敏感，容易接受外界的消极暗示，从而愈发陷入自卑中不能自拔。而如果能正确对待自身缺点，把压力变动力，奋发向上，就会取得一定的成绩，从而增强自信，摆脱自卑。

懒惰是成功路上的拦路虎

有人说，人是好逸恶劳的动物，在一定程度上，这种看法是对的。人总是希望在工作中减少体力付出，在生活中尽量舒服、安逸，为了获得更大的满足和安逸也是人活动的动力。但如果贪图安逸，就会产生惰性。惰性在生活中表现为不求上进，意志消沉，安于现状，心态消极。在工作中无所追求，不学无术，糊涂混日。惰性对人的身心健康会造成一定危害。

惰性使人机体素质下降，由于较少活动，身体得不到锻炼，会使人免疫功能下降，患病机会增加，由于体力消耗较少，身体会逐渐发胖，使患高血压、动脉粥样硬化、冠心病等疾病的机会也会增加。

总之，惰性会危害躯体健康。对心理健康来说，惰性依然有害，惰性使人懒于思考，不愿用脑，使大脑思维活动的主动性、灵活性下降，长期如此，还可能导致智能下降。而且，懒惰的人常缺乏精神支柱，不明白人生的真谛，不能实现自我价值，难以获得学业、事业成功的愉快体验。从社会适应的角度来说，惰性使人不愿付出，只想得到，平日游手好闲，常受到亲朋好友的指责，且得不到周围人的认可，因而产生人际交往障碍。懒惰的人还常因不愿担负社会责任而受到纪律处罚或舆论批评，存在许多社会适应问题。

谁都会有惰性，适当进行心理调节，克服自己的惰性，生活才会更加丰富多彩，更加令人满意。

有目标、有追求是克服惰性的根本。古人说，哀莫大于心死，没有目标的人缺乏追求，终日浑浑噩噩，无所事事。有目标就有所追求，也就对生活充满希望，让人生活更加充实，每个人都应该在事业上、家庭上树立自己的目标，并为实现目标辛勤劳作。每当有惰性出现时，想想目标的美好就会让人精神振作，加倍努力。

惰性较强的人应主动寻找生活压力。没有压力是好逸恶劳的人的通病，应比较客观地将自己与周围人做比较，找出与他人的差距，为什么别人就有所作为，自己却一事无成？为什么别人就受人尊敬，自己却被小瞧？感到自己不如人就会有迎头赶上的愿望，进而克服惰性，投身工作。

好逸恶劳的人还应引入监督机制，使自己置身于他人的督促之下，既然自己主动性差，管不住自己，不妨让自己的家人、朋友、同事监督自己的言行，在他人的帮助下克服惰性。

以下是几点克服懒惰的好方法，不妨试一试：

①树立责任心。

②培养热情积极的生活态度。

③树立高尚的生活目标和理想。

④保持规律生活。健康的生命活动是有规律进行的，一个人起居有常，三餐适时，劳逸适度是身体健康的保证。懒散之人往往散漫成性，生活杂乱无章，睡无时、食无量，身体各系统的功能活动很难与如此多变的环境相适应，久而久之，身体健康会受到摧残。

⑤坚持健身运动。健身房逊色于日常劳作，日常劳作是最好的运动方式，去健身房运动有时间、地点的限制，还要花费钱财，动作往往是单一机械地重复，不利于开动脑筋，既单调乏味又难以长久坚持。日常劳作多种多样，多需心眼手足一起活动，健身又健脑，且通过劳动还创造了美好的生活，自有一分收获的欣慰。这些良性刺激都有助于人的健美。

国外近年来热衷于家务劳作，除了健身之外，更重要的是追求亲情之乐趣。当总理的母亲为儿女婚嫁亲自油漆房子，总统星期天和儿子一块儿修汽车、钉狗房子，知名教授领着妻儿老小大冬天扫雪……他们考虑的当然不是节约开支，而是珍惜这种能和家人一道劳动的美好时光。为了自己的健康快乐与长寿，也为了家庭的美好与幸福，每个人都必须有健康的心态、清醒的头脑和各自不同的锻炼方法，来抵御祸害现代人健康的元凶——懒散。

悲观是人生最黑暗的深渊

悲观成习的人与"马大哈"性格的人截然相反。他没学到"马大哈"对人对己的办法，不会得过且过，也不能对人对己都马马虎虎，相反，处事谨慎，处处提防自己行为不要出格。一旦有了行为的失检，总是害怕大难临头。同时，悲观的人也有很强的"良心"自监力，即使没有什么严重后果，他也绝不饶恕自己。

人们都经历过一些小的失意，有人遇到这些失意时，觉得世间一切都不尽如人意，忧郁不安，悲观自怜，结果更加失意，以致失去了人生的幸福和欢乐。正确方法应是寻找产生沮丧悲观心理的原因，对症下药，寻求解决问题的良好途径。

改变悲观心理的一个办法是，避免老是看到自己的不足，而应突出自己的优势，重视自己的优势。随着积极思维自然而然地增加，消极思维自然就会减少了。突出优势的另一方面是最大限度地削弱失败的影响。尽管无法避免偶尔的失败，但是你可以控制失败对自己的影响，承认失败只是生活中的一部分，会使自己情绪好一些。过分强调失败，只会降低自信，使自己处于沮丧之中。

在工作和家庭环境没法改变的时候，"积极想象法"会使你对生活更乐观。你可以想象自己做了一些想做的事后，度过了一段非常愉快美好的日子。要知道，任何事情在想象中都是可能的。当你打算参加某项活动而又心存恐惧，就对自己说："我能做好这件事，我比别人更善于控制自己的情绪。"这种语言暗示法的好处是你对自己所说的话语往往能影响你的自我感觉，明显改善沮丧情绪。

多数沮丧悲观者对未来的担忧，正为自己建立越来越狭窄、有限的世界；假如你做些与他人合作的工作，受到他人的约束，你就得考虑自己以外的事情，生活也就会出现新的意义。愉快的社交活动对人们情绪的影响是任何一项奖赏都不能比拟的。当人们掌握了处理人际关系的技巧后，自重感增加，也会慢慢地赶走沮丧心情。

一个沮丧悲观的人老待在屋子里，便会产生禁锢的感觉。然而，当他离开屋子，漫步在林荫大道，就会发现心绪突然变了，怒气和沮丧也消失了，心中充满了宁静，自然的色彩给人带来阵阵快意。另外，任何一种体育锻炼都有助于克服沮丧，经常参加体育锻炼会使人精神振奋，避免消极地生活下去。

因此，转换自己的悲观情绪，其实并不难。

人类的所有行为，无论是乐观，还是悲观，都是"学"得的。因而悲观者的悲观性格，并非"命中注定"，而是"后天养成"的。悲观者可以力强而至，学成乐观。

那么，会有一些什么样的具体的办法能真正帮助我们正确地克服悲观性格所带来的负面影响呢？办法当然还是有的，当我们遭遇到失败或挫折而沮丧时，不妨试试下面这几招：

①越担惊受怕，就越遭灾祸。因此，一定要懂得积极心态所带来的力量，要相信希望和乐观能引导你走向胜利。

②即使处境危难，也要寻找积极因素。这样，你就不会放弃取得微小胜利的努力。你越乐观，克服困难的勇气就越会倍增。

③以幽默的态度来接受现实中的失败。有幽默感的人，才有能力轻松地克服厄运，排除随之而来的倒霉念头。

④既不要被逆境困扰，也不要幻想出现奇迹，要脚踏实地，坚持不懈，全力以赴去争取胜利。

⑤不要把悲观作为保护你失望情绪的缓冲器。乐观是希望之花，能赐人以力量。

⑥当你失败时，你要想到你曾经多次获得过成功，这才是值得庆幸的。如果10个问题，你做对了5个，那么还是完全有理由庆祝一番，因为你已经成功地解决了5个问题。

⑦在闲暇时间，你要努力接近乐观的人，观察他们的行为。通过观察，你能培养起乐观的态度，乐观的火种会慢慢地在你内心点燃。

⑧要知道，悲观不是天生的。就像人类的其他态度一样，悲观不但可以减轻，而且通过努力还能转变成一种新的态度——乐观。

⑨如果乐观态度使你成功地克服了困难，那么你就应该相信这样的结论：乐观是成功之源。

别让自负提前注定了你的失败

"谦虚使人进步，骄傲使人落后。"在人生的道路上，狂傲自负很多时候会使人迷失方向，举步不前。

一个骄傲自负的人常会认为，一件事情如果没有了他，人们就不知该怎么办了。但实际上，这样的人总避免不了失败的命运，因为一骄傲，他们就会失去为人处世的准绳，结果总是在骄傲里毁灭了自己。

每个人总是把自己看得很重要，但事实上，少了他，事情往往可以做得一样好。所以，自大的人历来就是成事不足、败事有余。你要切记这样一个道理：自大是失败的前兆。

自大往往不是空穴来风，自大的人总有一些突出的特长。这些突出的特长，使他们较之别人有一种优越感。这种优越感累积到一定程度，便使人目空一切，不知天高地厚。深究其原因，大致可以归纳为以下几点：

1. 过分娇宠的家庭教育

家庭教育是一个人自负心理产生的第一根源。对于青少年来说，他们的自我评价首先取决于周围的人对他们的看法，家庭则是他们自我评价的第一参考系。父母宠爱、夸赞、表扬，会使他们觉得自己"相当了不起"。

2. 生活中的一帆风顺

人的认识来源于经验，生活中遭受过许多挫折和打击的人，很少有自负的心理，而生活中一帆风顺的人，则很容易养成自负的性格。现在的中学生大多是独生子女，是父母的掌上明珠，如果他们在学校出类拔萃，老师又宠爱他们，就易滋生自信、自傲和自负的个性。

3. 片面的自我认识

自负者缩小自己的短处，夸大自己的长处。缺乏自知之明，对自己的能力估价过高，对别人的能力评价过低，自然产生自负心理。这种人往往好大喜功，取得一点小小的成绩就认为自己了不起，成功归因于自己的主观努力，失败归咎于客观条件的不合作，过分的自恋和自我中心，把自己的举手投足都看得与众不同。

4. 情感上的原因

一些人的自尊心特别强烈，为了保护自尊心，在挫折面前，常常会产生两种既相反又相通的自我保护心理。一种是自卑心理，通过自我隔绝，避免自尊心的进一步受损；另一种就是自负心理，通过自我放大，获得自信不足的补偿。例如，一些家庭经济条件不很好的学生，生怕被经济条件优越的同学看不起，便会假装清高，表面上摆出看不起这些同学的样子。这种自负心理是自尊心过分敏感的表现。

一个人不知道并不可怕——人不可能什么都知道，但可怕的是不知道而假装知道，知道一点就以为什么都知道。这样的人就永远不会进步，就像老爱欣赏自己脚印的人，只会在原地绕圈子。

当然，自负并非不可克服，只要我们自己努力并加上正确的方法，就肯定没有任何问题：

首先，接受批评是根治自负的最佳办法。自负者的致命弱点是不愿意改变自己的态度或接受别人的观点，虚心接受批评即是针对这一弱点提出的改进方法。它并不是让自负者完全服从于他人，只是要求他们能够接受别人的正确观点，通过接受别人的批评，改变过去固执己见、唯我独尊的形象。

其次，与人平等相处。自负者视自己为上帝，无论在观念上还是在行动上都无理地要求别人服从自己。平等相处就是要求自负者以一个普通社会成员的身份与别人平等交往。

再次，提高自我认识。要全面地认识自我，既要看到自己的优点和长处，又要看到自己的缺点和不足，不可一叶障目，不见泰山，抓住一点不放，未免失之偏颇。认识自我不能孤立地去评价，应该放在社会中去考察，每个人生活在世上都有自己的独到之处，都有他人所不及的地方，同时又有不如人的地方，与人比较不能总拿自己的长处去比别人的不足，把别人看得一无是处。

最后，要以发展的眼光看待自负，既要看到自己的过去，又要看到自己的现在和将来，辉煌的过去只能说明曾经你是个英雄，它并不代表着现在，更不预示着将来。

有一个成语叫"虚怀若谷"，意思是说，胸怀要像山谷一样。这是形容谦虚的一种很恰当的说法。只有空，才能容得下东西，而自满，除了你自己之外，容不下任何东西。

生活中，我们常常不自觉地把自己变成一个注满水的杯子，容不下其他的东西。因而，学会把自己的意念先放下来，以虚心的态度去倾听和学习，你会发现大师就在眼前。

多疑是躲在人性背后的阴影

有一则寓言，说的是"疑人偷斧"的故事：一个人丢失了斧头，怀疑是邻居的儿子偷的。从这个假想目标出发，他观察邻居儿子的言谈举止、神色仪态，无一不是偷斧的样子，思索的结果进一步巩固和强化了原先的假想目标，他断定贼非邻子莫属了。可是，不久他在山谷里找到了斧头，再看那个邻居的儿子，竟然一点也不像偷斧者。

这个人从一开始就先下了一个结论，然后自己走进了猜疑的死胡同。由此看来，猜疑一般总是从某一假想目标开始，最后又回到假想目标，就像一个圆圈一样，越画越粗，越画越圆。最典型的恐怕就是上面这个例子了。现实生活中猜疑心理的产生和发展，几乎都同这种作茧自缚的封闭思路主宰了正常思维密切相关。

猜疑似一条无形的绳索，会捆绑我们的思路，使我们远离朋友。如果猜疑心过重的话，就会因一些可能根本没有或不会发生的事而忧愁烦恼、郁郁寡欢；猜疑者常常嫉妒心重，比较狭隘，因而不能更好地与身边的人交流，其结果可能是无法结交到朋友，变得孤独寂寞，导致对身心健康的危害。

疑心重重，戴着有色眼镜看人，甚至毫无根据地猜疑他人的人，在猜疑心的作用下，会把被猜疑的人的一言一行都罩上可疑的色彩，即所谓"疑心生暗鬼"。有些人疑心病较重，乃至形成惯性思维，导致心理变态。一个人如果心胸过于狭窄，对同事、朋友乃至家人无端猜疑，不但会影响工作、影响人际关系、影响家庭和睦，还会影响自己的心理健康。

猜疑是建立在猜测基础之上的，这种猜测往往缺乏事实根据，只是根据自己的主观臆断毫无逻辑地去推测、怀疑别人的言行。猜疑的人往往对别人的一言一行都很敏感，喜欢分析深藏的动机和目的，看到别的同学悄悄议论就疑心在说自己的坏话，见别人学习过于用功就疑心他有不良企图。好猜疑的人最终会陷入作茧自缚、自寻烦恼的困境中，结果导致自己的人际关系紧张，失去他人的信任，挫伤他人和自己的感情，对心理健康是极大的危害。为此英国思想家培根曾说过："猜疑之心如蝙蝠，它总是在黄昏中起飞。这种心情是迷惑人的，又是乱人心智的。它能使你陷入迷惘，混淆敌友，从而破坏人的事业。"因此，消除猜疑之心是保持心理健康的方法之一。

怎样矫正自己的猜疑心理呢？

1. 自信最重要

相信自己，相信他人。即在自己的心理天平上增加"自信"和"他信"这两块砝码。

首先是"自信"。"自疑不信人，自信不疑人"。猜疑心理大多源于缺少自信。其次是"他信"，即相信别人，不要对别人抱偏见或者是成见。当你怀疑别人的时候，一定要想想如果别人也这样怀疑你，你会是什么样的感受，这样去将心比心，换位思考就能真正去信任别人了。

注意调查研究。俗话说："耳听为虚，眼见为实。"不能听到别人说什么就产生怀疑，不要听信小人的谗言，不能轻信他人的挑拨。要以眼见的事实为据。况且，有时眼见的未必是实。因此，一定要注重调查研究，一切结论应产生于调查的结果。否则就会被成见和偏见蒙住眼睛，钻进主观臆想的死胡同出不来。

2. 坚持"责己严，待人宽"的原则

猜疑心重的人，大多对自己的要求不严、不高，对别人的要求倒多少有些苛刻，总是要求别人做到什么程度，不去想一想自己做是否做得到。因此克服疑心病必须从严格要求自己做起，不要对别人有过高的要求，更不要因为别人达不到，就认为人家存在问题，那样必然会妨碍你对别人的信任。因此，坚持宽以待人，严于律己的原则，这也是克服猜疑心的一条重要途径。

3. 采取积极的暗示，为自己准备一面镜子

平时，不要总想着自己，想着别人都盯着自己。而要对自己说，并没有人特别注意我，就像我不议论别人一样，别人也不会轻易议论我。而且，只要自己行得正，站得直，又何必怕别人议论呢？有时不妨采用自我安慰的"精神胜利法"，别人说了我又能如何呢？只要自己认为，或者感觉到绝大多数人认为我是对的，我的行为是对的就可以了，这样，心理的疑心自然就会越来越小了。

4. 抛开陈腐偏见

记得一位哲人说过："偏见可以定义为缺乏正当充足的理由，而把别人想得很坏。"一个人对他人的偏见越多，就越容易产生猜疑心理。我们应抛开陈腐偏见，不要过于相信自己的印象，不要以自己头脑里固有的标准去衡量他人、推断他人。要善于用自己的眼睛去看，用自己的耳朵去听，用自己的头脑去思考。必要时应调换位置，站在别人的立场上多想想。这样，我们就能舍弃"小人"而做君子。

5. 及时开诚布公

猜疑往往是彼此缺乏交流，人为设置心理障碍的结果，也可能是由于误会或有人搬弄是非造成的，因此一旦出现猜疑，与其自己去猜，不如开诚布公地和对方谈一谈，这样才能消除疑云，才能彻底解决问题。

依赖只能把你变为别人的附属

他们一般很幼稚、顺从，但却常怀疑自己可能被拒绝，在任何方面都很少表现出积极性，显得缺乏对生活的信心和力量。由于这种人缺乏基本应付生活的能力，所以一般很难适应新的环境和生活，需要逐步引向独立。

依赖型人格一般发源于幼年时期。幼年时期儿童离开母亲就不能生存，在儿童印象中保护他、养育他、满足他一切需要的母亲是万能的，他们必须依赖她，总是怕失去这个保护神。

这时如果父母过分地溺爱其子女，或者因内疚、负罪感而超乎常理地爱护其子女，或者因在社会生活中的自卑感而特别宠护其子女，以此来获得子女的爱戴、尊敬，满足其自尊心，那就只会鼓励子女依赖父母，使他们没有长大和自立的机会。

久而久之，在子女的心目中就会逐渐产生对父母或权威的依赖心理，成年以后依然不能自己做主，总是依靠他人来做决定，缺乏自信心，终身不能负担起选择及果断处理各项事件的责任，成为依赖型人格。

具有依赖型人格的人一般十分温顺、听话，他的巴结和逢迎最初受人欢迎，可能会引起人们的好感。但不久，这种黏着性依赖就令人厌烦，因此他们很难处理好人际关系。依赖型人格常缺乏自信，显得悲观、被动、消极，在人际关系中总处在被动位置。

从心理学角度看，依赖心理是一种习以为常的生活选择。当你选择依赖时，就会使你失去独立的人格，变得脆弱、无主见，成为被别人主宰的可怜虫。

然而，依赖心理也并非是一种顽症，而是可以逐步克服的。树立独立的人格，培养独立的生存能力，是克服依赖心理的首选目标。

树立独立的人格，培养自主的行为习惯，一切自己动手，自然就与依赖无缘了。对于已经养成依赖心理的人来说，那就要用坚强的意志来约束自己，无论做什么事都有意识地不依赖父母或其他的人，同时自己要开动脑筋，把要做的事的得失利弊考虑清楚，心里就有了处理事情的主心骨，也就敢于独立处理事情了。

树立人生的使命感和责任感。一些没有使命感和责任感的人，生活懒散，消极被动，常常跌入依赖的泥坑。而具有使命感和责任感的人，都有一种实现抱负的雄心壮志。他们对自己要求严格，做事认真，不敷衍了事、马虎草率，具有一种主人翁精神。这种精神是与依赖心理相悖逆的。选择了这种精神，你就选择了自我的主体意识，就会因依赖他人而感到羞耻。

要培养独立生存能力，不妨单独地或与不熟悉的人办一些事或做短期外出旅游。这样做的目的,是为了锻炼独立处事能力。

自己单独地办一件事,完全不依赖别人,无论办成或办不成,对你都是一种人格的锻炼。与不熟悉的人外出旅游,由于不熟悉,出于自尊心和虚荣心,你不会依赖他人,事事都得自己筹划,这无形之中就抑制了你的依赖心理,促使你选择自力更生,有利于你独立的人生品格的培养。要克服依赖心理,可从以下几个方面出招:

①要充分认识到依赖心理的危害。要纠正平时养成的习惯,提高自己的动手能力,多向独立性强的人学习,不要什么事情都指望别人,遇到问题要做出属于自己的选择和判断,加强自主性和创造性。学会独立地思考问题。独立的人格要求独立的思维能力。

②要在生活中树立行动的勇气,恢复自信心。自己能做的事一定要自己做,自己没做过的事要去锻炼。正确地评价自己。

③丰富自己的生活内容,培养独立的生活能力。在学校中主动要求担任一些班级工作,以增强主人翁的意识。使我们有机会去面对问题,能够独立地拿主意,想办法,增强自己独立的信心。

④多向独立性强的人学习。多与独立性较强的人交往,观察他们是如何独立处理自己的一些问题的,向他们学习。同伴良好的榜样作用可以激发我们的独立意识,改掉依赖这一不良性格。

别再重演叛逆的悲剧

"逆反心理"是人对某类事物产生了厌恶、反感的情绪,做出与该事物发展背道而驰的行动的一种心理状态。年轻人的"逆反心理"是一种消极的抵抗心理,这种心理一旦产生,就会形成一种固定的思维模式,对外界持否定态度,并最终导致矛盾的激化。

了解叛逆性格所产生的原因有助于我们进一步对症下药来改掉叛逆的性格缺陷。那么,叛逆产生的原因都有哪些呢?

首先,产生逆反心理是幼儿教育弊端的曝光。当前,幼儿教育在方式、方法上存在许多问题。比如,许多年轻的父母不了解儿童年龄特点和身心发展水平,对他们提出的要求过高,让儿童承受的学习任务过重;不知道儿童具有多方面发展的潜能和资质,具有多方面的兴趣和爱好,为孩子过早定向,强制儿童过早地从事长时间的专业训练。孩子产生逆反心理,可以说正是这些教育弊端造成的。教养方式和手段违背孩子的天性,自然会引起孩子的抵触、产生对抗和逆反心理。可见,孩子逆反心理的形成"事出有因",它在一定程度上敦促人们对幼儿教育做出改进。

其次，逆反心理包含有许多积极的心理品质。儿童产生逆反心理，是其天性的自然流露。它从另一方面反映了幼儿自我意识强、好胜心强，勇敢，有闯劲，能求异，能创新。现代社会充满竞争，迫切需要具有创造性思维、能开拓、能进取的人才。因此，父母要善于发现逆反心理中的创造性品质和开拓意识，并合理引导。只要引导得当，逆反心理是能够在现代社会发挥积极作用的。

再次，逆反心理在某种程度上能防止其他一些不良的心理品质的形成。逆反心理强的孩子，在不顺心的情况下，在愤懑、压抑、不满的时候，敢于发泄，他们不会让不愉快的事情长期滞留心中，他们不会让有碍自己身心健康的负情绪长期得不到释放，他们不会有畏缩心理、压抑心理，他们也不会懦弱、保守、逆来顺受。他们以这种形式保持心理平衡，有时也能起到维持身心健康的作用。

针对叛逆性格所形成的原因，我们也可采取一些措施来加以改正：

1. 提高认识

提高文化素质、广闻博见是克服逆反心理的根本解决之道。一个对生活有着广博知识的人，凭直觉就能认识到逆反心理的荒谬之处，从而采用一种更科学、更宽容的思维方式对待事物。广闻博见能使我们避免产生固执和偏激，而固执和偏激的逆反心理则使我们在最终认识真理之前走许多弯路，等我们醒悟过来时往往太迟了。

2. 增强想象

逆反心理之所以大行其道，往往是利用了人们缺乏通过多渠道解决问题的想象力。解决一个实际问题用一个办法就已足够，但在问题未解决之前却存在着几乎是无限的可能性。如果我们的思想一旦被逆反心理控制住，那么我们的视野就会变得狭隘、短视和显得愚蠢。它使我们无法进行正确的思维和判断，让思想仅仅是在"对着干"的轨道上盲目滑行。当我们冷静地进行分析的时候，我们就会发现，我们所强烈反对的意见固然并不一定就是真理，但"对着干"起码也使我们的思维同对方的思维一样狭隘。因此，对总是怀有逆反心理的人来说，努力培养起自己的想象力是十分必要的，它有助于我们开阔思路，从偏执的习惯中超脱出来。宽容的思想方式和想象力是可以通过不断地自我思维训练来获得，它能激发出我们的创造力。逆反心理是一种近乎病态的心理状态，如果你想有所作为，就必须警惕并克服这种逆反心理。

总之，不要整天一副世界对不起你的样子，让自己的眼神柔和一些，让自己的微笑自然一些，你必会走出逆反的痛苦与阴影。

贪婪是你永远无法填满的无底洞

贪婪指贪得无厌，即对与自己的力量不相称的事物的过分的欲求。它是一种病态心理，与正常的欲望相比，贪婪没有满足的时候，反而是愈满足，胃口就越大。

贪婪心理的成因可从客观与主观两个方面来分析。

客观原因：中国古代就有"马无夜草不肥，人无横财不富""饿死胆小的，撑死胆大的"说法，反映了不劳而获的投机心理。它宣扬的不是勤劳致富而是谋取不义之财。受这种观念的影响，社会上确有一些不务正业，靠贪污、行骗过活的不法分子。

贪婪并非遗传所致，是个人在后天社会环境中受病态文化的影响，形成自私、攫取、不满足的价值观而出现的不正常的行为表现。

这一点，在那些沦为腐败分子的身上体现得较为典型。一般而言，贪婪心理的形成主要有以下几个方面：

1. 错误的价值观念

贪婪的人认为，社会是为自己而存在，天下之物皆为自己拥有。这种人存在极端的个人主义，是永远不会满足的。得陇望蜀，有了票子，想房子；有了房子，想位子；有了位子，想女子；有了女子，想儿子。即便"五子登科"，也不会满足。

2. 行为的强化作用

有贪婪之心的人，初次伸出黑手时，多有惧怕心理，一怕引起公愤，二怕被捉。一旦得手，便喜上心头，屡屡尝到甜头后，胆子就越来越大。每一次侥幸过关对他都是一种条件刺激，不断强化着那颗贪婪的心。

3. 攀比心理

有些人原本也是清白之人。但是看到原来与自己境况差不多的同事、同学、战友、邻居、朋友、亲戚、下属、小辈，甚至原来那些与自己相比各种条件差得远的人都发了财，心里就不平衡了，觉得自己活得太冤枉。由此生出一股贪婪之念，也学着伸出了贪婪的双手。

4. 补偿心理

有些人原来家境贫寒，或者生活中有一段坎坷的经历，便觉得社会对自己不公平。一旦其地位、身份上升，就会利用手中的权力向社会索取不义之财，以补偿以往的不足。

5. 侥幸心理

这种心态导致犯罪分子自我欺骗，我行我素，随着作案次数的增多，胆子越来越大，因而越陷越深。

6. 盲从心理

有些人认为，现在"大家都在捞，你捞我也捞"；"吃回扣"、不给好处不办事的现象很普遍；"捞"了也没事，查到的也不过那么几个，"大家都这样"，"老实人吃亏"，形成"捞了也白捞"的心理。

7. 功利心理

一些人把市场经济看成金钱社会，拜金成为他们的信条；一些人有失落感，认为"今天这个样，明天变个样，不知将来怎么样"；一些人滋长了占有欲，把市场等价交换原则引入工作中，"有权不用，过期作废"，从而引发种种以权谋私、权钱交易。

8. 虚荣心理

一些教工、官员曾经表现较好，也为国家培养了很多人才，桃李满天下，一旦地位变了，权力大了，讨好的人多了，就开始飘飘然起来。

贪婪是一种过分的欲望。贪婪者往往超越社会发展水平，践踏社会规范，疯狂地向社会及他人攫取财物，给社会带来了极大的危害。若欲改正，是可以自我调适的，具体方法如下：

1. 自我反思法

自己在纸上连续20次用笔回答"我喜欢……"这个问题。回答时应不假思索，限时20秒钟，待全部写下后，再逐一分析哪些是合理的欲望，哪些是超出能力的过分的欲望，这样就可明确贪婪的对象与范围，最后对造成贪婪心理的原因与危害，自己做较深层的分析。分析自己贪婪的原因是有攀比、补偿、侥幸的心理呢，还是缺乏正确的人生观、价值观。分析清楚后，便下决心，要堂堂正正做人，改掉贪婪的恶习。

2. 格言自警法

古往今来，仁人贤士对贪婪之人是非常鄙视的，他们撰文作诗，鞭挞或讽刺那些索取不义之财的行为。想消除贪婪心理的人，应牢记那些诗文和名言，朝夕自警。

3. 知足常乐法

一个人对生活的期望不能过高。虽然谁都会有些需求与欲望，但这要与本人的能力及社会条件相符合。每个人的生活有欢乐，也有缺失，不能搞攀比。

心理调适的最好办法就是做到知足常乐，"知足"便不会有非分之想，"常乐"也就能保持心理平衡了。

自私的人没有朋友的同时也丢失了自己

自私的人心里永远只有自己，也只顾及自己的利益，容不得自己的利益有一丝一毫的损害，为了自己的利益可以去损害他人、集体、国家的利益，甚至不择手段地去获取。

其实我们每个人都有自私的表现，也有无私的表现。人不可能是绝对自私的，也不可能是绝对无私的。

我们说，私欲是一切生物的共性，所不同的是其他生物的私欲是有限的，人的私欲是无限的。正因为如此，人的不合理的私欲必须要受到社会公理、道义、法律的制约，否则这个社会就不属正常的社会。作为一个人，他的内心信守一种普遍的道德、法律的同时也有私心杂念，这是不矛盾的。如果人性中全是崇高的道德理念，人就不再是人而是神，如果人心中全是私心杂念，无崇高的道德理念，人就不再是人而和动物没什么区别。其实，我们每个人或多或少都有自私的一面，它可以说是一种本能的欲望，人也确实要去满足这种欲望。

自私是一种近似本能的欲望，处于一个人的心灵深处。人有许多需求，如生理的需求、物质的需求、精神的需求、社会的需求等。需求是人的行为的原始推动力，人的许多行为就是为了满足需求。

但是，需求要受到社会规范、道德伦理、法律法令的制约，不顾社会历史条件，一味想满足自己的各种私欲的人，就是具有自私心理的人。自私之心隐藏在个人的需求结构之中，是深层次的心理活动。

正因为自私心理潜藏较深，它的存在与表现便常常不为个人所意识到。有自私行为的人并非已经意识到他在干一种自私的事，相反他在侵占别人利益时往往心安理得。

自私的原因可从客观与主观两个方面来分析。从客观方面看，由于各种复杂的原因，目前我国各项资源的数量、种类、方式在占有和配置方面，都存在许多不平衡、不合理之处，对资源的权力、行业、部门垄断还比较严重。于是，缺乏资源的一方不得不用非正当的方式去交换。由此，一方面以权谋私，另一方面以钱谋私，搞权钱交易、权色交易，相互交换。

从主观方面看，个人的需求若脱离了社会规范，人就可能倾向于自私。自私自利的人往往是自我敏感性极高，以自我为中心，对社会对他人极度依赖，并无休止地索取，而不具备社会价值取向（对他人与社会缺乏责任感）的人。

凡自私的人，都抱有这样的病态心理，即"他人即地狱""各人只扫门前雪，哪管他人瓦上霜""事不关己，高高挂起""有权不用，过期作废""利人者是傻子，利己者是聪明人""人不为己，天诛地灭"，这些心态逐渐变成了一种流行的畸形心态。

由于社会制约机制尚不健全，某些自私自利的人确实从中捞到了某些好处，更使得自私之风盛行不衰。自私导致腐败，导致极端的个人主义，导致社会丑恶现象的出现，它使得社会风气败坏，是违法违纪的根源。

自私之心是万恶之源，贪婪、嫉妒、报复、吝啬、虚荣等病态社会心理从根本上讲都是自私的表现。

因此，我们更应该充分发挥个人的主观能动性来克服自私的性格，可以用以下方式加以调试：

1. 内省法

这是构造心理学派主张的方法，是指通过内省，即用自我观察的陈述方法来研究自身的心理现象。自私常常是一种下意识的心理倾向，要克服自私心理，就要经常对自己的心态与行为进行自我观察。观察时要有一定的客观标准，这些标准有社会公德与社会规范和榜样等。加强学习，更新观念，强化社会价值取向，对照榜样与规范找差距。并从自己自私行为的不良后果中看危害找问题，总结改正错误的方式方法。

2. 多做利他的事情

一个想要改正自私心态的人，不妨多做些利他的事情。例如，关心和帮助他人、给希望工程捐款、为他人排忧解难等。私心很重的人，可以从让座、借东西给他人这些小事情做起，多做好事，可在行为中纠正过去那些不正常的心态，从他人的赞许中得到利他的乐趣，使自己的灵魂得到净化。

3. 回避训练

这是心理学上以操作性反射原理为基础，以负强化为手段而进行的一种训练方法。通俗地说，凡下决心改正自私心态的人，只要意识到自己有自私的念头或行为，就可用缚在手腕上的一根橡皮筋弹击自己，从痛觉中意识到自私是不好的，促使自己纠正。

4. 学会节制

私欲这种东西，能否连根铲除呢？不能。世界上还没有这种一劳永逸的良方。如何防止私欲的发作呢？有人说，只能节制。苏东坡给自己立下一条规矩："苟非吾之所有，虽一毫而莫取"。他给自己订下明确的原则：君子爱财，取之有道。不义之财，分文不取。有了这一条，对遏止自己的自私心理较为有效。

走出自闭的牢笼，寻求真正的自由

自我封闭是指个人将自己与外界隔绝开来，很少或根本没有社交活动，除了必要的工作、学习、购物以外，大部分时间将自己关在家里，不与他人来往。自我封闭者都很孤独，没有朋友，甚至害怕社交活动。自我封闭的心理现象在各个年龄层次都可能产生。儿童有电视幽闭症，青少年有因羞涩引起的恐人症、社交恐惧心理，中年人有社交厌倦心理，老年人有因子女成家和配偶去世而引起的自我封闭心态。

有封闭心态的人不愿与人沟通，很少与人讲话，不是无话可说，而是害怕或讨厌与人交谈，前者属于被动型，后者属于主动型。他们只愿意与自己交谈，如写日记、撰文咏诗，以表志向。自我封闭行为与生活挫折有关，有些人在生活、事业上遭到挫折与打击后，精神上受到压抑，对周围环境逐渐变得敏感，变得不可接受，于是出现回避社交的行为。

自我封闭心理实质上是一种心理防御机制。由于个人在生活及成长过程中常常可能遇到一些挫折，这些挫折引起个人的焦虑。有些人抗挫折的能力较差，使得焦虑越积越多，他只能以自我封闭的方式来回避环境，降低挫折感。

自我封闭心理与人格发展的某些偏差有因果关系。从儿童来讲，如果父母管教太严，儿童便不能建立自信心，宁愿在家看电视，也不愿外出活动。从青少年来讲，同一性危机是产生自我封闭心理的重要原因。该危机是青年企图重新认识自己在社会中的地位和作用而产生的自我意识的混乱，即指青年人在向各种社会角色学习技能与为人处世策略时所产生的自我意识的混乱。如果他没有掌握这些技能与策略，就意味着他没有获得自信心以进入某种社会角色，他不认识自己是谁，该做些什么，如何与他人相处。于是，他就没有发展出与别人共同劳动和与他人亲近的能力，而退回到自己的小天地里，不与别人有密切的往来，这样就出现了孤单与孤立。

自闭的人往往有些孤独。生活中犯过一些"小错误"，由于道德观念太强烈，导致自责自贬，自己做错了事，就看不起自己，贬低自己，甚至辱骂讨厌摒弃自己，总觉得别人在责怪自己，于是深居简出，与世隔绝。有些人十分注重个人形象的好坏，总是觉得自己长得丑。这种自我暗示，使得他们非常注意别人的评价，甚至别人的目光，最后干脆拒绝与人来往。有些人由于幼年时期受到过多的保护或管制，他们内心比较脆弱，自信心也很低，只要有人一说点什么，就乱对号入座，心里紧张起来。

自闭总是给我们的生活和人生带来无法摆脱的沉重的阴影，让我们关闭自己情感的大门，没有交流和沟通的心灵只能是一片死寂。因此，一定要打开自己的心门，并且从现在开始。

自闭的人，需要改变自己。

首先，要乐于接受自己，有时不妨将成功归因于自己，把失败归结于外部因素，不在乎别人说三道四，"走自己的路"，乐于接受自己。

其次，要提高对社会交往与开放自我的认识。交往能使人的思维能力和生活功能逐步提高并得到完善；交往能使人的思想观念保持新陈代谢；交往能丰富人的情感，维护人的心理健康。一个人的发展高度，决定于自我开放、自我表现的程度。克服孤独感，就要把自己向交往对象开放。既要了解他人，又要让他人了解自己，在社会交往中确认自己的价值，实现人生的目标，成为生活的强者。

再次，要顺其自然地去生活。不要为一件事没按计划进行而烦恼，不要对某一次待人接物做得不够周全而自怨自艾。如果你对每件事都精心对待以求万无一失的话，你就不知不觉地把自己的感情紧紧封闭起来了。

应该重视生活中偶然的灵感和乐趣，快乐是人生的一个重要标准。有时让自己高兴一下就行，不要整日为了目的，为解决一项难题而奔忙。

最后，不要为真实的感情刻意去梳妆打扮。如果你和你的挚友分离在即，你就让即将涌出的泪水流下来，而不要躲到盥洗室去。为了怕别人道短而把自己身上最有价值的一部分掩饰起来，这种做法没有任何意义。

生活中许许多多的事都是这样，遵从你的心，听取你心灵的声音，如巴鲁克教授所说，这样即使做错了事，我们也不会太难过。

暴躁的性格是发生不幸的导火索

一个人性格暴躁的最直接表现就是非常容易愤怒，愤怒是一种很常见的情绪，特别是年轻人，比如，血气方刚的小伙子。他们往往三两句话不对，或为了一点小事情就大打出手，造成十分严重的后果。

其实，愤怒是一种很正常的情绪，它本身不是什么问题，但如何表达愤怒则易出问题。有效地表达愤怒会提高我们的自尊感，使我们在自己的生存受到威胁的时候能勇敢地战斗。

脾气暴躁，经常发火，不仅是强化诱发心脏病的致病因素，而且会增加患其他病的可能性，它是一种典型的慢性自杀。因此为了确保自己的身心健康，必须学会控制自己，克服爱发脾气的坏毛病。

能否有效地抑制生气和不友好的情绪，使自己更融于他人呢？这主要在于自己的修养和来自亲人及朋友的帮助与劝慰。实验证明：在行为方式有所改善的人中，死亡率和心脏病复发率会大大下降。为了控制或减少发火的次数和强度，必须对自己进行意识控制。当愤愤不已的情绪即将爆发时，要用意识控制自己，提醒自己应当保持理性，还可进行自我暗示："别发火，发火会伤身体。"有涵养的人一般能控制住自己。同时，及时了解自己的情绪，还可向他人求得帮助，使自己遇事能够有效地克制愤怒。只要有决心和信心，再加上他人对你的支持、配合与监督，你的目标一定会达到。

一般来说，性格暴躁的人都有如下的一些表现：

①情绪不稳定。他们往往容易激动。别人的一点友好的表示，他们就会将其视为知己；而话不投机，就会怒不可遏。

②多疑，不信任他人。暴躁的人往往很敏感，对别人无意识的动作，或轻微的失误，都看成是对他们极大的冒犯。

③自尊心脆弱，怕被否定，以愤怒作为保护自己的方式。有的人希望和别人交朋友，而别人让他失望了，他就给人家强烈的羞辱，以挽回自己的自尊心。这同时也就永远失去了和这个人亲近的机会。

④不安全感，怕失去。

⑤从小受娇惯，一贯任性，不受约束，随心所欲。

⑥以愤怒作为表达情感的方式。有的人从小父母的教育模式就是打骂，所以他也学会了用拳头作为表达情绪的唯一方式。甚至有时候，愤怒是表达爱的一种方式。

⑦将别处受到的挫折和不满情绪发泄在无辜的人身上。

应当说，性格是一个人文化素养的体现。大凡有文化、有知识、有修养者，往往待人彬彬有礼，遇事深思熟虑，冷静处置，依法依规行事，是不会轻易动肝火的。而大发脾气者，大多是缺乏文化底蕴的人，他们似干柴般的暴躁性格，遇火便着，任凭自己的性情脱缰奔驰，直至撞墙碰壁，头破血流，惹出事端。

所以，总是易暴躁的人，提高自己的素质修养刻不容缓。

下面的八条措施将帮助你完成改变暴躁性格这一心理、生理转变过程，臻于性格的完善。

1. 承认自己存在的问题

请告诉你的配偶和亲朋好友，你承认自己以往爱发脾气，决心今后加以改进。要求他们对你支持、配合和督促，这样有利于你逐步达到目的。

2. 保持清醒

当愤愤不已的情绪在你脑海中翻腾时，要立刻提醒自己保持理性，你才能避免愤怒情绪的爆发，恢复清醒和理性。

3. 推己及人
把自己摆到别人的位置上，你也许就容易理解对方的观点与举动了。在大多数场合，一旦将心比心，你的满腔怒气就会烟消云散，至少觉得没有理由迁怒于人。

4. 诙谐自嘲
在那种很可能一触即发的危险关头，你还可以用自嘲从危机中解脱出来。"我怎么啦？像个3岁小孩，这么小肚鸡肠！"幽默是卸掉发脾气的毛病的最好手段。

5. 训练信任
开始时不妨寻找信赖他人的机会。事实会证明：你不必设法控制任何东西，也会生活得很顺当。这种认识不就是一种意外收获吗？

6. 反应得体
受到残酷虐待时，任何正常的人都会怒火中烧。但是无论发生了什么事，都不可放肆地大骂出口。而该心平气和、不抱成见地让对方明白，他的言行错在哪儿，为何错了。这种办法给对方提供了一个机会，在不受伤害的情况下改弦更张。

7. 贵在宽容
学会宽容，放弃怨恨和报复，你随后就会发现，愤怒的包袱从双肩卸下来，显然会帮助你放弃错误的冲动。

8. 立即开始
爱发脾气的人常常说："我过去经常发火，自从得了心脏病，我认识到以前那些激怒我的理由，根本不值得大动肝火。"请不要等到患上心脏病才想到要克服爱发脾气的毛病，从今天开始修身养性不是更好吗？

一位哲人如是说："谁自诩为脾气暴躁，谁便承认了自己是一名言行粗野、不计后果者，亦是一名没有学识、缺乏修养之人。"细细品味，煞是有理，"腹有诗书气自华"。愿我们都能远离暴躁脾气，做一个有知识、有文化、有修养的人。

能够自我控制是人与动物的最大区别之一。所以脾气虽与生俱来，但可以调控。多学习，用知识武装头脑，是调节脾气的最佳途径。知识丰富了，修养提高了，法纪观念增强了，脾气这匹烈马就会被紧紧牵住，无法脱缰招惹是非。甚至刚刚露头，即被"后果不良"的意识所制约，最终把上蹿的脾气压下，把不良后果消灭在萌芽状态。

冲动是魔鬼

冲动是指在理性不完整的状况下的心理状态和随之而来的一系列行为。打架斗殴都在这种情况下发生。来自深圳市中级人民法院的数据显示："冲动杀人"成为治安一大忧患，其中，20～30岁青壮年男性最易一时冲动起杀意。一些人仅因一件小事、一句口角，一时冲动便起意伤人、杀人。当然，杀人偿命、欠债还钱是法治社会最基本的准则，为此付出沉重代价的人，事后往往悔不当初，而旁观者则对他们迟来的觉醒摇头叹息。

研究发现，下面这些人的冲动指数相当高：

①价值观不正确，摆不正自己位置的人。
②无所事事，没有明确的事情分散体力、精力的人。
③在节律周期的临界日，特别是在情感曲线的临界日的人。
④人体内环境失衡，如甲亢等内分泌失调的人。

一个冲动的人，在他做出冲动的举动之前是很欠考虑的，甚至是没有考虑过的，而只是凭一时的冲动而行动的，最终导致严重的后果，后悔莫及，尤其是血气方刚的年轻人，最容易冲动，然后在事后又追悔莫及。因此，我们应该时刻提醒自己一定要改掉冲动的毛病。在此也提供一些方法作为参考，希望对性格冲动的人改变自己的性格能有一定的帮助：

1. 用理智战胜冲动

理智者遇上不顺心之事，一般都能三思而后行。凡吃五谷者都有一时激愤或消沉的时候，这是个危险时段，很多不正确的判断常常是在这不冷静的时刻做出的，判断失误必然导致行为欠妥，如果人们能在最短的时间内让头脑降温，就会掐掉一根危险的导火线。

2. 提高文化素养

能否理智行事又与文化程度的高低成正比。这点和深圳法院的调查报告完全吻合："冲动杀人的罪犯大多仅有初中以下文化程度，文化程度低下、缺乏自控能力是逞一时之快杀人的重要原因。"众所周知，法律对一些欲铤而走险的人能起警示作用，可是，如果文化程度低下，加之法律意识淡薄，"无知无畏"，那就极其容易走向犯罪的深渊。

3. 用外人的眼光看问题

"当局者迷，旁观者清"这话不无道理。在日常生活中，我们每个人都曾做过局外人观看过别人吵架，这时候，无论是哪一方的言行，其失当和偏颇之处你大概都能觉察。因此，如果人们能以局外人的头脑观察自己,则善莫大焉。"冲动是魔鬼",我们应该时刻谨记这句话,并在我们情绪失控的时刻以此来加以制止。任何事情都应该三思而后行,一时的冲动只能让结果变得更坏。

抑郁是灵魂在疼痛

每个人都会有不快乐和心情不好的时候。抑郁是人们常见的情绪困扰,是一种感到无力应付外界压力而产生的消极情绪,常常伴有厌恶、痛苦、羞愧、自卑等情绪。它不分性别年龄,是大部分人都有的经验。对大多数人来说,抑郁只是偶尔出现,历时很短,时过境迁,很快就会消失。但对有些人来说,则会经常地、迅速地陷入抑郁的状态而不能自拔。当忧郁一直持续下去,愈来愈严重以致无法正常过日子时,即称为忧郁症。

有些抑郁症患者倾向于退居人群之外,他们对周遭的事物失去兴趣,因而无法体验各种快乐。对他们而言,每种事物都显得晦暗,时间也变得特别难熬。通常他们脾气暴躁,而且常试着用睡眠来驱走抑郁或烦闷,或者他们会随处坐卧、无所事事。大部分人所患的抑郁症并不严重,他们仍和正常人一样从事各种活动,只是能力较差,动作较慢。

除出现情绪抑郁外,尚有身体上的变化,常见的症状有:

①在吃、睡及性方面会失去兴趣或出现困难。
②对外在事物漠不关心。
③消化不良、便秘及头痛。
④与现实脱节。
⑤无故而发的罪恶感及无用感。
⑥幻想。
⑦退缩。

当然,虽然我们每个人都有心情、情绪不好的时候,每个人都有抑郁的时候,但并非人人都会患上抑郁症,为什么有些人会得抑郁症,有些人却不会?这个问题的答案也许不止一个。专家认为可能导致你患上抑郁症的原因有以下方面:

1. 遗传基因

抑郁症跟家族病史有密切的关系。研究显示:父母中1人得忧郁症,子女得病几率为25%;若双亲都是抑郁症病人,子女患病率则高达50%~75%。

2. 环境诱因

令人感到有压力的生活事件及失落感也可能诱发抑郁症，如丧偶（尤其老年丧偶，几乎八九成的人会得此病）、离婚、丢掉工作、财务危机、失去健康等。

3. 药物因素

对一些人而言，长期使用某些药物（如一些高血压药、治疗关节炎或帕金森症的药）会造成抑郁症状。

4. 罹患慢性疾病

如心脏病、中风、糖尿病、癌症以及阿兹海默症的病人，得抑郁症的概率较高。甲状腺功能亢进，即使是轻微的情况，也会患上抑郁症。抑郁症也可能是严重疾病的前兆，如胰脏癌、脑瘤、帕金森症、阿兹海默症等。

5. 个性

自卑、自责、悲观等，都较易患上抑郁症。

6. 抽烟、酗酒与滥用药物

过去，研究人员认为抑郁症患者能借助酒精、尼古丁与药物来舒缓抑郁情绪。但新的研究结果显示：使用这些东西实际上会引发抑郁症及焦虑症。

7. 饮食

缺乏叶酸与维生素 B_{12} 可能引起抑郁症状。其中，我们特别要提到的是，现今生存环境的压力日益严峻，是许多人患上抑郁症的重要原因。随着时代的演变，社会上的工作形式已从原来的劳力密集，转变成为知识密集。许多人把工作当作生活的重心，超时的工作者比比皆是。工作时间过长，也使得家庭、社区生活贫乏，导致家庭成员相互支持，彼此抚慰的功能降低，在没有适时疏解压力及疲劳的情况下，愈来愈多的人罹患抑郁症等病症，从而使得脱离职场人数愈来愈多。

抑郁是一种很常见的情绪障碍，长期抑郁会使人的身心受到损害，使人无法正常地工作、学习和生活。但也不需要过分担心。经过适当的调适后，大多数人都可以恢复正常、快乐的生活。

你可以参考下面介绍的一些方法：

1. 自己调节情绪，逐步改善心境，从而使生活重归欢乐

抑郁患者要想消除抑郁情绪，首先应该停止对自身及周围世界的埋怨，明确自己的认知错误根源于以感觉作依据来思考问题。因为感觉不等于事实。每当你焦虑、抑郁时，切记以下几个关键步骤：

第一步，记录。瞄准那些消极的想法，并把它们记下来，别让它们占据你的大脑。

第二步，反思。读一遍本文提及的几种认知扭曲的模式，准确地找出你是怎样曲解事实的，一定要击中要害。

第三步，改变思维方式，调整心态。用更为客观的想法取代扭曲的认知，彻底驳斥那些让你自己瞧不起自己、自寻烦恼的谬论。

2. 扩大人际交往

悲观的人周遭大部分都是悲观者，而乐观的人身边亦多为乐观者，因此要想改变命运，你必须要和乐观者学习。不要拘泥于自我这个小天地，应该置身于集体之中，多与人沟通，多交朋友，尤其多和精力充沛、充满活力的人相处。这些洋溢着生命活力的人会使你更多地感受到事物的光明和美好。

3. 学会宣泄

要善于向知心朋友、家人诉说自己不愉快的事。当处于极其悲哀的痛苦中时，要学会哭泣。另外，多参加文体活动、写日记、写不寄出的信等，都可以帮助消除心理紧张，避免过度抑郁。

4. 好的生活习惯——尽可能地使生活有规律

规律与安定的生活是抑郁症患者最需要的，早睡早起、按时起床、按时就寝、按时学习、按时锻炼等有规律的活动会简化你的生活，使你有更多的精力去做别的事情，保持身心愉快。而多完成一件事，就会使人多一份成就感和价值感。

5. 阳光及运动

多接受阳光与运动对于抑郁症病人有有利的作用，多活动活动身体，可使心情得到意想不到的放松，阳光中的紫外线可或多或少改善一个人的心情。

6. 药物疗法

使用的是抗抑郁剂，如果一旦出现了抑郁症，我们应该找专门的精神科医生进行治疗，依照指示服药，不可以讳疾忌医，以免贻误病情。而且用药也不要好了就停，要继续服药直到完全好了为止。注意不要和其他药物混合使用，否则可能会产生危险的副作用或降低药效。同时配合心理治疗，心理治疗可以让患者学会处理生活问题及修正性格。

7. 饮食疗法

吃糖类食品对脑部似乎有安定的作用，蛋白质则可提高警觉性。要多吃含有必需脂肪酸、糖类及蛋白质的食物。鲑鱼和白鱼都是好的来源。避免进食富含饱和脂肪的食物，如猪肉或油炸食物。脂肪会抑制脑部合成神经冲动传导物质，并造成血球凝集，导致血液循环不良，尤其是脑部。

所以，尽量让自己的饮食可以综合糖类和蛋白质这两种营养素，让脑部活动达到平衡。比如，选用全麦面包制作火鸡肉三明治就是一种很好的综合食品。如果你感到紧张而希望能够振作起精神，则可以多吃蛋白质。有抑郁症倾向者，不妨尝试多摄取富含蛋白质和多糖类的食物，例如火鸡和鲑鱼，对提升精神状态会有所帮助。

偏执的结果只会是此路不通

所谓偏执是指人的意见、主张等过火，多存在于青少年中。性格和情绪上的偏执，是为人处世的一个不可小觑的缺陷，是一种心理疾病。它的产生源于知识上的极端贫乏，见识上的孤陋寡闻，社交上的自我封闭意识，思维上的主观唯心主义等。

偏执的人的感觉往往是极度过敏的，对侮辱和伤害耿耿于怀；思想行为固执死板，敏感多疑，心胸狭隘；爱嫉妒，对别人获得成就或荣誉感到紧张不安，妒火中烧，不是寻衅争吵，就是在背后说风凉话，或公开抱怨和指责别人；自以为是，自命不凡，对自己的能力估计过高，惯于把失败和责任归咎于他人，在工作和学习上往往言过其实；同时又很自卑，总是过多过高地要求别人，但从来不信任别人的动机和愿望，认为别人存心不良；不能正确、客观地分析形势，有问题易从个人感情出发，主观片面性大；如果建立家庭，常怀疑自己的配偶不忠等。这种人格的人在家不能和睦，在外不能与朋友、同事相处融洽，别人只好对他敬而远之。

偏执的人常常广泛猜疑，常将他人无意的、非恶意的甚至友好的行为误解为敌意或歧视，或无足够根据，怀疑会被人利用或伤害，因此过分警惕与防卫，或是将周围事物解释为不符合实际情况的"阴谋"，或是过分自负，若有挫折或失败则归咎于人，总认为自己正确，或是好嫉恨别人，对他人过错不能宽容，或是脱离实际地与他人争辩与敌对，固执地追求个人不够合理的"权利"或利益……

偏执不仅仅对人的心理产生不良的影响，它也时刻危害到身体的健康，现代医学研究表明：偏执的人不但妨碍了健全的精神面貌，而且还会导致神经系统与内分泌系统的功能紊乱，进而影响到人的正常生理代谢过程，使人体的免疫能力降低，易患多种疾病。如神经官能症、消化道溃疡、高血压、冠心病等身心疾病，并使人早衰，缩减寿命。

偏执的性格也同样是可以通过后天的努力来加以改正的，以下的几种方法是比较科学有效的，希望能对性格偏执的人有所帮助：

1. 从书籍中获得抚慰

法国数学家、哲学家笛卡儿说过:"读一些好书,就是和许多高尚的人谈话。"实验表明,经常阅读伟大人物的传记,更能使那些固执的人得到心灵上的慰藉。丰富的知识使人聪慧,使人思想开阔,使人不至于拘泥于教条的陈规陋习。但是应该注意的是,越有知识越要谦虚,这是做人的美德。为人处世要尊敬和信任他人,多培养宽容的态度。不要过于欣赏自己的成绩,议论别人的不足。不要去计较那些微不足道的事情。要和勤奋好学、谦虚谨慎、品德优良的人多交往,养成虚心向别人求教的习惯。

2. 克服虚荣心,培养高尚的情趣

人无完人,谁都会有缺点和错误,这用不着掩饰。我们要以真诚的态度来对待生活,要树立远大的目标,追求美好、崇高的东西。不要整天把心思放在修饰打扮和赶时髦上。更不要夸夸其谈,不懂装懂。

3. 加强自我调控

要学会克制自己的抵触情绪,杜绝无礼的言语和行为。对自己犯的错误,要主动承认,学会运用幽默,给自己找个台阶下来,不要顽固地坚持自己的观点。

如果已经意识到了平日的行为有些偏执,就要提醒自己不要陷于"敌对心理"的旋涡中。事先自我提醒和警告,处世待人时注意纠正,这样会明显减轻敌对心理和强烈的情绪反应。要懂得只有尊重别人,才能得到别人的尊重的基本道理。要学会对那些帮助过你的人说感谢的话,而不要不痛不痒地说一声"谢谢",更不能不理不睬。要学会向你认识的所有人微笑,可能开始时你很不习惯,做得不自然,但必须这样做,而且努力去做好。要在生活中学会忍让和耐心。生活在复杂的大千世界中,冲突纠纷和摩擦是难免的,这时必须忍让和克制,不能让仇恨的怒火烧得自己晕头转向。

4. 养成善于接受新事物的习惯

固执常和思维狭隘,不喜欢接受新东西,以及对未曾经历过的东西感到担心相联系。为此我们要养成渴求新知识,乐于接触新人新事,并学习其新颖和精华之处的习惯。

然而,要改变偏执行为,还必须分析自己的非理性观念。如:

①我不能容忍别人一丝一毫的不忠。
②世上没有好人,我只相信自己。
③对别人的进攻,我必须立即予以强烈反击,要让他知道我比他更强。
④我不能表现出温柔,这会给人一种软弱的感觉。

要想改变偏执心理,就要对这些观念加以改造,以除去其中极端偏激的成分。如:

①我不是说一不二的君王,别人偶尔的不忠应该原谅。
②世上好人和坏人都存在,我应该相信那些好人。
③对别人的进攻,马上反击未必是上策,而且我必须首先辨清自己是否真的受到了攻击。
④我不敢表示真实的情感,这本身就是软弱的表现。

每当故态复萌时,就应该把改造过的合理化观念默念一遍,以此来阻止自己的偏激行为。有时自己不知不觉表现出了偏激,事后应重新分析当时的想法,找出当时的非理性观念,然后加以改造,以防下次再犯。

第三节
培养和锻造 12 种成功的性格

　　学习是一种爱好,学习是一种兴趣,学习是一种状态,学习是一种追求,学习是一种获得,学习是一种提升,学习是一种熔炼,学习是一种滋润。大凡成功者都是勤于学习的人。成功者因为学习而实现超越。即使我们现在不成功,也要通过学习及时地为自己充电,勇敢地涉足自己不曾了解的知识领域。

自我充实,不断进取——培养学习型性格

　　朱熹说:"无一事而不学,无一时而不学,无一处而不学,成功之路也。"
　　世界级管理大师彼得·圣吉说:"21世纪最具生命力的企业将是学习型的企业。"美国最具影响力的杂志《财富》也曾刊登过这样一句话:"未来最成功的公司,将是那些基于学习型组织的公司。"
　　由此可见,无论是个人还是公司,学习都是如此的重要,而勤于学习也是成功人士的秘诀。所以,我们要想成功,只有通过学习,不断提高自己,不断完善自己,不断超越自己。这是走向成功的唯一选择。
　　当然,学习过程中要管理好自己的时间,也要讲求方法和效率。
　　学习时可以遵循以下方法来管理时间:
　　①学会给时间画图纸。有效管理时间就要养成良好的利用时间的习惯,办事不拖延,不必事必躬亲,在记事本上记录重要的事情,尽量一次性完成一项工作,劳逸结合;分清轻重缓急,今天的事情今天办。
　　②学会占有时间。时间是无私的,它给每个人的一天都是24个小时。只有学会占有时间,才不会让自己活在空虚无聊之中。

③向空间要时间。比如在早上起床时，可以听听新闻或听听英语，让耳朵发挥作用，这样可以学到更多的东西；在卧室或洗手间的镜子上，贴上各种知识小卡片或者制作一些可以随身携带的知识卡片，以便随时都可以学习。如果充分利用生活中的更多空间，我们就会发现以前很多没有时间做的事情现在都可以做到。

④做时间的小偷。爱因斯坦就是著名的时间小偷。他在研究相对论的时候，专利局规定上班时间不准做私事，所以爱因斯坦只好在工作间隙偷偷做，他把抽屉拉开一个间隙，拿出一张纸，一边演算，一边听着门外，听到脚步声，他就马上把纸放进抽屉，躲过检查。

总之，一个会管理时间的人，永远也不会觉得时间不够用，因为他会从各个方面找到时间。他也懂得珍惜每一分钟，合理利用每一分钟。

下面我们来说一说学习的方法和效率。掌握了正确的学习方法，效率自然会有所提高。

让学习成为一种习惯。习惯一旦形成，便很难改变，所以，我们要让学习成为一种习惯，只有这样，我们才能让自己每时每刻都处于一种学习的状态。

要会学习。爱学习不等于会学习，有的人学习一天可能也没有别人学习一个小时的效率高，这是因为他不会学习。学习要使用科学的方法，如训练创造性思维，复杂问题简单化，自由想象；利用身边的一切资源丰富自己的知识，选择适合自己的学习方法等。只有根据自己的实际情况，才能找到适合自己的方法。

学习要有目标。目标能给人动力，目标能给人指明方向。不管做任何事都要有目标，学习也不例外。只有朝着既定的目标方向努力，才会有收获，才会成功。

总而言之，培养学习型性格是时代的需要，是发展的需要，是成功的需要，更是生存的需要。我们每个人都应该培养自己的学习型性格。

三思后行，灵光乍现——培养善思型性格

思索，可以改变贫穷，创造财富；思索，可以改变命运，创造奇迹；思索，可以改变愚昧，创造智慧。成功的人生，离不开理智的思索。每天我们都要面对各种各样的困惑，只有通过思索，我们才能打开困惑之门；只有通过思索，我们才能找到希望；只有通过思索，我们才能充满智慧；只有通过思索，我们才能勇于创新，与时俱进。只有创新才能让我们的头脑永远保持清醒，让我们的心永远年轻。

世界上勤奋的人难以计数，但在事业上获得成功的人却不是很多，那是因为不是每个

人都会正确地思考。如果善于用脑,拼命去做,你会发现,希望就在前面闪烁。都说足智多谋,所谓"谋",即谋算、计谋。考虑计算得失利弊,谋划可能产生的结果。以最低的价格,最小的风险,谋取最高的利益;以最快、最好的策略方法去谋取目标的实现。这是多谋的理想与目的。多谋的关键是什么?是符合自己现实条件的合算。一件事究竟怎么做才合算,必须审时度势,做慎重的调查分析。某个方法看起来先进,但不一定符合你现有的条件和实际情况。

松下幸之助就是很好地运用了他的善思性格并最终取得成功的典型例子。

1917年,松下幸之助在确立自己事业方向上,靠的就是在自己智慧基础上形成强烈的超前意识。严格地讲,松下幸之助能同电器结下不解之缘并没有内在的必然联系,他的祖上经营土地,父亲从事米行,而他进入社会首先是涉足商业,所有这些都与电器制造相去甚远,况且有关电的行业在当时更是凤毛麟角。然而,他深信电作为一种新式能源,在给人类带来方便的同时,也会带来更多的欲望。

20世纪50年代,松下幸之助第一次访问美国和西欧时发现:欧美强大的生产主要基于民主的体制和现代的科技,尽管日本在上述方面还相当落后,然而这一趋势将是历史的必然。松下幸之助正是把握住了这一超前趋势,在日本产业界率先进行了民主体制改革。政治上给予产业充分的自主权,建立了合理的劳资体制和劳资关系;经济上他改革了日本的低工资制,使职工工资超过欧洲,接近美国水平,并建立了必要的职工退休金,使员工的物质利益得到充分满足;劳动制度上实现每周五天工作日,这在当时的日本还是第一家。松下幸之助认为:这一改革并非单纯增加一天休息,而是为了进一步促进产品的质量,好的工作成就产生愉快的假日;愉快的假日情绪会导致更出色的工作效率。只有这样,生产才能突飞猛进,效益才能日新月异。

人的一生都需要思索。失败的时候,需要冷静的思索;成功以后,需要理性的思索;困惑面前,需要积极思索;人生转折的关键时刻,需要认真思索;遇到棘手的问题,需要果断思索;众议迭出、莫衷一是的时候,需要全面的思索。总之,思索将伴随人的一生。要学会思索,可以参考以下几条建议:

1. 勤于思索

要养成思索的习惯,凡事都要进行思考,才能找出正确的解决办法。不经过思考的话和不经过思考的事都不要贸然去说、贸然去做。养成勤于思索的习惯,还可以使一个人善于动脑,形成缜密细致的性格。

2. 不断思索

思索是一个连续的、不间断的思维过程,因此,在解决问题的过程中,要不断地思索,对各个环节、各个细节都要进行充分的考虑,这样才能避免出现差错和漏洞。

3.透过现象看本质

现象只是表面的东西,每一个现象的背后都有问题的本质,我们只有留心每一个现象,才可以发现问题的本质。只凭借现象做出的判断是不准确的,学会思索,看清现象后的实质,才能做出正确判断。

4.学会进行总结

思索是用大脑对信息筛选、过滤、综合的过程,思索的目的就是要得到结论。因此,我们在思索的过程中要进行总结,这样思索的过程才会是有意义的。

5.不断地反省自己

古语有云:"吾日三省吾身。"我们只有不断地反躬自省,不断地检查自己的行为和思想,找到自己的缺陷和不足,才能提高思索的质量。

6.凡事多问为什么

一个问题的解决,往往隐藏着很深的答案;一个问题的原因,往往也有很多的方面。只满足于表面的答案,会限制思维的发展,不利于问题的解决。因此,对任何问题都要多问几个为什么,追根究底,挖掘思索的潜力,说不定答案与现象是不一致的。

改变命运,不靠他人——培养独立型性格

美国成功学家、教育学家柯维把人生的成长分为3个层次:分别是依赖、独立、互赖。

依赖的着眼点在对方——对方照顾我,对方为我的成败得失负责任,事情若有差错,我便怪罪于对方。

独立着眼于自己——我可以自立,我为自己负责,我可以自由选择。

互赖是从大家的观念出发——我们可以自主、合作、集思广益,共同开创美好的人生。

第一个层次的人依赖心重,靠别人来完成愿望;第二层次的人独立自主,自己打天下;第三层次的人,他们群策群力达到成功。

在依赖阶段,如果生理上无法自立,比如身体残疾,便需要别人的帮助;情感上不能独立,他的价值观和安全感就要建立在别人的评价上,一旦无法取悦别人,个人便失去价值;知识上无法独立,就要依赖别人代为思考,解决生活中的大小问题。

在独立阶段,生理上独立的可以行动自主;心智独立的人可以有自己的思想,具备抽象思考、创造分析、组织与表达能力;情感上独立的人能够肯定自我,不在乎外界的毁誉。

由此可见,独立比依赖成熟得多,拥有真正独立的人格,能够事事操之在我,不受制

于人。

　　一个人的奋斗过程，也就是追求独立的过程，包括生存独立、经济独立、思想独立、感情独立、人格独立、意志独立等。独立可以成就一个人的一生。养成了独立的性格，我们就可以主宰命运，就可以做命运的主人。

　　著名作家刘墉为了培养儿子独立的性格，锻炼儿子的独立生存能力，在儿子上高中时，他把儿子送到一所离家很远的学校。

　　母豹在小豹长大以后，要将小豹领到悬崖上，狠心地将其往悬崖下推，迫使它不得不用爪子牢牢地抓住崖下的石头往上爬，其实这也是为了锻炼小豹独立的生存能力。

　　有位哲人说过："一个没有经历过磨难的生命，会存在许多的遗憾。"一个人一生中不可能一帆风顺，总有面对友爱、挫折、困难的时候。我们是否是一个性格独立的人，才是能否成功的关键。

　　独立，就意味着离开家的庇护，离开对朋友的依赖，自己独立去走自己的路。我们应该清楚自己才是自己的主人，只有自己才能帮助自己到达成功的顶峰。郑板桥说过："流自己的汗，吃自己的饭。"这是对独立的最好解释。如果不靠自己的努力，那谁也保证不了你的成功。

　　一个人只有彻底摒弃依附别人的个性，养成独立的性格，才不会把自己的命运寄托在所依附的人身上，也只有这样，才会拥有成功的人生。

勇往直前，敢于冒险——培养冒险型性格

　　很多人都向往稳定的生活，总是认为冒险的风险太大，而不愿意去尝试，但却不知道机遇和成功往往隐藏在冒险的背后。试想，如果人类没有了冒险，世界将会是什么样子？如果没有哥伦布的冒险，美洲可能到今天也无人知晓；如果没有比尔·盖茨的冒险，人类怎么可能走入多元的E时代？如果没有科学家的一次次冒险，人类的科技怎么可能如此发达？

　　当然，也没有人生下来就敢于去冒险，无所畏惧，但我们可以以生活中的一些小事来一点一滴地培养自己的冒险性格。

　　首先，让自己有去开拓一次冒险的勇气。

　　无论做任何事情，如果一个人连开拓的勇气都没有，那么，他还没有开拓便失败了。因此，勇气是培养冒险性格的第一步。

　　誉满全球的美国玫琳凯化妆品公司的创始人玫琳凯说："我认为，放手让人们去冒险，允许他们在冒险时犯错误，这是非常重要的。这是一条刺激人们进步并富有创新精神的最好

途径。"

玫琳凯首次举办化妆品展销就砸了锅，她当时急于想证明可以在三五成群的女子中销售自己的产品，也希望自己的展销会大获成功，但那天她一共只卖出了五毛钱。离开展销地点后，她在一个角落里大哭起来。

这时她开始怀疑自己当初的冒险是否正确，因为她把毕生的积蓄都投入了公司，一旦失败将一无所有。她问自己："你究竟错在哪里？"这一问使她恍然大悟——她竟从来没有请人订货！忘了往外发订单，而只是指望顾客自己上门买东西。

这一次的冒险使她明白了自己的错误关键所在，第二次的展销会上没有再重蹈覆辙，获得了巨大的成功。

当然，没有人愿意失败，尤其是在冒险的前提下，你必须知道哪些风险该冒，哪些风险不值得，然后你还必须对自己有足够的了解和评估，这样你才会有足够的勇气来开拓你的冒险。

其次，要敢于去冲破禁区。

生活中往往会有很多禁区或障碍无时无刻不在阻止我们冒险、进取的步伐，因此，敢于去冲破禁区也是冒险中很重要的一步，只有冲破了固有的，才能发现新的。

在一家发展效益不错的公司里，有一次，总经理叮嘱全体员工："谁也不要走进7楼那个没挂门牌的房间。"员工们都牢牢地记住了。

不久后，公司新招聘了一批员工，总经理也向他们做了同样的交代。

"为什么？"这时有个年轻人嘀咕了一声。

"不为什么。"总经理满脸严肃地答道。

回到岗位上，年轻人还在不解地思考着总经理的叮嘱，其他人便劝他干好自己的工作，别瞎操心，但年轻人执意要走进那个房间去看看。

他轻轻地叩门，没有反应，再轻轻一推，虚掩的门开了，只见里面放着一张纸牌，上面用红笔写着——把纸牌送给总经理。

这时，得知年轻人闯入那个房间的同事开始为他担忧，于是，都劝他赶紧把纸牌放回去，大家替他保密，但年轻人却直奔15楼的总经理室。

当他将纸牌交到总经理手中时，总经理宣布了一项惊人的决定——即刻任命他为销售部经理。

"就因为我把这张牌拿来了？""没错，我已经等了快半年了。相信你能胜任这份工作。"总经理充满信心地说。

果然，年轻人升为销售经理后把销售部的工作搞得红红火火。

这位年轻同事的成功告诉我们，只有思想上的绝对禁区，没有行动上的绝对禁区。总经理说办公室不让进，但并不是进不去。虽然每个人都想知道为什么不让进，但如果不进去是永远不可能知道的，关键是想不想进，敢不敢冲破它。

冲破禁区，你会看到成功在向你招手。

最后，一定要坚信没有做不到的。

其实，"能"还是"不能"完全取决于你的信念，你认为能，你就能。当别人告诉我们要"实际一点"的时候，他们也许是没有恶意，有的甚至有可能是发自内心的善意，但是他们的话常常会引发我们内心的恐惧与不安，使我们害怕尝试冒险，自我设限，生活也变得千篇一律、原地踏步。

事实上，"你做不到"并不是真理。除非你确实试过，否则没有人能肯定地说"不可能"——因为没有任何人知道。

几乎每一个伟大的构想在开始的时候，没有几个人能想到它真的可行。在飞机发明之前，科学家认为飞行是不可能的；在麻醉药发明之前，医生坚信无痛手术是不可能的；在原子弹发明之前，科学家也都相信原子是不可能分裂的，原子弹的构想根本是无稽之谈；蒸汽机发明之前，就有人数落富尔顿："你有没有搞错，先生！你要在甲板下生起一团火，让船能够乘风破浪地航行？"但结果呢？富尔顿不但实现了目标，还因此发明了蒸汽机船。

生命中，没有什么比完成别人口中"办不到"的事情更过瘾的了。人生的一大乐事就是敢作敢为，去完成别人认为你做不到的事。

心胸坦荡，豪爽率真——培养豪爽型性格

豪爽的人给人一种亲和力，豪爽的人活得坦坦荡荡，豪爽的人能以乐观的态度面对生活中的挫折、压力和困境。

豪爽型性格的人直来直去，无所顾忌，他们经常为自己的朋友两肋插刀。这种性格的人做事干脆利落，绝不拖泥带水，也不讲求个人私利。

古话说："豪爽者皆成大事之英雄。"豪爽的确是一种令自己、令他人都如沐春风的性格。把自己培养成一个具有爽快性格的人，会让你整个人都具备一种穿透力，具备令人信服的气质，在与人交往中也会如鱼得水。

豁达爽快的性格，就是胸襟博大，宽容大度，体贴谅解，包容谦让，善待他人。性格豪爽的人，心灵上没有阴影，面对困境仍然能够保持心态上的乐观，这种人智商很高，情商也相当优秀。他们知识渊博，心胸宽广，能以坦然的心态来承担生活的压力。他们认为人生是一种体验，总是保持豁达的态度，通过改变自己的生存状况，达到心灵的最佳境界。

宋代大词人苏东坡以他豪放豁达的个性而名垂千古。他性格开朗，刚直不阿。由于无法从流于政治的僵化，他多次被朝廷流放。流放的生活是极其艰辛的，但生性豪爽的苏东坡却以其豁达宽容的态度面对眼前发生的一切。他甚至亲自动手，自耕自种，过着苦中作乐的生活。这样大气的性格心态令他的诗词豪放不羁，掷地有声，为后人所传颂。

　　宋哲宗绍圣四年（1097年），苏东坡被贬琼州，就是现在的海南岛，当时还是一片荒蛮之地，然而他仍然能够泰然处之。他在诗中写道："日啖荔枝三百颗，不辞长作岭南人。"同样，在他被贬杭州的时候，他依然乐天从命，写下"我本无家更安住，故乡无此好河山"这样乐观坦荡的诗句。

　　豁达豪爽单从字面而言并不难理解，可要真正做到这一点却并非易事，人们往往会有茫然不知所措的时候。人人都要置身于现实生活的大千世界，随时随地都要经受着个人利益与他人利益、个人利益与集体利益等相互碰撞的考验，如何诠释？如何排遣和化解诸如此类的矛盾？特别是在社会竞争压力与日俱增的情况下，生存空间和生存环境越来越复杂多变，人们对物质生活水平的要求也越来越高，如果你不能以一种豁达乐观的心态来面对无处不在的激烈竞争以及生活中各个方面的压力和挑战，那么随时都有可能被乌云密布的氛围所笼罩。

　　然而豪爽之人则不会，豪爽者会大事化小，小事化了，取而代之的则是嫣然一笑。豁达豪爽能使人拥有一颗知足常乐的心态；豁达豪爽能使人变得更加从容；豁达豪爽能使人坚强乐观起来；豁达豪爽能使人笑看成败，笑看人生，坦然面对生活；豁达豪爽的性格是幸福快乐的源泉。

　　但豪爽也必须有度。要做到豪爽有度，必须遵循以下几点：

　　①清楚豪爽性格的优势和劣势。没有哪一种性格是十全十美的，豪爽性格也一样。它的优势是，豪放开朗，直来直去，一切率性而来，坚持到底；它的劣势是，独断专行，说话无所顾忌、霸气。

　　②向善于控制自己情绪的自制型性格的人学习。

　　③给自己的豪爽系根"绳子"，不要让它滑向狂妄的边缘。

　　④不要一味地脱离现实而追求超凡脱俗。

风摧不垮，雨打不折——培养坚韧型性格

　　坚韧是一种刚强，坚韧是一种体现生命弹性的品格，坚韧是一种性格魅力，坚韧是在坚持中体现出的一种韧性，是一种更理性、更富有强度的力量。

具有坚韧性格的人是明知不可为而为之、是夹缝里求生存、是明知山有虎偏向虎山行的人。坚是一种特性，坚不可摧就是此意。老子说："兵强则灭，木强则折。"但只有坚是不行的，还得有韧，韧是顽强的意志力和超强的忍耐力。具有坚韧性格的人是无敌的，这种人做事专一，永不会放弃，不屈不挠，不达目的誓不罢休。这种性格的人无论从事什么职业都会成功，因为他们绝不轻言放弃。

在日本曾经有一位父亲很为他的孩子而苦恼。因为他的儿子虽然已经长到十五六岁了，可是却一点也没有男子汉的气概。于是，这位父亲只好去拜访一位在寺院修行的禅师，请他帮助训练自己的孩子。禅师对他说："你把孩子留在我的寺院里吧。3个月以后，我一定可以把他训练成真正的男人。不过，这3个月之内，你不可以来看他。"父亲考虑了一下之后同意了禅师的要求。

3个月之后，那位父亲如约来接他的孩子。禅师安排孩子和一个空手道教练进行一场比赛，以此展示这3个月的训练成果。教练一出手，孩子便应声倒地。那孩子站起来继续迎接挑战，但马上又被打倒，他就又站起来……就这样来来回回一共16次。禅师问父亲："你觉得孩子的表现够不够男子汉气概？"父亲回答说："我简直羞愧死了！心痛死了！想不到我送他来这里受训3个月，看到的结果竟然是他这么不经打，被人一打就倒。"禅师说："我很遗憾你只看重表面的胜负。你有没有看到你儿子那种倒下去之后立刻又站起来的勇气和毅力呢？那才是真正的男子汉气概啊！"

坚韧需要磨砺，急火难做美食。只要站起来比倒下去多一次就是走向成功。那些渴望成功的人，都懂得不能因为暂时的失败和挫折而自暴自弃，反而应该更加努力上进。

很早以前，在荷兰的一个小镇，来了一个只有初中文化程度、名叫列文虎克的年轻农民。他的工作是为镇政府守大门，一干就是60多年。他在工作之余，不下棋不打牌，只爱磨镜片。为了钻研磨镜技术，他到处求师访友，向眼镜匠学习，向炼金家请教，常在寂寞的深夜磨个不停。由于忙，减少了与亲友的往来，有人骂他是"不近人情的家伙"。对此，列文虎克无动于衷，锲而不舍地勤奋工作，磨出的复合镜片的放大倍数超过了专业技师，最终制成了当时无与伦比的精细显微镜，揭开了当时科技尚未知晓的微生物世界的"面纱"。为此他被授予巴黎科学院院士的头衔，英国女王访问荷兰时，还专程到这个小镇拜会他，英国皇家学会也选他为会员。

其实，要想取得成功，没有什么"捷径"可走，也没有什么"锦囊妙计"，最需要的就是坚韧不拔的品格。正如法国微生物学家巴斯德所说："告诉你使我达到目标的奥秘吧，我唯一的力量就是我的坚持精神。"

因此，培养坚韧的性格对于一个人来说尤为重要，那么，如何来培养坚韧的性格呢？

①确切地知道自己最想要的是什么，给自己树立一个目标。

②让自己拥有强烈的想得到坚韧性格的欲望。

③相信自己的能力，给自己足够的自信。

④不管是生活中还是工作中，都要学会与人合作，了解和适应别人的方式，与周围的人建立融洽的关系。

⑤张扬自己的意志力，这样才能为了既定的目标而自觉去努力。

⑥经常进行体育锻炼，培养在困境中的坚韧和弹性，强化驾驭生活的能力。

刚强气质，强者风范——培养刚毅型性格

刚毅的性格可以说是成功者必备的一种性格，刚毅型性格的人可能给人一种强者的感觉，而且在为人处世的过程中给人一种强者风范、果敢坚定的印象，刚毅的性格能让人面对困难而不退缩，面对成功而保持冷静。因此，培养刚毅的性格是尤为重要的。

刚毅是一种力量美和沧桑美，刚毅是不屈不挠的精神和自信性格的完美结合的体现。刚毅的性格也往往是造就强者的性格。

刚毅性格是刚与毅的结合，她具有钢铁般的坚硬，又具有坚强持久的意志力。这类性格的内涵是勇猛而顽强，果断而自信，直而不肆，光而不耀，而且不屈不挠，执着而坚定，有种不达目的不罢休的霸气。

刚毅性格与坚韧性格一样都具备了阴与阳两大元素，坚韧性格偏重于韧而柔，因而阴的成分较重；而刚毅性格偏重于刚而硬，因而阳的成分较重。尽管她们有重阴重阳之分，但在本质上却是相同的，就像是水，坚韧性格是滴水穿石，她的特点在于锲而不舍，千年如一日；刚毅性格则是滚滚长江，无坚不摧，势不可挡。

鲁迅说过："伟大的胸怀，应该表现出这样的气概——用笑脸来迎接悲惨的命运，用百倍的勇气来应对自己的不幸。"只有这样，才能铸就刚性人生，练就强者风范。

左宗棠是清末著名的大臣，他曾主持洋务运动，出兵新疆，收复伊犁。他为人处世秉性刚毅。左宗棠曾在曾国藩手下做"幕僚"，但常常与曾国藩意见不合。曾国藩曾出一上联讽喻左宗棠说："季子何言高，与我意见大相左。"因左宗棠字季高，故联语中嵌其字以示嘲笑。左宗棠也毫不示弱，立即回敬一联："藩臣堪误国，问他经济又何曾？"联中也嵌入了曾国藩的名字，并贬低了曾国藩的才能。当时，左宗棠官小位卑，敢如此言语，可见其性格刚毅不屈。

左宗棠这种刚毅不屈的天性，即使在面对洋人时，也表现得淋漓尽致。一次朝会，美国公使威妥玛高居上座，左宗棠一见便怒火中烧，毫不留情地指责道："这是王爷的座位，我都得坐在下面，你凭什么坐在那里？"这使傲气凌人的威妥玛羞怒交加，但面对一身刚毅的左

宗棠也只能作罢。

一个内心刚毅的人是不会轻言放弃的，而且他们面临困难和挑战时也永远只有勇往直前，他们天不怕地不怕的架势也正是他们刚毅性格的最佳写照。一般而言，刚毅的性格多见于男性，它能体现出男性阳刚的一面，将男儿之气展现得淋漓尽致。

然而，刚毅型性格也可以体现在女性身上，这便让女性除了阴柔外还透出刚强的另一面。英国的前首相撒切尔夫人就是一个例子。这位"铁娘子"是英国历史上唯一一位女性首相，她性格果断刚毅、毫不妥协，工作起来不知疲倦。她的坚强、刚毅和超强的自制力在她政坛的最后一刻得到了很好的体现。在竞选失利的情况下，她仍然不失"铁娘子"的风范，尽力维护自己的尊严，不让自己在众人面前流泪，用超强的自我控制力完成了最后的演讲。面对失败的局面，她和其他人一样觉得沮丧、痛苦，但是她在得失面前仍然能够保持自己政治家的形象，不能不说是她刚毅的性格在起着关键的作用。

那么普通人如何让自己成为一个具有刚毅性格的人呢？任何性格都是可以塑造和改变的，只要坚持不懈地对某种性格进行培养，就一定能造就这种成功的性格。

①磨砺自己的意志。没有坚强的意志，就不可能持之以恒。

②让自己远离柔弱。柔弱就会使我们被困境困扰，柔弱也是坚韧最大的敌人。

③困难来临时不要怕，一定要挺得住。要相信所有的困难都是纸老虎，并且勇敢地站出来战胜困难，一旦把困难克服，将更加刚毅。

④生活要有规律，不因为环境而轻易改变。

⑤总是给自己的下一站订立好目标，并做出一些详尽的计划，每天严格执行。

⑥在困难面前保持冷静，理性地分析问题并给出好的解决方案。

⑦遇事不要虚张声势，要学会隐忍。

⑧学会沉默，在沉默的同时要进行理性的思考，不要轻易流泪，再大的痛苦也要埋在心底。

⑨多参加一些如长跑等锻炼耐力与恒心的体育活动。

⑩多激励自己不断地进行自我超越，每天都进步一点点。

把握时机，雷厉风行——培养行动型性格

杰克·韦尔奇给年轻人的忠告："如果你有一个梦想，或者决定做一件事，那么，就立刻行动起来。如果你只想不做，是不会有所收获的。要知道，100次心动不如1次行动。"

在生活中至少存在两种类型的人：一是天天沉浸于幻想中，看不到一点行动的痕迹；二是善于把想法落实到计划中，成为一个敢于行动的人。你是哪一类人？凭你自己的经历，你已经找到了答案。

但是，这个看似人人皆知的问题，在许多人身上并没有引起足够的重视，因为他们常常把失败的原因归罪于外部因素，而不是从自身找到失败的病根子。其中很重要的一条是：这些人常常是一名幻想大师，面对那些看不见、摸不着的东西时心动不已，总以为光凭自己的意愿就能实现人生理想，就能过自己想过的日子，就能成为一个被人羡慕的人。抛开这些特定的人不讲，实际上在我们身边，那些天天抱头空想自己未来的人，之所以没有人生的进展，就在于他们都是"心动专家"，而不是"行动大师"。

有人说，心想事成。这句话本身没有错，但是很多人只把想法停留在空想的世界中，而不落实到具体的行动中，因此常常是竹篮打水一场空。当然，也有一些人是想得多干得少，这种人只比那些纯粹的"心动专家"要强一些，要好一些。因为行动是一个敢于改变自我、拯救自我的标志，是一个人能力的证明。光心想、光会说，都是虚的，不能看到一点实际的东西。美国著名成功学大师马克·杰弗逊说："一次行动足以显示一个人的弱点和优点是什么，能够及时提醒此人找到人生的突破口。"毫无疑问，那些成大事者都是勤于行动和巧妙行动的大师。在人生的道路上，我们需要的是：用行动来证明和兑现曾经心动过的金点子。

立刻行动起来，不要有任何的耽搁。要知道世界上所有的计划都不能帮助你成功，要想实现理想，就得赶快行动起来。成功者的路有千条万条，但是行动却是每一个成功者的必经之路，也是一条捷径。因为幸运永远也不会降临到心动而不行动的人身上。只有行动，才能成功。

有两个人找到上帝，请教怎样才能成为天使，上帝派他们到一座大山上去考察，约定10年后再相见。

他们一起攀上了山顶，发现整座山竟没有一棵树、一株草，他们内心十分不满意。一个人发了牢骚后就愤然离去；另一个人则是去别的山上采摘了各种各样的种子，把它们播到了荒山上。

10年后，上帝接见了这两个人，询问他们有关那座荒山的情况。"真想不到，世界上还有如此荒凉的大山，一棵树、一株草也没有。"第一个人抱怨说。

"10年前，那里的确是一座荒山。不过，今天，它已是一座青山。"另一个人说。

"怎么会呢？荒山只能永远是荒山啊！"

"那只是暂时的荒山，只要我们用行动改造它，播上树种，它就会长满树；播上草种，它就会长满草。"

上帝欣慰地点点头，对第二个人说："你已经成为天使了。"

这就是行动的力量。只要行动起来，每个人都可以成为天使。

行动要以目标为指针，踏踏实实，一步一个脚印地创造价值。行动是一个坚实的奋斗过程，需要我们扎扎实实地履行生命过程中的责任。成功始于行动，世界是行动的唯一果实。

当一个青年问被誉为"推销之神"的日本人原一平如何做好推销时，他神秘地说："答案就在这里。"言毕，他脱下袜子，"你来摸一摸就知道了。"青年果然去摸了摸，惊讶地说："这么厚的老茧啊！"

原一平严肃地说："没有什么秘密，只有坚持不懈的行动。"

当我们羡慕别人的成功时，我们有没有问过自己是否已经开始行动？如果没有，那就马上开始吧！

1. 行动从落实任务开始

给自己落实任务是学会行动的最深学问。一个人既要学会给别人落实任务，也要学会给自己落实任务。有了任务，行动才会有方向。

2. 逐步实现目标

为行动编制提纲，一步一步地去实现目标，各个击破。杂乱无章，往往令人无从下手，久而久之，既降低工作的效率，又失去了信心和意志，这时，编制提纲就显得尤为重要。

3. 看事物要深入到本质中去

4. 贵在执行，勇于执行

执行，是实现目标的过程；执行，才可以体验到成功的喜悦。

5. 用乐观的态度善待麻烦

生活中麻烦的事情很多，愁眉苦脸也解决不了，那为何不让自己乐观地去面对呢？

6. 选择通往成功最佳的道路

通往成功的路有无数条，最重要的是选择适合自己的最佳的道路。

7. 善于处理小事和大事

对待重大问题要有举重若轻的态度，对待日常小事要有举轻若重的态度。

8. 细节可以影响全局，所以千万不要忽视细节

只有雕琢细节，才能使璞玉圆润光洁。行动也是一样，细小的差错也会影响个人整体的良性发展。

9. 今天的事不要拖延到明天

今日事，今日毕，绝不要抱有"明日复明日"的想法。

10. 贵在坚持，有始有终

失败的原因很多，但成功的原因只有一个：贵在坚持，有始有终。所谓"破釜沉舟，百二秦关终属楚；卧薪尝胆，三千越甲可吞吴"。

左右逢源，人脉畅通——培养社交型性格

文学家萨迪曾说："蚊子一起冲锋，大象也会被征服。"戴尔·卡耐基也曾指出："一个人事业的成功，只有15%是由于他的专业技术，另外的85%要靠人际关系和处世技巧。"他还指出："只有想办法去认识更多的人，并使这些人都成为自己的朋友，才是人生成功的关键。"所以，想要成功，就必须精心编织一张属于自己的人际关系网。

拓展人际关系，应从培养社交型性格着手。拓宽自己的社交圈子，不仅可以了解别人，认识社会，也可以捕捉到更多的信息，增强自己的竞争力；同时，也可以让别人了解自己，然后通过别人的反映来更好地认识自己。

社交是一种艺术，也是一门学问，社交是人生的需要，绝不能视为可有可无。一个不会社交的人，在这样一个年代必将寸步难行。

因此，培养社交性格对于我们而言是尤为重要的，而培养社交性格的第一步便是乐于助人，累积人情，建立关系网。

钱锺书先生一生日子过得比较平和，但在困居上海写《围城》的时候，也窘迫过一阵。辞退保姆后，由夫人杨绛操持家务，所谓"卷袖围裙为口忙"。那时他的学术文稿没人买，于是他写小说的动机里就多少掺进了挣钱养家的成分。一天500字的精工细作，绝对不是商业性的写作速度。恰巧这时黄佐临导演上演了杨绛的4幕喜剧《称心如意》和五幕喜剧《弄假成真》，并及时支付了酬金，才使钱家渡过了难关。时隔多年，黄佐临导演之女黄蜀芹之所以独得钱锺书亲允，开拍电视连续剧《围城》，实因她怀揣老爸一封亲笔信的缘故。钱锺书是个别人为他做了事他一辈子都记着的人，黄佐临40多年前的义助，钱锺书多年后回报。

人际关系网一旦建立，就需要用耐心去对人际关系进行认真的经营。因为若只是建立了人际关系网而不进行经营，那么，人际关系网也迟早会出问题。

而建立和维护关系网都需要有耐心，如果用到人时终日笑脸相迎；用不到人时则相逢若不相识，这样的人太急功近利，一点生命的真爱都没有，他自然也很难有什么人缘。人和人的交往更多的在于心的交流，这是一个长期的过程，所以建立和维护人际关系是极需耐心的。

当然，我们在人际交往中还有一点也是至关重要，那便是交往互助、办事顺利。

交际中的互助原理是：你在关键时刻帮人一把，别人也会在重要时刻助你一臂。初看起

来似乎是等价交换，其实，不管你是一个什么样的人，都不可能像鲁滨逊那样独自一人闯天下，尤其是要想打开自己的人生局面，更离不开与各种各样的人打交道。要想让别人将来帮助你，你就必须先付出精力去关心别人、感动别人，这样才能赢得别人回报的资本。因此，培养练达的性格，必须信守"相互帮衬"之道。

而在这样一个人际关系占据重要位置的时代，培养社交型性格的准则是什么呢？

①克服过分的自尊心理。过分自尊的人，其实是怕别人发现自己的缺点，在心理上形成了一种自我保护。当他一旦被别人发现缺点，就变得非常失望，自卑甚至自我封闭。因此，过分自尊是我们开展社交必须逾越的一堵墙。

②克服自卑的心理。培养社交型性格必须战胜自卑，因为自卑的人喜欢把自己保护起来，不愿意与人交往。

③克服腼腆胆怯的心理。培养社交型性格就意味着与各种各样的人打交道，所以腼腆胆怯的心理是不可取的。

④要有一颗宽容的心。人最高贵的品质是宽容。不要紧盯别人的缺点，斤斤计较，"人非圣贤，孰能无过"，宽容别人，也就是宽容自己。

⑤要有"三人行，必有我师"的意识。有了这种意识，才能发现别人的长处，才能让自己有一种虚怀若谷的心境。

⑥要真诚地赞美别人。赞美别人，才能得到别人的赞美，才能发现相互的优缺点。

⑦要有互惠双赢的理念。"欲得之，先予之"。付出才有收获。

心平气和，宠辱不惊——培养沉静型性格

沉静的性格总是给人一种心平气和、宁静安静的感觉，尤其是当困难或者灾难来临的时候，沉静性格的人则往往表现得理性而异常冷静，尤其能在繁华的背后进行理性而冷静的思索，在宠辱面前获得内心的安宁。

沉静是理性的沉淀，生活需要沉静。沉静能让我们远离厄运，远离诱惑，沉静能让我们拥有智慧。考场上，沉静是一把锁；赛场上，沉静是一面旗；碰到困难时，沉静是希望的曙光。可以说，沉静是人生的一种精髓，得到它，我们的人生就能少有挫折，多有收获。

沉静性格的人一般都具有遇事镇定、处事冷静、做事审慎、办事认真的特点，而且是最能给人以信任感和稳重感的性格，一般找他们办事会让你觉得靠得住，也放心。

历史上有不少的领导人就具有沉静的性格。毛泽东的性格中就具有沉静的一面，在红军长征的岁月里，红军遭遇到了前所未有的艰难局面，当时的毛泽东冷静而理性地对当时的环

境进行了分析，提出了南下贵州再绕道上陕西的方案，长征的胜利证明了其决定的正确性。

但任何事物都得有个度，性格也不例外。一旦过了，就很有可能发展或转变成默默无闻，甚至会是死气沉沉，而这也正是我们要努力避免的。

因此，在培养沉静型性格的同时把握好这个度的问题将有利于我们更好地培养出沉静的性格。一颗沉静的心，一个沉静的性格不仅能让你在人际交往的关系网中游刃有余，更能让你在生活、事业的波涛中稳坐钓鱼台。而且，沉静更是一个人成熟的一种体现，岁月和经历卸去了外表的浮躁，在风风雨雨中，沉静让一个人以站立的姿态巍然屹立！

以柔克刚，威力无穷——培养温顺型性格

温顺并非是柔弱，更不是懦弱，或者无条件、无原则地屈服，真正的温顺实际上是一种智慧，一种品德，一种以柔克刚的无穷力量。

温顺，应该是属于女人的。上帝在创造女人的时候用了柔软的泥土，因此女人天生就具有温顺的一面。温顺是女人特有的性格，温顺是女人最美的性格，温顺让女人更有魅力。温顺是一种智慧，温顺是一种个性，温顺是一种修养，温顺是一种表现，温顺也可以征服一切。

在古代希腊神话里，智慧女神雅典娜给人的一种高级智慧便是温顺。埃及艳后克丽奥佩特拉不但让罗马共和国的执政官拜倒在石榴裙下，心甘情愿为其效命，还用温柔保全了一个王朝。她究竟是凭什么俘虏了那个时代两位权势最强的男人呢？是因为美丽吗？但考古学家却发现，美丽的埃及艳后原来是个身高只有1.5米、身材明显偏胖、衣着寒酸、脖子上赘肉明显、牙齿也坏到要找牙医的地步的丑女人。经过考证，答案终于找到了，她是凭借着自己的温顺俘虏了那两个男人的心。因为古罗马的女人都很强壮而美丽，这样往往能激起男人的征服欲望，而很难长期留住男人的心，但埃及艳后则不一样，她用自己的温顺降服了一个又一个不羁的男人，正是她的温顺让男人久久不愿离开她的怀抱，他们能从她那里得到一种安全感。

当然，温顺并不等于依赖，温顺的人有自己的主见，有自己的想法，但他们会更多地去考虑别人的想法，当双方想法不一样时，不是直接，而是间接、委婉地表达自己的想法。而温顺也并不等于软弱，温顺的人在遇到困难或遭到反对时，他们不会退缩，反而会一改常态、坚强地予以反击，甚至，在某种情况下，温顺的人会是勇敢的人最坚强的后盾。

因此，我们说真正的温顺其实是一种难得的智慧，一个真正温顺的人是懂得如何运用他温顺的性格在现实生活中不断地完善自我的。而且温顺的人往往能在最短的时间内博得他人

的好感，给人一种信任、亲切的感觉。温顺的人是平易近人的，他们一般都拥有较为良好的人际关系，而这又与他们的温顺是分不开的。

温顺的性格的确很玄妙，但并不是遥不可及的，聪明的女人可以运用各种方式来打磨自己温顺的性格，以下为您提供几种实用的方法：

1. 提升内在的气质

气质是女人骨子里的精华美，它是女人拥有温顺性格的坚实基础。读书和学习则是提升内在气质的最佳也是最直接的方法。

2. 以情动人

温顺型性格的人必备的条件之一就是感情丰富。因为有情，她们的内心世界丰富；因为有情，她们的生活多姿多彩。

3. 心存善良

善良是温顺必备的内在条件。只有拥有善良的人，才能拥有温顺的美。

4. 善用温柔的话语

巧妙利用温柔来加强声音的效果，是表现温顺的秘诀。温柔的话语常常能融化别人内心的坚冰，打破人际交往的隔阂，搭起人与人之间沟通的桥梁。

5. 提高修养

我们应该通过修炼学识、修炼人格、修炼思想来提高自身的修养，进而拥有温顺型的性格。

6. 用微笑增添妩媚

微笑，可以让你不用一言一语就能征服别人。所以，培养温顺型性格首先要学会微笑。

7. 善用眼泪

眼泪是温顺型性格的人最便捷的武器，但善用不等于滥用，把握时机，适可而止，才能发挥眼泪最大的威力。

8. 懂得依附

太强太独立的性格，不但会失去温顺的本色，而且会让别人感觉不出自己的重要性。所以，要想培养温顺型性格，就不要显示出自己太强的独立性，要懂得适时地依附别人。

9. 委婉地表达自己的观点

将自己的观念或不同意见用一种人人都能接受的委婉的方式表达出来，不仅是一种智慧，更能收到良好的效果。

积极乐观，快乐无忧——培养快乐型性格

快乐是什么——快乐既非一份礼物，也不是一项权利，我们得主动寻觅、用心追求，才能得到。当你尝试新的事物，接受新的挑战时，你就会因发现了一个新的生活层面而惊喜不已。有梦想、有追求，就会有快乐。因为奋斗的过程和达到目标时的辉煌，都能使人产生无比的快乐。

快乐是一种心灵状态，快乐不是来自物体，它也不是一件东西。快乐也不是一种穷追不舍——你不需紧紧抓住它，因为它就在你心中，你已经得到它了。但这并不表示你就不需贡献一些精力给它。快乐就像一场宴会，你坐下来享受其中的乐趣——但只有你要它、你已准备好迎接它时才翩然到来，准备让自己快乐吧！让快乐发生吧！

若一个人能快乐地去生活、去工作，那么，他不仅会让自己的生活快乐起来，更会为别人也带来快乐。与快乐性格的人在一起会十分放松。因此，快乐性格的人是最容易赢得朋友的，只要他们的一个微笑就足以让整件事情向着一个良好的方向发展。而且快乐性格的人通常是乐观的，他们总是会看到事情美好的一面，相信事物美好的一面，并且向着美好的一面而努力，会给人积极向上的印象。

一个人是否快乐，不在于拥有什么，而在于如何看待自己所拥有的一切。快乐的遥控器始终掌握在自己的手中，生活快乐与否，就看你是否将性格的视窗对准快乐的频道。所以在生活中，我们应该抛弃痛苦、沉淀快乐。

培养快乐型的性格就可以让我们的人生充满快乐。只要按照下面的方法，我们每个人都能与快乐相随。

①保持童心。孩子是天真无邪的，他们拥有容易满足的品性，他们总能在人们的举手投足中寻找到快乐。所以，成人也应该向他们学习，经常保持一颗纯真的童心。

②不为小事烦恼。人生短暂，浪费时间为小事烦恼是巨大的损失，抛弃小事所带来的烦恼才是人生的最高智慧。

③学会放松。学会放松才能保持最佳的活力去迎接新的生活；学会放松才能让我们更加适应周围的环境，提高生活的质量。

④简单地生活。简单即智慧。生活本身就是极其简单的，我们为什么要人为地把它搞得那么复杂呢？

⑤知足者常乐。学会满足，才能让自己快乐；学会满足，才能活出真实的自我。

⑥丰富自己的兴趣爱好。丰富自己的兴趣爱好、充实自己的生活是获得快乐的途

径,也是培养快乐型性格的捷径。

这种简单的办法是否有用呢?你可以自己试一试。你的脸上露出一个很快乐的笑脸来,抬头挺胸,好好地深吸一大口气,然后唱一小段歌;假如你五音不全,就吹口哨;若是你不会吹口哨,就哼一段小曲。当你的行动可以显出你快乐的时候,根本就不会再忧虑和颓废下去了。

假如我们想培养宁静和快乐的心境,请记住下面的原则:"有了快乐的思想和行为,你就能得到快乐。"

感谢你身边的每一个人吧!感谢你所经历的每一件事吧!只有当你真正懂得感谢的时候,你就获得了真正的快乐。

第五章
了解别人的性格,把握自己的命运

第一节
从外貌判断他人性格

行为心理学中最基本的第一步是看脸形，因为"相随心改"和"相由心生"这两句成语已点出一个人的面貌代表着该人的心念，心如何，相就如何，因此脸形很能反映人的内外和谐统一的征象，研究行为心理学有助于了解和判断一个人的品行和特长。

从脸型来看性格

1. 三角形脸

三角形脸特征是额发达宽阔，下巴尖削瘦弱。此种脸形通常身材都较瘦削修长，体力较差，属智慧型，头脑好，气质好，又称心因质、神灵质。

这种脸型的人往往由神经系统归类，因其神经发达而归于感觉神经系统之人。其神经分布于皮质，表彰于颜面上部，就是额部，因此额头高广。

此种脸形的人可把未来目标置于运用智力的工作上，比较具有艺术气息，适合动脑的职业，如学者、作家、艺术家、教师等，不适合做体力劳动的工作。

2. 方形脸

方形脸的特征是方头方额方下巴，给人一种四角扩张的感觉。此形脸的人，体力脑力都不错，因此不管是读书或运动，只要努力一下，就能发挥实力，有好的表现。既是劳动形又是筋骨质，又称人间质。

若由神经系统分类，因其脑之颅叶之上部较发达，可归类为运动神经所属之人。其神经分布于肌肉，表彰于颜面之中部，因此脸形方长，骨肉发达。

此种脸形的人好胜心强，喜欢挑战性的工作，军人、运动员大都有此种脸形，缺点是顽固及性情急躁。

3. 圆形脸

圆形脸的特征是给人丰满圆润的感觉，具活力，属动物质。

若由神经系统分类，因其脑髓后颅叶、小脑之下部较发达，归类为交感神经系统之人。其神经分布于血管，表彰于颜面之下部，因此下巴呈丰满形。

此种脸形的人性格磊落大方，且心地温厚，讨人喜欢，人缘佳。做事可以毫不迟疑地去进行，而且付诸行动便能成功。不过欠缺严谨处理事务的能力，所以需要一位取长补短的朋友。又不喜与人争执，是相当敬业乐群的人，适合服务大众的工作。

4. 椭圆形脸

椭圆形脸被视为天生的美人胚子。假使是一个女人，只要很少的化妆品，便可以把脸孔修饰得完美无缺。椭圆形脸的男人通常拥有艺术家的敏感和沉着冷静的个性。无论是男性或女性都拥有与生俱来的优雅气质。此种人最吸引人的地方，是其自身的魅力和令人舒服的微笑。

眼睛泄露性格的秘密

爱默生说："人的眼睛和舌头所说的话一样多，不需要字典，却能从眼睛的语言中了解整个世界。"

的确是这样，眼睛的语言，是人脸部的主要表情之一，它与一个人的思想感情是有着密切的不可分割的关系的。一个人的所思所想很多时候会通过他的眼神表现出来，所以，通过观察一个人丰富的眼睛语言，也可以在某种程度上对他有一个大致的了解和认识。

眼睛上扬，是假装无辜的表情、是佐证自己确实无罪。目光炯炯望人时，上睫毛极力往上抬，几乎与下垂的眉毛重合，造成一种令人难忘的表情，传达着某种惊怒的心绪，斜眼瞟人则是偷偷地看人一眼又不愿被发觉的动作，传达的是羞怯腼腆的信息，这种动作等于是在说："我太害怕，不敢正视你，但又忍不住地想看你。"

挤眼睛是用一只眼睛使眼色，表示两人间某种默契，它所传达的信息是："你和我此刻所拥有的秘密，任何其他人无从得知。"在社交场合中，两个朋友间挤眼睛，是表示他们对某项主题有共同的感受或看法，比场中其他人都更接近。两个陌生人间若挤眼睛，则无论如何，都有强烈的挑逗意味。由于挤眼睛意含两人间存有不足为外人道的默契，自然会使第三者产生被疏远的感觉。因此，不管是偷偷或公然的，这种举动都被一些重礼貌的人视为失态。

眨眼的变型包括连眨、超眨、睫毛振动、挤眼睛等。连眨发生于快要哭的时候，代表一种极力抑制的心情。超眨的动作单纯而夸张，眨的速度较慢，幅度却较大，眨的人好像在说："我不敢相信我的眼睛，所以大大地眨一下以擦亮它们，确定我所看到的是事实。"睫毛振动时，眼睛和连眨一样迅速开闭，是种卖弄花哨的夸张动作。

眼球向左上方运动，回忆以前见过的事物；眼球向右上方运动，想象以前见过的事物；眼球向左下方运动，心灵自言自语；眼球向右下方运动，感觉自己的身体；眼球左或右平视，弄懂听到语言的意义；正视，代表庄重；斜视，代表轻蔑；仰视，代表思索；俯视，代表羞涩；闭目，代表思考或不耐烦；目光游离，代表焦急或不感兴趣；瞳孔放大，代表兴奋、积极；瞳孔收缩，代表生气、消极。

眼睛不仅能全面而深刻地反映一个人的所思所想，它也能反映出一个人的善恶。而孟子曾经指出，观察一个人的善恶，再没有比观察他的眼睛更好的了，因为眼睛不能掩盖一个人的丑恶。心正，眼睛则明亮；不正，则昏暗。听一个人说话时，注意观察他的眼睛，这个人的善恶还能往哪里隐藏呢？

具体来说，观眼识人主要包括下列内容：

①眼睛闪闪发光，表明对方精神焕发，是个有精力的人，对谈话很感兴趣。

②目光呆滞黯然，说明这是个没有斗志而索然无味的人。

③目光飘忽不定，表示这是个三心二意或拿不定主意抑或紧张不安的人。

④目光忽明忽暗，说明他是个工于心计的人，如果此时他正在与人谈话则表明他已经听得不耐烦了。

⑤目光炯炯，表明这是个有胆识的正直的人。

⑥主动与人交换视线的人，说明他的心地坦然。

⑦不敢正视或总是回避别人的视线，表明此人内心紧张不定或言不由衷，有所隐藏。

⑧在人们发怒或激动的时候，眨眼的频率就会加快。有时频繁而又急速的反应总是和内疚或恐惧的情感有关，眨眼也常被作为一种掩饰的手段。

⑨两眼安详沉稳，是内心沉稳有主见；两目敏锐犀利、生机勃勃是有朝气；目光清明沉静，但杀机内藏，锋芒外露，是有胆识之人，如射击者瞄准目标，一发中的。

⑩目光有如流动的水，虽然澄清却游移不定，则常见于奸人。

⑪眼神清亮，如水的清澈明澄，表示此人清纯、清朗、端庄、豁达、开明。

⑫眼神浊，如污水的浊重昏暗、昏沉、糊涂、不纯的状态，表示粗鲁、愚笨、庸俗、猥琐、鄙陋。

⑬两眼似睡非睡，似醒非醒，这是一种老谋深算的神情；目光总是像惊鹿一样惶惶不安，是深谋图巧又怕别人窥见他的内心世界的神情表现。

⑭如果谈话时，对方完全不看你，便可视为他对你不感兴趣或无亲近感。

头发与人的性格

人体的每一个器官都是一个人不可或缺的组成部分,这些东西多多少少会透露人的内在信息。头发是人体最为重要的装饰品,从中可以看出人的性格趋向。

头发粗直、硬度高的人为人豪爽,行侠仗义,不拘小节,对朋友总是以其当先,光明磊落,不会玩弄小聪明,并且是很好的患难之交。

头发浓密而且很黑的人,做事情有条理,很有智慧,懂得发挥自己的长处,有理想,有抱负,是典型的事业型人才。

头发稀少,并且发质很细,这种人心机很重,会打算,算计事情一丝不苟,喜欢把事情清理得很仔细,缺乏气概和宽容心。

头发自然卷,这种人一般都有很强的个性,喜欢表现自己,常常给别人带来意想不到的惊喜。

头发稍秃的人做事情很勤奋,对待工作很认真,对自己分内的事情具有很强的责任感。

注重形象的人一般也很看重发型,因为头发是人体一个很重要的部分,关系着人的整体形象。当然对于经常从事公共活动的人来说,保持一个得体的发型更是必不可少的。而一个人的发型又从另一个侧面反映了一个人的性格:

让自然来决定自己的发型,并且长时间地保持,这一类型的人大多总是怨天尤人,却从来不从自己身上寻找原因,更不会付诸行动去寻求改变。他们很多时候容易向别人妥协,很多行动并不是真正的发自内心自己真实想做的。

头发长长的、直直的,看起来显得非常飘逸和流畅,这种人的性格大多界于传统与现代之间,他们既含蕴世故,又大胆前卫,只是要视情况而定。他们通常有很强的自信心,对成功的渴望很迫切。

喜欢蓬松及前端梳得很高的发型,这一类型的人比较保守,而且还有点固执或者也可以说是执着。他们喜欢上了一件东西,认准了某一件事物,在绝大多数的情况下,不会轻易地改变自己的想法及观念。

留长发的男人或剪短发的女人在现实生活当中,日益增多,而且经常昂首挺胸出入高档场所和上层社会,反映出他们的经济地位与社会地位正在上升,或是别出心裁想要突出自己,吸引他人的目光。他们当中搞艺术的较多,在没有功成名就之前,选择这种发型是表示自己有着非常伟大的理想,有着与众不同的追求,而且和周围的人泾渭分明,自己迟早有一天会飞黄腾达,所以这群不甘寂寞的人较富于幻想和标新立异。

剪短发、平头或剃成光头的人通常都是下定了决心要做成某件事,头发剃得越短,表示决心越大。而男人理成平头，则表示具有保守的思想，喜欢在运动竞技方面出风头，他们认为如果头发超过了8毫米长就女性化了。物以类聚，喜欢这种发型的人能够形成一个向心力，至少在大众眼中他们具有共同的秉性。不管留有这种发型的人如何善良或多么文静，但男人的强悍和粗犷都可以因为这种发型而被激发，让人看了心中发毛，误以为他们有攻击倾向。

经常变换发型的女人不清楚自己如何才算是美丽，也不知道自己这般打扮是否女人味儿十足。她们之所以由这个发型换为那个发型，可能是因为听到有人说她们适合那种发型而不适合这种，而到底真正适合哪种发型，她们自己也糊里糊涂。这种女人最受美发店欢迎，店主可以按自己的意愿支配对方消费，没有主见和性格不稳定的她们是禁不住店主煽动和吹捧的。

最先展现时髦发型的人往往对社会有较强的适应性，喜欢尝试新鲜的事物，因为一种新的发型之所以能够流行，最主要的原因是它具有一定的美感，并且拥有一大批拥护者和众多的追随者。由于抢先展现流行发型的动机是追求美丽、出风头和引人注目，所以这种人不能像第一个吃螃蟹的人那样被称为勇敢的人。但追赶流行也是一种冒险行为，对不断变化的时尚热点和社会风潮积极响应并与之融合，表明他们对社会环境有着极强的适应能力。

如何从站姿来判断人

每个人都有自己习惯的站立姿势。美国夏威夷大学心理学家指出，不同的站姿可以显示出一个人的性格特征。

站立时习惯把双手插入裤袋的人：城府较深，不轻易向人表露内心的情绪。性格偏于保守、内向。凡事步步为营，警觉性极高，不肯轻信别人。

站立时常把双手置于臀部的人：自主心强，处事认真而绝不轻率，具有驾驭一切的能力。他们最大的缺点是主观，性格多表现为固执、顽固。

站立时喜欢把双手叠放于胸前的人：这种人性格坚强，不屈不挠，不轻易向困境压力低头。但是由于过分重视个人利益，与人交往经常摆出一副自我保护的防范姿态，拒人于千里之外，令人难以接近。

站立时将双手握置于背后的人：性格特点是奉公守法，尊重权威，极富责任感，不过有时情绪不稳定，往往令人感到莫测高深，最大的优点是富于耐性，而且能够接受新思想和新观点。

站立时不能静立，不断改变站立姿态的人：性格急躁，暴烈，身心经常处于紧张的状态，而且不断改变自己的思想观念。在生活方面喜欢接受新的挑战，是一个典型的行动主义者。

两手叉腰的人：具有自信心，或在心理上取得了优势，所以遇到了他们千万不要小瞧；但也有的是装腔作势，自己给自己提气。辨别方法是可以通过观察他们的言谈是否具有逻辑性加以判断。

抬头挺胸、目光直视的人：有充分的实力，给人"精力旺盛""信心十足"的印象，在他们身上看不到半点的保守与顽固。具有很强的社交能力，而且能够成为社交圈中的领袖人物，前提是他们必须财大势强。

双手扶在胯上的人：急躁，希望所有的事情都能尽快进行，不要拖延，最好能立竿见影。具有这种性格的人如果有很强的工作能力，通常能够抓住眼前的机会，成功的机会也很大；反之不但欲速不达，而且容易把自己弄得遍体鳞伤。

略有佝偻的人：处于自我封闭状态，戒备心理强烈，显得无精打采和消沉。事实上他们也许并没有什么苦难，之所以这样站立是为了避免被人攻击，也有可能正在酝酿着什么阴谋诡计。

靠着其他东西站立的人：没有获得成功，或在某方面经受了打击。他们不善于隐瞒，也不善于掩饰自己的情绪和想法，想表达什么就表达什么，但能够讲究分寸，所以不会被大众所排斥；不斤斤计较，能够设身处地为对方着想，不主观评价，容易接纳别人。

如何从坐姿来判断人

在人与人的交往中，坐的时候居多，识人时对坐的观察绝不可忽视。对"坐"稍加留意，你就可以从坐的姿态、座位的排列、彼此间的距离等方面看出人的情绪、欲望、个性、地位，彼此间的关系，亲密程度等，而且这些坐的细节传给你的将是真实的信息。

首先谈到坐的距离，这个距离的大小，足可显示出侵犯对方身体空间的程度。也就是说，互不相干的人，假使距离过近，当然会产生不愉快或不安全的感觉，彼此亦构成对对方领域的侵犯。

相反，如果两人是情侣的话，即使身边空位再大，他们也会挤在一块儿卿卿我我。以此类推，同样是一个机关的工作人员，那些与领导沟通良好的与对上级持有反感情绪的人员，其与上级之间选择座位的距离就会有所不同。

排座也相当有意思。受领导赏识的人，或者想讨好领导的人会坐在领导的两旁或靠近的地方，以表示自己的忠诚与专心；而领导不喜欢的人，或对领导抱有不满情绪的人，通常会坐在离领导远的座位或者某个角落。这就表明了两者心理上的距离如同其座位间的距离一样大。

坐姿则更能细致而准确地反映出一个人的性格。

在座位上坐下以后，立即跷起二郎腿的人，若是女性，说明她很希望交往的对象能够给予她过多的关注。若是男性，多表明他的内心有很强的对抗意识，绝对不会心甘情愿地输给对方，同时也反映出他较为自信和随便的性格特征。

坐着的时候，双腿紧紧并拢，这样的人的性格中胆怯、害羞的成分占了很大的比例，他们对新环境的适应能力往往很差，需要长时间的调节，而在没有调节过来之前，往往对所处的环境充满了局促和不安，表现在动作上就是一举一动都显得很僵硬和呆板，让人看了不舒服也不美观，并伴有紧张和焦虑的感情。这样的人大多自信心不是特别强，但一旦适应了所处的环境，一切也都会随之改变。

双腿不断地相互碰撞或是抖动的人，说明他们此刻的心情很不平静，可能是在思考什么方法和策略。这种动作在有问题发生时，是下意识的，一般人都会有所表现，但如果在没有发生什么比较让人劳神的事情时还有这样的表现，则说明这个人比较暴躁、易怒，不够沉着和冷静，也缺乏耐性。

大腿叉开，两脚跟并拢或者是保持并不太大的距离，这种坐姿多出现在身体比较肥胖的人身上，而且多是男性。如果换作是女性，则显得不雅。这样的男性大多很有男子汉气概，而且还具有一定的社会地位或成就。他们并不是十分容易沟通的，若想和他们保持良好的关系，需要采取一种低姿态，去讨好他们。

坐着的时候两腿交叉，双臂张开，这一类型的人大多是相当沉着和冷静的，他们的随机应变能力比较强，在突发事情面前往往能够迅速地做出反应。而除此以外，他们还具有一定的胸怀，善于接纳他人的意见，但他们却很少乐于把自己的真情实感流露出来，让他人更多地了解自己。他们善于对他人进行细致入微地分析和观察，然后再与之接触。

坐着的时候双腿交叉，双臂也交叉，这一类型的人大多缺乏冒险精神，而乐于遵循一些约定俗成的规章制度。他们缺乏责任感，从来不会轻易地向他人允诺什么，而且安全意识差，总是想着寻找一个非常保险的避难所。

双脚着地，微微分开，这一类型的人大多比较认真、实在，做事情脚踏实地，让人放心。他们有较强的取胜欲望，从来不会轻易地就向谁服输。他们在很多时候能让自己的大脑保持清醒，对自我要求很严格，从不会放纵自己，对那些无视道德法律的人常常不屑一顾。他们做事多讲究一定的先后顺序。

如何从走姿来判断人

除了坐姿以外，从走姿、立姿也可以对一个人进行观察、了解和认识，知道他们的某些性格特点和此时此刻的心理精神状态。

一般来说，一个人昂首挺胸，高视阔步，说明这个人比较自信、自尊，甚至有些自负，好妄自尊大，同时在性格中也有清高、孤傲的成分，虚荣心和表现欲比较强，希望能够引起他人的重视。

如果一个人躬身俯首，微收双肩，温文恭顺，说明这个人比较谦虚和谨慎，自信心不足，缺乏一定的胆识和魄力，没有冒险精神。虽然也有虚荣心和表现欲，但这种感情又和本身的性格发生了冲突，因为缺少自信而不敢表现自己，所以倒希望尽量不被人注意。

一个人低头走路，而且步履显得特别沉重，那么一定是遭遇了什么打击，显得灰心丧气或是在苦思良策。

一个人一步三跳，喜形于色，则一定是获得了一些意想不到的或是盼望已久的东西，心情自然高兴。

以小快步行走的人性情急躁，或许是由于腿短的原因所致。不过，走得快的话，心情自然较为急迫。

与小快步相反，爱迈大步且顺一直线优哉游哉步行的人，如果是女人这样走路，那么她的独立性很强，而且不太顾家。

走路时双手叉腰、上身微向前倾的人，如同事业上的短跑运动员，他想以最短的路径、最快的速度来达到自己的目标。当他似乎无所作为时，往往是在计划下一步的重要行动，并且积蓄了能突然爆发的精力，那叉起的前臂，就像代表胜利的 V 字形一样，成为他的特征。

一个人心事重重时，走起路来常会摆出沉思的姿态，譬如，头部低垂、双手紧紧交握在背后。他的步伐很慢，而且可能停下来踢一块石头，或在地上拣起一张纸片看看，然后丢掉。那样子好像在对自己说："不妨换个角度来看看这件事。"

一个自满甚至傲慢的人，可能采取墨索里尼式的走路姿势。他的下巴抬起，手臂夸张地摆动，腿是僵直的，步伐沉重而迟缓，这样走路是为了加深别人对自己的印象。

速率和跨度一致的步伐往往为首脑人物所采用。这样走路，容易让随从和部属跟在后面时保持步调一致，形成小鸭跟着母鸭的队形，以显示追随者的忠实和服从。

走起路来用力而且急促，但是上半身却基本维持不动。他们不喜欢交际，认为那是有闲阶级才办的事情，不愿意为此浪费时间和精力；头脑聪明，做起事来总是不动声色，能给人意外的惊喜。

走路疾、快，不管是在拥挤的人群当中，还是在人迹罕至之地，一律横冲直撞，长驱直入，而且从来不顾及他人的感受。他们性情急躁，办事风风火火；坦率真诚，喜欢结交五湖四海的朋友，轻易不会做出对不起朋友的事。

步调混乱，没有固定习惯而言，或是双手放进裤袋，双臂夹紧；或是双臂摆动，挺胸阔步。他们豁达大方、不拘小节，可以作为好朋友；有成就一番丰功伟业的雄心壮志，但有时显得华而不实；遇到争端不肯轻易认输，所以会出现"秀才遇到兵，有理说不清"的情况。

扭动腰肢，摇曳生姿，以这种姿态走路的多半是女人。她们坦诚、热情、善良、随和，是社交高手。有人将用这种姿态走路的女人视为放荡和轻佻，但更多的现代人认为这是女人妩媚和迷人的动作，展现了女人的风采和气质。

第二节
从言谈快速识别他人性格

声音辨人术是指通过声音来识别人才。浅层的理解，是指听到一个人的声音(不仅仅是说话的声音，也包括脚步声、笑声等)，就能知道他是谁，前提必须是对此人的声音很熟悉，一般在朋友、亲人之间才能辨别，这只是辨别人的身份。高层次的理解，是由声音听出一个人的心性品德、身高体重、学历身份、职业爱好等。这是一个很复杂的判断过程，既有经验的总结，又有灵感的涌动。声音可细分为声与音两个概念，既可由声来识人，又可由音来识人，但在实际运用中，多是由声音即两者同时来识别人。

闻其声而辨其人

《礼记》中有一段话谈到人的内心与声音的关系，其中是这样写的："凡音之起，由人心生也。人心之动，物使之然也。感于物而动，故形于声。声相应，故生变。"对于一种事物由感而生，必然表现在声音上。人外在的声音随着内心世界的变化而变化，是外物使它那样，所以也可以依此来观察一个人的性格。

1. 高亢尖锐的声音

发出这种声音的女性情绪起伏不定，对人的好恶感也极为明显。这种人一旦执着于某一件事上时往往顾不得其他。不过，通常也会因一点小事而伤感情或勃然大怒。这种人会轻易说出与过去完全矛盾的话，且并不引以为戒。

声音高亢者一般较神经质，对环境有敏感的反应，若房间变更或换张床则睡不着觉。富有创意与幻想力，美感极佳而不服输。讨厌向人低头。说起话来滔滔不绝常向他人灌输己见。面对这种人不要给予反驳，表现谦虚的态度即可使其深感满足。

2. 温和沉稳的声音

音质柔和声调低的女性属于内向性格,她们随时顾及周遭的情况而压抑自己的感情。同时也渴望表达自己的观念,因而应尽量让其抒发感情。

这种人具有同情心,不会坐视受困者于不顾。属于慢条斯理型。上午往往有气无力,下午变得活泼也是其特征。

男性带有温和沉着声音者乍看上去显得老实,其实有其顽固的一面,他们往往固执己见绝不妥协,不会讨好别人,也绝不受他人意见所影响。

3. 沙哑的声音

女性发出沙哑声通常较具个性,即使外表显得柔弱也具有强烈的性格。虽然她们对待任何人都亲切有礼,却难以暴露自己的真心,令人有难以捉摸之感。她们虽然可能与同性间意见不合,甚至受人排挤,却容易获得异性的欢迎。她们对服装的品位极佳,也往往具有音乐、绘画的才能。面对这种类型的人,必须注意不要强迫向她灌输自己的观念。

男性带有沙哑声者,往往是耐力十足又富有行动力的人,即使是令一般人裹足不前的事,他也会铆足劲往前冲。缺点是容易自以为是,而对一些看似不重要的事掉以轻心。

4. 粗而沉的声音

发出沉重的有如自腹腔而发出声音的人,不论男女都具有乐善好施、喜爱当领导者的性格。喜好四处活动而不愿待在家中,随年龄的增长,体型可能会变得肥胖。

女性有这种声音者在同性中间人缘较好,容易受到众人信赖,成为大家讨教主意的对象。这种人是最好相处的。

有这种声音的男性通常会开拓政治家或实业家的生涯,不过,其感情脆弱又富强烈正义感,争吵或毅然决然的举止会使日后懊悔不已。这种人还容易比较干脆地购买高价商品。

5. 娇滴滴而黏腻的声音

女性发出带点鼻音而黏腻的声音,通常是极端渴望受到众人喜爱的人。这种人往往心浮气躁,有时由于过多地希望博得他人好感反而招人厌恶。

如果是单亲家庭的孩子,则表明内心期待着年长者温柔地对待。

男性若发出这样的声音,多半是独生子或在百般呵护下长大的孩子。这种人独处时感到非常寂寞,碰到必须自己判定事物时会感到迷惘而不知所措。他们对待女性非常含蓄,绝不会主动发起攻势。若是一对一地和女性谈话时,会特别紧张。因此这种人在他人眼中显得优柔寡断。

从语速看心理秘密

有人说话速度快，有人说话速度慢；有人说话语气缓和，有人说话则坚决果断。人的说话速度和语气之所以呈现出千差万别，其实都是受到他们性格的影响，一个唯唯诺诺的人绝不会说出口若悬河的话来；意思截然相反的两句话，有可能因为语气相同使得意思完全一样。人们的说话速度和语气透露出他们的真实性格，通过观察对方的说话速度和语气，我们可以将他们看得更透彻。

在平时生活、工作中，每个人也都有自己特定的说话方式、语言速度，有的人天生属于慢性子，说话慢慢吞吞，不疾不徐，任凭再急的事情，他也照样雷打不动地用他那种独有的语速来叙述给别人听；有的人天生是个急性子，说话就像打机关枪，一阵儿紧似一阵儿，容不得旁人有插嘴的机会。大多数人介于二者之间，说话的时候语速属于中速。这些是每个人长期以来形成的性格特征，客观固有的，而且长期存在。一般而言，说话语速较慢的人比较厚道老实，性格内向，可能会有点木讷；而说话飞快的人，比较精明，热情外向，偏向于张扬的性格。

因此，语速可以很微妙地反映出一个人说话时的心理状况，留意他的语速变化，你就留意到了他的内心变化。

1. 说话速度快与说话速度慢的人

我们经常把说话速度快的人称为急性子，他们办事通常都很急躁；我们把那些说话慢条斯理的人称为慢性子，他们遇到事情，总是不着急、不着慌，仿佛事情与他们没有关系似的。此外，如果对某人不满意或怀有敌意时，人们的说话速度通常不会太快。有些人说话的速度莫名其妙地突然加快，则说明他们心怀鬼胎或言不由衷。

2. 语速反常的人

平时少言寡语、慢条斯理，突然之间夸夸其谈、口若悬河，说明他们内心深处有不愿意被他人察知的秘密，想用快言快语作为掩饰，转移他人的注意力。或许他们还有让对方了解的愿望，仓促之间不知道该如何表达，因而在语速上出现了反常。

3. 说话速度较平常缓慢的人

对所谈论的话题或对谈话者有很多的不满，甚至还包含敌意，他们的谈话往往得不到满意的结果或解决不了实际问题。而说话速度较平常缓慢的人，表示此时心中存有自卑感，或者根本就是在说谎，期望借用这种方式掩饰自己的言不由衷，但这种掩饰却欲盖弥彰，恰好暴露了他们的真实想法。

4. 说话轻声细语的人

生性小心谨慎，具有一定的文化修养，措辞严谨适当，而且谦恭有礼。他们对人很有礼貌，别人也会尊重他们。他们胸襟宽阔，能够包容他人的缺点和错误，对人也很客气，不轻易责怪与怨恨他人，注重交往，能够主动与周围的人拉近距离。

由笑识人

笑，每一个人都会，并且我们不时在笑着，但是你知道吗？笑的方式也是和其性格有着一些必然联系的。

捧腹大笑的人多是心胸开阔的，当别人取得成就以后，他们有的只是真心的祝愿，而很少产生嫉妒的心理。在别人犯了错以后，他们也会给予最大限度的宽容和谅解。他们比较有幽默感，总是能够让周围人感受到他们所带来的快乐，同时他们还极富有爱心和同情心，在自己能力范围许可内，对他人会给予适当的帮助。他们不势利，不嫌贫爱富、欺软怕硬，比较正直。

笑的幅度非常大，全身都在打晃，这样的人性格多是很直率和真诚的。和他们做朋友是不错的选择，因为当朋友有了缺点和错误以后，他们往往能够直言不讳地指出来。

只是微笑，但并不发出声音，这多是内向而且感性的人，他们的性情比较低沉和抑郁，情绪化比较强，而且极易受他人的感染。他们很有一些浪漫主义倾向，并且会一直寻找一些可以制造浪漫的机会，为此可能会做出一定的牺牲。他们的性情比较温柔、亲切，能够给人一种很舒服的感觉，所以与人相处起来会显得比较容易。

小心翼翼地偷着笑的人，他们大多是内向型的人，性格中传统、保守的成分占了很多，而与此同时，他们在为人处世时又会显得有些腼腆，但是他们对他人的要求往往很高，如果达不到要求，常常会影响到自己的心情，不过他们和朋友却是可以患难与共的。

看到别人笑，自己就会随之笑起来，这样的人多是乐观而又开朗的，情绪化比较强，而且富有一定的同情心。他们对生活的态度是很积极的。

笑的时候用双手遮住嘴巴，表明这是一个相当害羞的人，他们的性格大多比较内向，而且很温柔。他们一般不会轻易地向他人吐露自己内心的真实想法，包括亲朋好友。

"哈哈哈"型发笑的人，是从腹腔发出笑声的人，是所谓的"豪杰型"。一般人很难发出这样的笑声。这是身体状况极佳时才有的笑声，平常若这样发笑必是体力充沛者。

不过，这种笑声带有威压感，会震慑他人，因而使人心生警戒。女性中若这样笑的人，一般是属于领导型人。

"呵呵呵"型笑声，是自觉没有信心或强制压抑不快的情绪时，没有理由发笑的笑声。有时可能以这种笑声掩饰内心的牢骚，当人心浮气躁或身体疲倦时也会有这样的发笑法。

"嘿嘿嘿"型笑声，是对他人带有批评或轻蔑的心态时发出的笑声，这种笑声已成习惯者另当别论，但一般人发出这种笑声即可断定商谈无法成功。而当事者通常内心有不安和烦恼，带有攻击性，希望借此压抑对方以获得快感。

"嘻嘻嘻"型笑声的人，是少女型的笑声，是好奇心强凡事都想一试的性格，非常渴望博得周围异性的好感，而这种心态随时表现在脸上，情绪有高有低，愉快与郁闷时的落差极大。

口头禅背后的真实内心世界

日常生活中，许多人说话时常常在无意之中高频度地使用某些词语，形成了人们所谓的"口头禅"，而这些语言习惯最能体现说话人的真实心理和个性特点。所以只要留心，就可以从一个人的"口头禅"中窥见一个人的内心世界。说"没意思"的人必然是消极或是愤世嫉俗的人，说"没问题"的人必然会给别人安全感，说"是吗"的人并不是确认你的答案也不是不相信你的话，只是一种无意识的发音而已。还有以下几种常见的口头禅：

1. 经常说"绝对""肯定"的人

心理学研究表明：这种人往往比较主观，而且常常是以自我为中心的，他们的很多想法是不合乎实际情况的，所以在一般情况下，这种人是难以成就大事的。

喜欢说"绝对"的人，大多有一种自爱的倾向，有时他们的"绝对"被人驳倒之后，为了隐瞒自己内心的不安，总要找一些理由来加以解释，总想让自己的东西被人接受。其实，别人不相信他们的"绝对"，他们自己也不相信这样的"绝对"。只不过是为了维护自己的所谓尊严而强撑着。

2. 喜欢说"这个""那个"的人

属于神经过敏的一种类型，为人处世谨小慎微，唯唯诺诺，而且他们中大多数的语言表达能力非常差。反之极少使用这类口头语的人，则大都对自己充满了信心，也有较强的毅力。

3. 习惯说"听说""据说""听人说"的人

其之所以用此类口头语，是想给自己留有余地的心理形成的。这种人的见识虽广，决断力却不够。很多处事圆滑的人，易用此类语。

4. 经常说"可能是吧""或许是吧""大概是吧"的人

说这种口头语的人,自我防卫本能甚强,不会将内心的想法完全暴露出来。在处世待人方面冷静,所以,工作和人事关系都不错。也有以退为进的含义,事情一旦明朗,他们会说:"我早估计到这一点。"从事政治的人多有这类口头语。

5. 满口都是"我"的人

有些人开口闭口总是离不开"我""我的"等口头禅。有人在人称语里,常常使用"我"字,这表示他具有儿童或女性的性格,并且这种人的自我显示欲很强。有人不常用"我"字,但却爱用"我们"或"我辈"等字眼,这也表示他们具有相同的性格。

6. 常说"所以说"的人

一些人喜欢把"所以说"挂在嘴边,乍听起来似乎是善于总结,深究起来远不是这么回事。常说"所以说"的人最大的特点是喜欢以聪明者自居,自以为是。

7. 嘴边常挂着"对啊"的人

日常生活中,没有人喜欢别人逆着自己的意思行事,所以就有这样一类人,他们嘴边挂着"对啊",表面是一团和气,人际关系也不错,其实并不是他们的心里话。他们是以"对啊"来迎合别人,暗地里却在为了自己的利益而精打细算。

从言谈方式捕捉对方心理

一位知名的人类行为学家曾说:"人有两种表情:一种是脸上所呈现的表情,另一种是说话时传达给对方的信息。"所以语言是人类的第二种表情。要想了解他人的真实性格,最直接、最简单的方法莫过于从他们的口中了解到他们的心理。根据心理学家的研究证实:一个人的说话方式能够反映出其内心深处的感受,所以通过说话方式来认识他人和我们自己,会更为真实准确。

能说会道者多思维比较敏捷,反应快,随机应变能力强。他们健谈,善于跟他人讲大道理,显示自己的圣明。这一类型的人圆滑世故,处理各种问题相当老练,他们在绝大多数时候会很招人喜欢,人际关系会很不错。

在说话中常带奇思妙语者,他们大多比较聪明和充满智慧,具有一定的幽默感,比较风趣,随机应变能力强,常会给他人带去欢声笑语,很招人的喜欢。

在谈话中转守为攻者,多心思缜密,遇事能够沉着冷静地面对,随机应变能力强,能够根据形势适时地调节自己。他们做事稳重,从不做没有把握的事情,总是首先保证自己不处于劣势，然后再追求进一步的成功。

能够根据谈话的进行，适时地改变自己的人，一般头脑灵活，能够在很短的时间内正确地分析自己的处境，然后寻找适当的方法得以解脱。

在谈话中能够运用妙语反诘者，不仅会说，而且更会听。当形势对自己不利时，这种人能够抓住各种机会去反击，从而使自己处于主动地位。

在谈话中能够以充分的论证、论据说服对方的人多是非常优秀的外交型人才。他们通过自己独特的洞察力，往往能够对他人有非常清楚的了解，然后使自己占据主动地位，使对方完全根据自己的思路走，以赢得最后的胜利。

谈吐非常幽默的人，多感觉灵敏，心理健康，胸襟豁达，他们做事很少死死板板地去遵循一些规则，甚至完全是不拘一格。他们非常圆滑、灵通、聪明、活泼，有许多人都愿意与他们交往，他们会有很多的朋友。

在谈话中，经常说一些滑稽搞笑的话以活跃气氛的人，待人多比较热情和亲切，而且富有同情心，能够顾及他人。

自嘲是谈话的最高境界，善于自我解嘲的人多有比较豁达、乐观、超脱，具有调侃的心态和胸怀。

降低声调说话的人往往对自己缺乏信心，不敢让对方知道自己的见解，害怕失败后承担责任，希望通过细语轻声含糊过去；或向对方表示自己具有不确定的态度，恳请对方将自己排除在决策之外。这样说话的男人则有娘娘腔的倾向。

不断强调某句话的人一般是因为害怕别人提出反驳的证据。他们清楚自己只有这句话最有分量和价值，是无懈可击的，而自己众多的言论和观点都以这句话为依据，所以必须不停地用这面盾牌抵挡他人对自己的攻击，结果导致这句话出现的频率非常高。

出现与谈话内容无关动作的人表示对谈话内容产生了厌倦，希望对方转换话题或是立刻终止谈话，他们几乎是无法忍受甚至忍无可忍了。他们之所以还在这里，只是碍于情面不使对方难堪，做出这样的动作也是为了避免出现应付言辞的尴尬。

第三节
从举止看人的性格

性格与行为举止息息相关，一个人的一举手、一投足，都能反映其性格特征和为人处世方式。例如，边说边笑的人，大都性格开朗，对生活要求不太苛刻，富有人情味，但缺乏积极向上的进取精神；与人交谈时不时摸头发的人，大都性格鲜明，善于思考，但缺乏家庭责任感；边说话时边打手势的人，做事果断，自信心强等等。根据行为举止可以判断一个人的性格，从而采取合适的应对策略。

透过笔迹看性格

笔迹作为人们传达思想感情、进行思维沟通的一种手段，也是人体信息的一种载体，是大脑中潜意识的自然流露。宏观上讲，人作为社会化的高级动物，在认识世界、改造世界的过程中，不但能感知事物，而且能把感知的事物记下来，经过大脑复杂的思维活动，形成各不相同的世界观和个性特征，进入潜意识，在一定的条件下，通过一定的形式表现出来。文字，是其中表现形式的一种。具体地说，笔迹与遗传有关。研究中发现：直系亲属之间，尽管字体的大小、力度、肥瘦等具体特征不尽相同，但有些笔迹的神韵、构架、运势等方面却有着惊人的相似，说明笔迹像人的禀性、健康等一样有遗传性。笔迹还与人的生活经历、生活背景、所受教育的程度、与人交往的密切程度、所从事的社会活动等有密切的关系。

不同心境的字，笔迹也不一致。但在长时期内，字体的主要特征，如运笔方式、习惯动作、字体开阔是不变的，只是近期的字更能反映出最近的思想、感情、情绪变化、心理特点等。笔迹可以反映一个人的性格、能力、品质特征等内容，是客观现象，也是被许多事实所证明的。

笔迹特征为字体较大，笔压无力，字形弯曲；不受格线限制，具有个性风格，容易变成草书；有时有向右上扬的倾向，有时也会向右下降，字体稍潦草。

这类人平易近人，好相处，善于社交活动，为体贴、亲切类型的人。气质方面具有强烈的躁郁质倾向。另外，他们待人热情，兴趣广泛，思维开阔，做事有大刀阔斧之风，但多有不拘小节、缺乏耐心、不够精益求精等不足。

笔迹特征为字形方正、一笔一画型，笔压有力，笔画分明，字字独立，字的大小与间隔不整齐，具有自己风格，但笔迹并不潦草。字的大小虽有不同，但一般言之，显得较小。

这类人不善交际，属理智型。处事认真，但稍欠热情。对于有关自己的事很敏感，害羞、对他人却不甚关心，感觉较迟钝。气质方面有分裂质倾向。

一般情况下，他们都有较强的逻辑思维能力，性格笃实，思虑周全，办事认真谨慎，责任心强，但容易循规蹈矩。结构松散，书写者形象思维能力较强，思维有广度。为人热情大方，心直口快，心胸宽阔，不斤斤计较，并能宽容他人的过失，但往往不拘小节。

笔迹特征为每次书写，字体大小与空间大小无关；字形稍圆弯曲，有时呈直线形，有时字形具有自己风格，有时则工整而有规则；大小、形状、角度、笔压均不固定，潦草为其显著特征。

这类人虚荣心强，重视外表，经常希望以自己的话题为中心，因此话太多。不能体谅对方立场，缺乏同情心与合作精神。由于以自我为中心，因此容易受煽动，亦容易受影响。

另外，这类人看问题非常实际，有消极心理，遇到问题易看阴暗面、消极面，容易悲观失望，字行忽高忽低，情绪不稳定，常常随着生活中的高兴事或烦恼事而兴奋或悲伤，心理调控能力较弱。

笔迹特征为字形方正、一笔一画型，但与上述类型不同，为有规则的平凡型，无自己风格，字迹独立工整，笔压很有力。

这类人凡事拘泥慎重。做事有板有眼，中规中矩，但稍嫌缓慢。意志坚强，热衷事务。说话絮絮叨叨，不懂幽默。有时会激动而采取强烈行动。气质方面具有癫痫质倾向。

他们精力比较充沛，为人有主见，个性刚强，做事果断，有毅力，有开拓能力，但主观性强，固执。笔压轻，书写者缺乏自信、意志薄弱，有依赖性，遇到困难容易退缩。笔压轻重不一，书写者想象思维能力较强，但情绪不稳定，做事犹豫不决。

笔迹特征为字形方正，稍小，有独特风格。尤以萎缩或扁平字形为多，字迹大多各自独立，无草书，笔压强劲，字的角度不固定，但字体并不潦草。

这类人气量较小，对事务缺乏自信，不果断，极度介意别人的言语与态度。简言之，属于神经质性格的人。

他们有把握事务全局的能力，能统筹安排，并为人和善、谦虚，能注意倾听他人意见，体察他人长处。右边空白大，书写者凭直觉办事，不喜欢推理，性格比较固执，做事易走极端。

从握手看人

在中世纪的欧洲，由于战争频繁，陌生人在见面的时候往往分不清敌友。为了减少误伤，又因为大多数人惯于使用右手，所以人们会放下手中的武器并张开双手，表示自己愿意接近对方，接着用右手握住对方的右手，就不用担心对方会拿出武器攻击自己。在现代社会生活和工作当中，由于人与人之间的联系日益密切，要求人们不仅要解除外带的武装，还要消除心理上的防线，所以握手变得越来越频繁和重要。

握手其实大有学问，也有深入研究的意义。正如美国心理学家伊莲·嘉兰在一本书中提到的："一个人与他人握手时所采用的方式，很容易反映出他的性格。"所以要学会掌握握手的要诀，了解对方一些隐匿的心理和想法，将对方由外及里瞧得一清二楚。

握手时的力量很大，甚至让对方有疼痛的感觉，这种人多是逞强而又自负的。但这种握手的方式在一定程度上又说明了握手者的内心比较真诚。同时，他们的性格也是坦率而又坚强的。

握手时显得不甚积极主动，手臂呈弯曲状态，并往自身贴近，这种人多是小心谨慎、封闭保守的。

握手时只是轻轻地一接触，握得不紧也没有力量，这种人多属于内向型人，他们时常悲观，情绪低落。

握手时显得迟疑，多是在对方伸出手以后，自己犹豫一会儿，才慢慢地把手递过去。排除掉一些特殊的情况以外，在握手时有这种表现的人，性格多内向，且缺少判断力，不够果断。

在与人接触时，虽把对方的手握得很紧，但只握一下就马上拿开了。这样的人在与人交往中多能够很好地处理各种关系，与每个人都好像很友善，可以做到游刃有余。但这可能只是一种外表的假象，其实在内心里他们是非常多疑的，他们不会轻易地相信任何一个人，即使别人是非常真诚和友好的，他们也会加倍地提防、小心。

在握手时，非常紧张，掌心有些潮湿的人，在外表上，他们的表现冷淡、漠然，非常平静，一副泰然自若的样子，但是他们的内心却是非常的不平静。只是他们懂得用各种方法，比如说语言、姿势等来掩饰自己内心的不安，避免暴露一些缺点和弱点。他们看起来是一副非常坚强的样子，在比较危难的时候，人们可能会把他们当成是一颗救星，但实际上，他们也非常慌乱，甚至比其他人还要严重。

握手时显得没有一点力气，好像只是为了应付一件不得不做的事情，而被迫去做的人。他们在大多数时候并不是十分坚强，甚至是很软弱的。他们做事缺乏果断、利落的干劲和魄力，而显得犹豫不决。他们希望自己能够引起他人的注意，可实际上，其他人往往在很短的时间内就会将他们忘记。

用双手和别人握手的人，大多是相当热情的，有时甚至热情过了火，让人觉得无法接受。他们大多不习惯于受到某种约束和限制，而喜欢自由自在，按照自己的意愿生活。他们有反传统的叛逆性格，不太注重礼仪、社交等各方面的规矩。他们在很多时候是不太拘于小节的，只要能说得过去就可以了。

把别人的手推回去的人，他们大多都有较强的自我防御心理。他们常常感到缺少安全感，不会轻易地让谁真正地了解自己，如果是这样，会使他们的不安全感更加强烈。他们之所以这样，在很大程度上是由于自卑心理在作怪。他们不会去接近别人，也不会允许别人轻易接近自己。

习惯于抽水机般握手方式的人，他们大多有相当充沛的精力，能同时应付几件不同的事情。他们做事非常有魄力，说到做到，干脆而又利落。除此以外，这一类型的人为人也较亲切、随和。

像老虎钳子一样紧握着对方的手的人，在绝大多数时候都显得冷淡、漠然，有时甚至是残酷。他们希望自己能够征服别人、领导别人，但他们会巧妙地隐藏自己的这种想法，而是运用一些策略和技巧，在自然而然中达到自己的目的。从这一方面来说，他们是很工于心计的。

从头部动作看人

在我们观察别人的动作进行识人时，首先入目的是人的头部动作。这不仅是因为头长在整个身体的最上面，最显眼，而且更重要的是头部动作所传递的信息最多。

直竖着的头的姿势的含义是"不偏不倚"。在中国古代哲学中，有"不偏不倚谓之中"的说法。这种头部姿势是表示中立的态度；斜偏着头的姿势是表示对某事有了兴趣，包括女士对男性的兴致盎然。当别人在对你说话时，你只需斜着头并不时点头，就会使对方有温馨的感觉；向下低头的姿势意味着否定或批评，通常还伴随着严厉的面部姿势。

将头部垂下成低头的姿态，它的基本信息是"我在你面前压低我自己"，但这个动作不限于居下位的人。当同事或居上位者做此动作时，它的信息乃是以消极的方式表达，"我不会只认定我自己"，然后变成这样的目标："我是友善的。"

头部猛然上扬然后恢复通常的姿态。这是刚刚遇见但还不十分接近的时候的动作，它表示"我很惊讶会见到你"。在这儿，惊讶是关键性的要素，头部上扬代表吃惊的反应。当距离较远的时候，头部上扬是用在彼此非常熟悉的场合，其时机是当某人突然明了某事物的要旨而惊叹"哦！是的，那当然！"的一刹那。

突然把头低下以隐藏脸部，也可用来表示谦卑与害羞。在心怀敌意的情况下，把头低下则具有全然不同的意义，表示头部有紧迫的负荷，在这种情况下，其主要差异在于眼睛向前瞪视敌人，而不是随着脸部而下垂。

抬头是有意投入的行为。下属进入上司的办公室，站在上司面前，注意到上司的头正低着在桌上写东西。如果他对眼前的人物有畏怯之感，那么他会静静地站在那儿，直到上司把头抬起来看他，这么简单的动作，就足以促使下属开口讲话。

头部后仰，这是势利小人或非常自信之人鼻子朝天的姿态。一个人会把头部后仰，其情绪变化包括：从沾沾自喜、桀骜不驯到自认优越而存心违抗。基本上，这种姿态是挑衅的仰视而不是温顺的仰视。

头部歪斜，这个动作源自幼时舒适的依偎——小孩把他的头部依靠在父母的身上，当成年人(通常是女性)把头歪斜一侧时，此情此景就像倚在想象中的保护者身上一样。如果这个动作是用于玩弄风情，那么头部歪斜便有假装天真无邪或故意卖俏的意味，即表示在你的手中我只是一个小孩，我喜欢把头靠在你的肩上。

当某人在听别人讲话时，用不着用言语来表明你在认真听对方讲话，只需要看着他，不断地向他点点头，笑一笑，就能给讲话者留下很好的印象。有些善于与人交谈者，对于这种点点头加笑一笑的听话技巧是运用得很熟练的。讲话者看到听众们不停地点头，精神就更加振奋，有时谈话双方中一方会觉得无聊或有什么急事，但又不好意思中断谈话，也会心不在焉地点一点头，笑一笑。怎么辨别这种情况呢？我们可以从对方点头的频率和动作的特点来判断：

①当对方针对谈话内容或音律，向你做点头的动作，是他在向你表示某种认同或好感。
②在谈话过程中，点头频率过高，是表示对讲话者或讲的内容持否定态度或不耐烦。
③如果点头的动作与谈话情节不符，表示对方不专心，或有事情瞒着你。

从腿部动作看人

了解腿的动作，是破译内心秘密的一种强有力的武器。

当心中不安，或想拒绝对方时，一般人常将手或腿交叉。这是在无意识中，企图保护自身的心理表现和不让他人侵犯自己势力范围的防御姿势。

当你向上级提出某个建议时，如果他听了一会儿，便把腿架了起来，你应该注意，他可能对你的建议不感兴趣。果真如此的话，你应该尽快结束话题，告辞离开。如果还要不知趣地唠唠叨叨的话，上级必然会频繁地变换架腿的动作，最后会变得越来越不耐烦，等到他忍不住打断你的话时，你就会感到窘迫了。

那些有着强烈的支配欲和占有欲的人，他们往往会把脚搁在桌子上和拉开的书桌抽屉上。这一行为，可以看作是用自己的脚连接桌子，来扩大自己的势力范围，表现着自我。反之，如果他的下属在他的面前表现出这一姿态的话，他会感到自己的势力范围已被侵犯，而产生极不愉快的感觉。一旦他在初次见面或并不很熟悉的人面前，也把脚搁上桌面或抽屉上的话，会被人认为"那家伙真是傲慢无礼之极"。

在腿所传达出的身体语言中，有一点必须留意的，那就是架腿的方式。男女的架腿方式有所差别，即使用同一种方式架腿，它所表示的意义也并不一样。

就身体语言来说，腿部的动作往往极具有性方面的暗示。所以女性是极少采用架腿方式的，尤其是穿着短裙的女性，如果她不是故意要挑逗异性，是绝不会这样表示的。显然，使用双腿用力紧压式的架腿方式，具有防御他人的侵犯、保护性的贞洁的意味。

也有的人，坐在椅子上，一只脚跷起来横跨在椅子扶手上。这种姿态看上去似乎很轻松，要是你以为这表明他是开放而又乐于与人合作的话，那你就大错特错了。摆出这种姿势的人，对他人漠不关心，甚至还有点敌意。空中小姐深有感受，凡是采用这种坐姿的男性旅客，经常是最难服侍的人。商业上，在买方和卖方之间，买主也会在自己的办公室中摆出这种姿态，以表现他优越的主宰地位，上级也会在下级面前以这种坐姿来体现他的权威。

另有一种，分开双腿面向着椅子背倒坐，这种姿势和把脚搁在办公桌上一样，通常发生在上级和下属之间，以表示他的统治权。采用这种坐姿的人，不管他的表面上看来是多么令人愉悦和友善，事实上都可能并非如此，因为这种姿态表明他富于统治性和侵略性。

双方之间处于激烈竞争的时候，一方或双方会不由自主地跷起二郎腿。有位棋手，每当他在比赛中举棋不定时，总会不知不觉地架起腿来。对一个棋手来说，这种姿势是极不方便的，因为每次轮到他走棋时，必须放下脚，然后倾身向前下棋。然后，当他走完一步棋，又会依然故我地架起腿，放下再架起，架起再放下，一直要反复到他感到自己稳操胜券时，才安安分分地把双脚放到地板上。

下棋时是这样，谈判时也是这样。当问题被提出来讨论时，或者当激烈的争论发生时，谈判者的一方或双方总会把腿架起来。若双方放下了架起的腿，身子向前倾移的话，则意味着谈判将顺利达成协议了。一旦对方交叉着架起腿，就是向你发出了要向你竞争、挑战的信号，这时，你必须提高你的警惕性，集中你的注意力，以免大意失荆州。

嗜好反映性格

我们每一个人都有自己的嗜好，而且，这些嗜好是没有任何目的性的，完全是因为自己喜欢、感兴趣，做它也是完全出于自己内心的意愿，为了愉悦自我。因此，一个人的嗜好往往能真实地反映他的内心，通过观察一个人的嗜好来看一个人的性格实在是再好不过了。

喜欢表演的人，首先他们都有非常细腻的情感，而且十分敏感。希望能够尝试不同的角色，体验不同的生活与人生。除此外，他们的想象力还应该特别丰富，这样他们才能把不同的角色揣摩到位，表演逼真。但是这一类型的人，他们有些富于幻想而不切合实际，时常会出现脱离现实的状况。

喜欢木工制品的人，他们往往有很强的动手能力，凡事都希望能够单独解决，而不依赖别人。他们的逻辑思维一般都很强，对事物能看到本质。而且他们对于新事物的接收能力比较快，敢于进行探索和尝试。

喜欢钓鱼的人，做事的时候往往更重视事件的过程，而非结果。他们将过程当作一种快乐和自我价值的一种肯定，但是对于结果的成败，他们并不看重。他们信奉的人生信条就是人生是一种过程，而非结果。他们平时一般比较散漫，但在关键时刻，他们往往能够以最快的速度调整自己，积极地投入其中，他们多有很强的耐性。

喜欢手工艺品和刺绣的人，多是热情而富有爱心的，他们对人对事都有很强烈的责任感。他们的生活态度是积极乐观的，总是看到事物美好的一面，但并不会放纵自己。他们的自信心很强，经常会为自己所取得的成就而暗自陶醉，从中获得一种满足感和成就感。

喜欢搜集钱币的人，其性格相对来说比较保守和传统，不敢冒风险，不太愿意接受新事物。但他们多具有很强烈的责任心，做事善始善终，比较追求完美，从来不会半途而废，但他们对结果的重视程度往往要大于过程。

喜欢园艺的人，凡事都讲究循序渐进、自然而然、水到渠成。他们有一定的责任感。他们总会有些欲望，而为了使这种欲望变成现实，他们会很努力地工作，然后在付出得到回报以后，好好地享受自己劳动的成果。

喜欢美食烹饪的人则是不甘于平庸和寂寞的人，他们总是要想方设法地使自己的生活中多些激情和色彩。他们有很好的创造力和想象力，并且总会带给人一些意外的小惊喜。他们总是有着很高的目标和理想，并会为此而不断地追求、前进。

喜欢阅读的人多内心宁静而与世无争，并且有自己的想法。他们兴趣广泛，学问深厚，总能以一颗平常心来对待生活中发生的一切事情。

喜爱集邮的人，善于自我调节来使自己的情绪平息下来。当心情很不平静的时候，他们总是能够进行自我开导，而将之前的事放在一旁，然后等平复以后，再来处理。但他们多很爱面子，并且不知道怎样拒绝别人，所以会无端地增加许多烦恼。

喜欢旅行的人，多属于外向型，他们好动且具有很强的好奇心，他们需要一些富于变化、带有刺激性的东西来满足自己。这一类型的人，通常会有比较好的人际关系，而且由于经常旅游，见识的事物比较多，故也有较多的阅历和知识。

喜欢写作的人，他们的思维能力很强，为人较小心和谨慎，喜欢把自己的想法写出来，而同时也具有敏锐的眼神和十分丰富的情感，他们一般都很有自己独特的见解和想法。

从下意识的小动作观察对方心理

每个人的举手投足都能反映其心态和性格。所以，我们可以通过一个人的一举一动透视其内心。

1. 时常摇头晃脑

日常生活中我们经常看到或用到"摇头"或"点头"的动作，以表示自己对某件事情看法的肯定或否定，但如果你看到一个人经常摇头晃脑的，那么你或许会猜测他不是得了"摇头病"就是神经病了。

我们撇开这种看法而从另一个角度来看的话，这种人大多特别自信，以至于经常唯我独尊。他们也会请你帮他办事情，但很多时候你做得再好他都不怎么满意，因为他有自己的一套，他只是想从你做事的过程中获取某种启发而已。

2. 边说边笑

这种人与你交谈你会觉得非常轻松和愉快，他们不管自己或别人的讲话是否值得笑，有时候连话都还没讲完他就笑起来了。他们也并非是不在意与别人的交谈，我们只能说这种人"笑神经"特别发达。

他们大都性格开朗，对生活要求不太苛刻，很注意"知足常乐"，而且特别富有人情味，无论在什么地方，他们总是有极好的人缘，这对他们开拓自己的事业本来是极好的条件，可惜这类人大多喜爱平静的生活，缺乏一种积极向上的精神。

3. 边说话边打手势

这种人与人谈话时，只要他们一动嘴，一定会有一个手部动作，摊双手、摆动手、相互拍打掌心等，好像是对他们说话内容的强调。他们做事果断、自信心强，习惯于把自己在任何场合都塑造成一个领导型人物，很有一种男子汉的气派，性格大都属于外向型。

这类人去演讲一定会极尽煽动人心之能事，他们良好的口才时常让你不信也得信。他们与异性在一起时会表现尤其兴奋。

4. 交谈时抹头发

如果与你面对面坐着或站着，这种人总要时不时地抹抹头发，好像在引起你对他们发型的兴趣。其实不然，因为这种人就是一个人独自在家看电视，他也会每隔三五分钟"检查"一下头发上是否沾上了什么不好的东西。

他们大都性格鲜明，个性突出，爱憎分明，尤其疾恶如仇。倘若公共汽车上有小偷，而乘客都是这种人的话，那么那个小偷一定会被当场打个半死。他们一般很善于思考，做事细致，但大多数缺乏一种对家庭的责任感。

5. 掰手指节

这种人习惯于把自己的手指掰得"咯嗒咯嗒"地响，不管有人还是无人，有事还是无事。如果心烦意乱时听到这种响声一定极不舒服。

这类人通常精力旺盛，哪怕他得了重感冒，如果叫他去干一件他平常最喜爱的活动，他同样会从床上爬起来。他们还很健谈，喜欢钻"牛角尖"，依仗自己思维逻辑性较强而经常把你的谈话、文章说得一无是处。

6. 抹嘴、捏鼻子

这种动作略不雅观，不过还没到有伤大雅的地步。

习惯于抹嘴或捏鼻子的人，大都喜欢捉弄别人，却又不敢"敢作敢当"。他们的唯一爱好是"哗众取宠"，眼见你气得咬牙切齿，他们却在那儿高兴得手舞足蹈。从这方面来讲，不妨认为他们有点"变态"。

这种人最终是被人支配的人。别人要他做什么，他就可能做什么。如果他们进百货店或者商场，售货员最喜欢的就是这种人。也许他根本什么都不准备买，但只要有人说"先生，这件可以"，那他就会买下。